程序员典藏

# Go语言

## 从入门到项目实践（超值版）

余建熙◎编著

清华大学出版社
北京

## 内容简介

本书采取"基础知识→核心应用→高级应用→项目实践"的结构和"由浅入深，由深到精"的学习模式进行讲解。全书共14章，首先，讲解了Go语言开发环境的搭建及开发工具的使用、程序元素的构成、基本数据类型、流程控制语句等基础知识；接着，深入介绍了复合数据类型、Go语言函数、结构体与方法等核心应用技术；然后详细探讨了Go语言接口的实现、Go语言的并发、反射机制及包等高级应用；最后，在实践环节，通过对网络编程、Go语言的文件处理、编译与工具等内容的讲解，让读者掌握在实际操作中对Go语言的网络编程的处理，同时学会应对出现错误问题的方法。

本书从多角度、全方位竭力帮助读者快速掌握软件开发技能，构建从高校到社会的就职桥梁，让有志于从事软件开发行业的读者轻松步入职场。

本书适合学习项目编程的初、中级程序员和希望精通Go语言开发技术的程序员阅读，同时还可供大中专院校和社会培训机构的师生及正在进行软件专业相关毕业设计的学生阅读。

**图书在版编目（CIP）数据**

Go 语言从入门到项目实践：超值版 / 余建熙编著. —北京：清华大学出版社，2022.5
（程序员典藏）

ISBN 978-7-302-60327-6

Ⅰ．①G… Ⅱ．①余… Ⅲ．①程序语言—程序设计 Ⅳ．①TP312

中国版本图书馆 CIP 数据核字（2022）第 043505 号

责任编辑：张　敏
封面设计：杨玉兰
责任校对：徐俊伟
责任印制：刘海龙

出版发行：清华大学出版社
网　　　　址：http://www.tup.com.cn，http://www.wqbook.com
地　　　　址：北京清华大学学研大厦 A 座　　　邮　　编：100084
社　总　　机：010-83470000　　　　　　　　　邮　　购：010-62786544
投稿与读者服务：010-62776969，c-service@tup.tsinghua.edu.cn
质　量　反　馈：010-62772015，zhiliang@tup.tsinghua.edu.cn
课　件　下　载：http://www.tup.com.cn，010-83470236
印　装　者：艺通印刷（天津）有限公司
经　　销：全国新华书店
开　　本：203mm×260mm　　　印　张：20.5　　　字　数：591 千字
版　　次：2022 年 7 月第 1 版　　　印　次：2022 年 7 月第 1 次印刷
定　　价：99.00 元

产品编号：092813-01

## 本书说明

通过案例引导读者深入技能学习和项目实践。为满足读者在 Go 语言的基础入门、扩展学习、编程技能、项目实践 4 个方面的职业技能需求，特意采用"基础知识→核心应用→高级应用→项目实践"的结构和"由浅入深，由深到精"的学习模式进行讲解。

## Go 语言的最佳学习模式

本书以 Go 语言最佳的学习模式来分配内容结构，第 1～3 篇可使读者掌握 Go 语言的基础知识和应用技能；第 4 篇可使读者拥有多个实践项目经验的积累。读者如果遇到问题，可以通过在线技术支持让有经验的程序员帮助答疑解惑。

## 本书内容

全书分为 4 篇 14 章。

第 1 篇（第 1～4 章）为基础知识篇，主要讲解 Go 语言开发环境的搭建和开发工具的使用、程序元素的构成、基本数据类型及流程控制语句等基础内容。读者在学完本篇后将会了解 Go 语言项目开发所必备的基础知识和内容。

第 2 篇（第 5～7 章）为核心应用篇，主要讲解复合数据类型、Go 语言函数、结构体与方法等核心内容。通过本篇的学习，读者将对 Go 语言的使用有更深入的了解，为从事项目开发工作奠定基础。

第 3 篇（第 8～11 章）为高级应用篇，主要讲解 Go 语言接口的实现、Go 语言的并发、反射机制和包等内容。学完本篇内容，读者将对 Go 语言的高级应用有更全面的认识，同时进一步提高读者的编程能力。

第 4 篇（第 12～14 章）为项目实践篇，主要讲解网络编程、Go 语言的文件处理以及编译与工具。通过本篇的学习，读者将学会在 Go 语言项目开发中进行编译以及处理问题的方法，提高自己的动手能力，为日后从事软件开发工作积累经验。

全书不仅融入了作者丰富的工作经验和多年的使用心得，还提供了大量来自工作现场的实例，具有较强的实战性和可操作性，读者通过系统的学习，可以掌握 Go 语言的基础知识，拥有全面的编程能力、优良的团队协同技能和丰富的项目实战经验。本书旨在让 Go 语言编程初学者快速成长为一名合格的程序员，通过演练积累项目开发经验和团队合作技能，在步入未来的职场时获取一个较高的起点，并能迅速融入软件开发团队中。

## 本书特色

### 1. 结构科学，易于自学

本书在内容组织和范例设计中充分考虑到初学者的特点，讲解由浅入深、循序渐进，做到读者无论处在 Go 语言学习的哪个阶段，都能从本书中找到最佳的起点。

### 2. 超多、实用、专业的范例和实践项目

本书结合实际工作中的应用范例，逐一讲解 Go 语言的各种知识和技术，在项目实践篇中以不同领域的案例来总结讲述 Go 语言的重点内容，让读者在实践中掌握知识，轻松拥有项目开发经验。

### 3. 随时检测自己的学习成果

本书每章后的"就业面试技巧与解析"均根据当前最新求职面试（笔试）题精选而成，读者可以随时检测自己的学习成果，做到融会贯通。

### 4. 专业创作团队和技术支持

本书由聚慕课教育研发中心编著和提供在线服务。读者在学习过程中如遇到任何问题，均可加入图书读者（技术支持）QQ 群（661907764 或 799383689）进行提问，作者和资深程序员将为您在线答疑。

## 本书附赠超值王牌资源库

本书附赠了极为丰富超值的王牌资源库，具体内容如下：

（1）王牌资源 1：随赠本书"配套学习与教学"资源库，提升读者的学习效率。

- 本书 3 个大型项目案例及 350 个实例源代码。
- 本书配套上机实训指导手册及本书教学 PPT 课件。

（2）王牌资源 2：随赠"职业成长"资源库，突破读者职业规划与发展瓶颈。

- 求职资源库：100 套求职简历模板库、600 套毕业答辩与 80 套学术开题报告 PPT 模板库。
- 面试资源库：程序员面试技巧、200 道求职常见面试（笔试）真题与解析。
- 职业资源库：100 套岗位竞聘模板、程序员职业规划手册、开发经验及技巧集、软件工程师技能手册。

（3）王牌资源 3：随赠"软件开发宝典"资源库，拓展读者学习本书的深度和广度。

- 案例资源库：80 套经典案例。
- 软件开发文档模板库：10 套 8 大行业项目开发文档模板库。
- 编程水平测试系统：计算机水平测试、编程水平测试、编程逻辑能力测试、编程英语水平测试。
- 软件学习必备工具及电子书资源库：Go 语言常用命令查询手册、Go 语言错误与处理解决方案电子书、Go 语言开发经验及技巧大全、Go 语言常见面试笔试题解析。

## 上述资源获取及使用

**注意：** 由于本书不配送光盘，书中所用及上述资源均需借助网络下载才能使用。

### 1. 资源获取

采用以下任意途径，均可获取本书所附赠的超值王牌资源库。

（1）加入本书微信公众号"聚慕课 jumooc"，下载资源或者咨询关于本书的任何问题。

（2）加入本书图书读者服务（技术支持）QQ 群（661907764 或 799383689），获取网络资源下载地址和密码。

### 2. 使用资源

读者可通过计算机端、微信端以及平板端使用本书的相关资源。

## 本书适合哪些读者阅读

本书非常适合以下人员阅读。

- 没有任何 Go 语言开发基础的初学者。
- 有一定的 Go 语言开发基础，想精通编程的人员。
- 有一定的 Go 语言开发基础，没有项目实践经验的人员。
- 正在进行软件专业相关毕业设计的学生。
- 大中专院校及培训学校的老师和学生。

本书在编写过程中，我们尽己所能将最好的讲解呈现给读者，但也难免有疏漏和不妥之处，敬请读者不吝指正。

作　者

2022 年 4 月

CONTENTS 目录

# 第 1 篇

# 基础知识

本篇是 Go 语言从入门到项目实践的基础知识篇。从 Go 语言开发环境的搭建及开发工具的使用讲起，结合 Go 语言语法、程序的编写和语法结构的剖析，带领读者快速步入 Go 语言的世界。读者在学完本篇内容后将会了解到 Go 语言程序元素的构成、基本数据类型及流程控制语句等内容。

项目基础篇的主要内容就是了解 Go 语言的概念、开发环境的搭建、基本数据类型、流程控制语句等基础内容，为后面更深入地学习 Go 语言打下坚实的基础。

- 第 1 章　走进 Go 语言的世界
- 第 2 章　Go 语言程序元素的构成
- 第 3 章　基本数据类型
- 第 4 章　流程控制

# 第1章
## 走进 Go 语言的世界

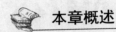 **本章概述**

　　Go 语言是一门新生的、开源的编程语言，它的出现受到程序开发人员的广泛喜爱。随着 Go 语言的不断发展和完善，其应用范围逐渐扩大，为了让更多的人了解并掌握 Go 语言，本章将依次介绍 Go 语言的诞生背景、语言特性、Go 语言开发环境的部署、开发工具的使用方法、Go 语言的基本结构、第一个 Go 语言程序等基础内容。

**知识导读**

　　本章要点（已掌握的在方框中打钩）：
- ☐ Go 语言的特性。
- ☐ Go 语言的使用。
- ☐ Go 语言开发环境的搭建。
- ☐ Go 语言开发工具的使用。
- ☐ Go 语言的基本结构。

## 1.1　初识 Go 语言

学习 Go 语言之前，首先需要了解 Go 语言的诞生背景、语言特性及使用方法等。

### 1.1.1　Go 语言的诞生

　　Go 语言是一门新型的静态类型的编译型语言。Go 语言的诞生可能给大多数人带来了一个疑虑：目前已经有了多种编程语言，为什么还要发明 Go 语言？为什么还要学习 Go 语言？

　　在程序开发人员看来，尽管已经出现多种编程语言，但每种语言都有其独特的应用领域，在某个领域使用某种语言能达到收益/投入的最大化。例如，在嵌入式领域，汇编语言和 C 语言是首选；在操作系统领域，C 语言是首选；在系统级服务编程领域，C++是首选；在企业级应用程序和 Web 应用领域，Java 是首选。

最近几年，由于 C 和 C++在计算领域没有得到很好的发展，也没有出现新的、好用的系统编程语言，因此使得开发程度和系统效率等在很多情况下不能兼容。当执行效率较高时，就存在低效的开发和编译，如 C++；当执行效率低时，但拥有有效的编译，如.NET、Java 等。根据以上情况，就需要一种既有较高效的执行速度，又有高效的编译速度和开发速度的编程语言，因此 Go 语言就诞生了。

Go 语言是由 Google 公司推出的一个开源项目（系统开发语言），它是基于编译、垃圾收集和并发的编程语言。Go 语言最早是在 2007 年 9 月由 Robert Griesemer、Rob Pike 和 Ken Thompson 联合开发的，2009 年 11 月，Google 正式发布 Go 语言，并将其开源在 BSD 许可证下发行。

Go 语言不仅支持 Linux 和 Mac OS 平台，还支持 Windows 平台。Go 语言就是为了解决当下编程语言对并发支持不友好、编译速度慢、编程复杂等问题而诞生的。

## 1.1.2 Go 语言的特性

Go 语言是由 Google 公司开发的一种静态型、编译型并自带垃圾回收和并发的编程语言。

Go 语言与当前的传统开发语言（如 Java、PHP）相比具备许多新特性。例如，Go 语言拥有自动垃圾回收功能，同时也允许开发人员干预回收操作；Go 语言有着更加丰富的内置类型，在错误处理方面语法更加精简高效。在 Go 语言中，函数支持多个返回值，而且函数也是一种值类型，可以作为参数传递。

Go 语言的特性主要有以下几点：

### 1. 简单、易学

对于刚接触 Go 语言的读者来说，对该语言的熟悉过程为 1～2 天，之后就可以通过 Go 语言来解决一些简单的问题，一周左右读者就可以使用 Go 语言来完成一些既定的任务。

Go 语言的风格类似于 C 语言。其语法在 C 语言的基础上进行了大幅简化，去掉了不需要的表达式括号，循环也只有 for 一种表示方法，就可以实现数值、键值等各种遍历。因此，Go 语言非常容易上手。

### 2. 类型系统和抽象

每个编程语言都有自己的类型系统，当然 Go 语言也不例外。从 struct 关键字来说，Go 语言的类型定义参考了 C 语言中的结构（struct），但是 Go 语言并不像 C++和 Java 那样设计一个庞大而又复杂的类型系统，而是仅支持最基本的类型组合，不支持继承和重载。虽然 Go 语言没有类和继承的概念，但是它可以通过接口（interface）的概念来实现多态性。

### 3. Go 语言工程结构简单

Go 语言不像 C 语言那样需要头文件才能运行，Go 语言编译的文件都来自扩展名为 go 的源码文件，Go 语言还不需要解决方案、工程文件及 Make File。由于 Go 语言遵循 GOPATH 规则，因此，只需要将 Go 语言的工程文件按照 GOPATH 的规则进行填充即可，最后使用 go build 或 go install 进行编译。

### 4. 快速编译

Go 语言和其他语言一样，拥有一个健全的包管理机制，同时得益于包之间的树状依赖，Go 语言的初次编译速度可以和 C/C++相媲美，甚至二次编译的速度明显快于 C/C++，同时又拥有接近 Python 等解释语言的简洁和开发效率。Go 语言在执行速度、编译速度和开发效率之间做了权衡，尽量达到了快速编译、高效执行、易于开发的目标。

同时，Go 语言还支持交叉编译，可以在运行 Linux 系统的计算机上开发 Windows 下的应用程序。Go 语言源码文件格式默认都是使用 UTF-8 编码的。

### 5. 原生支持并发

Go 语言最有特色的特性就是从语言层支持并发，不需要第三方库、开发者的编程技巧及开发经验就可以轻松地在 Go 语言运行时来帮助开发者决定如何使用 CPU 资源。Go 语言在语言层可以通过 goroutine 对函数实现并发执行。goroutine 类似于线程但是并非线程，goroutine 会在 Go 语言运行时进行自动调度。因此，Go 语言非常适合用于高并发网络服务的编写。

Go 语言对多核处理器的编程进行了优化，Go 语言从程序与结构方面来实现并发编程，这是 Go 语言最重要的特性之一。

**6. 开源免费**

由于 Go 语言是基于 BSD 协议完全开源的，因此能免费被任何人用于适合的商业目的。

## 1.1.3　Go 语言的使用

编程语言对于开发人员来说只是一种工具，不是选择最好的，而是选择最适合的，那么 Go 语言适用于哪些场景？

使用 Go 语言，可以让 Web 服务器端的开发变得更高效，能够充分发挥多核计算机的性能，拥有更出色的网络环境兼容能力。自动垃圾回收、类型安全、依赖严格、编译快速等特点都是 Go 语言的魅力所在。很显然，Go 语言的目标就是针对服务器端的 Web 开发领域。

Go 语言凭借其出色的并发能力，在高性能分布式系统领域如鱼得水，像集群系统、游戏服务器端等场景都可以把 Go 语言作为首选开发语言。但是，Go 语言并不适合开发强实时性的软件，垃圾回收和自动内存分配等因素导致 Go 语言在实时性上有些力不从心。

对于 Go 语言最初的构想是把它作为一个系统编程语言，但目前也被用于像 Web Server、存储架构等这类分布式、高并发系统中；同时还可以用于一般的文字处理和作为脚本程序使用。

Go 语言的编译器作为 Native Client 被内嵌到 Chrome 浏览器中，可以被 Web 应用程序用来执行本地代码；同时 Go 语言也可以运行在 Intel 和 ARM 处理器上。

目前，Go 语言已被 Google 集成到 Google APP Engine 中，在基于 Google App Engine 基础设施的 Web 应用中也得到了很好的应用。

# 1.2　部署 Go 语言的开发环境

Go 语言主要支持 Windows、Linux 及 Mac OS 操作系统。本节将详细讲解在 Windows 操作系统中安装 Go 语言环境的具体过程。

Go 安装包的下载地址为 https://golang. google.cn/dl/。

Go 安装包的下载页面如图 1-1 所示。方框中标注的是官方推荐下载的版本，版本的描述如表 1-1 所示。

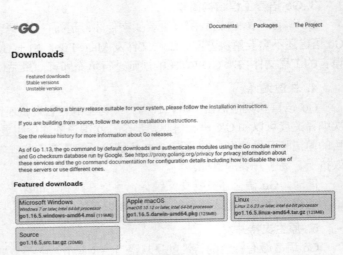

图 1-1　Go 安装包的下载页面

表 1-1　Go 安装包的命名及对应的操作平台

| 文 件 名 | 说 明 |
| --- | --- |
| go1.16.5.windows-amd64.msi | Windows 操作平台及安装包 |
| go1.16.5.linux-amd64.tar.gz | Linux 操作平台及安装包 |
| go1.16.5.darwin-amd64.pkg | Mac OS 操作平台及安装包 |

## 1.2.1　Go 语言的环境变量

与 Java 等编程语言一样，安装 Go 语言开发环境需要设置全局的操作系统环境变量（除非使用包管理工具直接安装）。

主要的系统级别的环境变量有以下两个：

（1）GOROOT：表示 Go 语言环境在计算机上的安装位置，它的值可以是任意的位置，这个变量只有一个值，值的内容必须是绝对路径。

（2）GOPATH：表示 Go 语言的工作目录，可以有多个，类似于工作空间。一般不建议将 GOPATH 和 GOROOT 设置为同一个目录。

## 1.2.2　在 Windows 上安装 Go 语言环境

### 1. 下载

下载 Windows 版本的安装包 go1.16.5.windows-amd64.msi。Go 语言的 Windows 版本安装包的一般格式为 msi，可以直接安装到 Windows 系统中。

（1）1.16.5：表示 Go 语言安装包的版本。

（2）windows：表示这是一个 Windows 版本的安装包。

（3）amd64：表示匹配的 CPU 版本，这里匹配的是 64 位 CPU。

### 2. 安装

下载的 Windows 版本的 Go 语言安装包是一个可执行文件，直接双击进行安装即可。默认安装路径是 C 盘的 Go 目录下，直接单击 Next 按钮进行下一步，如图 1-2 所示。

出现图 1-3 所示的页面，直接单击 Install 按钮进行安装。

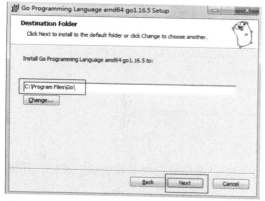
图 1-2　Windows 下 Go 安装包的安装目录的选择

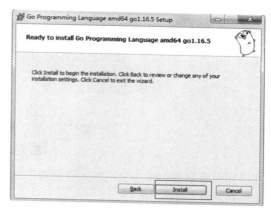
图 1-3　Windows 下 Go 安装包的安装

安装完成后，在安装路径 C 盘的 Go 目录下将生成一些目录文件，如图 1-4 所示。

| 名称 | 修改日期 | 类型 | 大小 |
|---|---|---|---|
| api | 2021/6/15 15:26 | 文件夹 | |
| bin | 2021/6/15 15:26 | 文件夹 | |
| doc | 2021/6/15 15:26 | 文件夹 | |
| lib | 2021/6/15 15:25 | 文件夹 | |
| misc | 2021/6/15 15:26 | 文件夹 | |
| pkg | 2021/6/15 15:25 | 文件夹 | |
| src | 2021/6/15 15:26 | 文件夹 | |
| test | 2021/6/15 15:26 | 文件夹 | |
| AUTHORS | 2021/6/3 17:19 | 文件 | 55 KB |
| CONTRIBUTING.md | 2021/6/3 17:19 | MD 文件 | 2 KB |
| CONTRIBUTORS | 2021/6/3 17:19 | 文件 | 100 KB |
| favicon.ico | 2021/6/3 17:19 | 图标 | 6 KB |
| LICENSE | 2021/6/3 17:19 | 文件 | 2 KB |
| PATENTS | 2021/6/3 17:19 | 文件 | 2 KB |
| README.md | 2021/6/3 17:19 | MD 文件 | 2 KB |
| robots.txt | 2021/6/3 17:19 | TXT 文件 | 1 KB |
| SECURITY.md | 2021/6/3 17:19 | MD 文件 | 1 KB |
| VERSION | 2021/6/3 17:19 | 文件 | 1 KB |

图 1-4　Windows 下 Go 安装包的安装目录及文件

Go 安装包的安装目录及其说明如表 1-2 所示。

表 1-2　Go 安装包的安装目录及其说明

| 目　录　名 | 说　　明 |
|---|---|
| api | 每个版本的 api 变更差异 |
| bin | go 源码包编译出的编译器（go）、文档工具（godoc）、格式化工具（gofmt） |
| doc | 英文版的 Go 语言文档 |
| lib | 引用的库文件 |
| misc | 多项用途，如 Android 平台的编译、git 的提交钩子等 |
| pkg | Windows 平台编译完成的中间文件 |
| src | 标准库的源码 |
| test | 测试用例 |

### 3. 配置

Go 语言的安装包安装完成后需要配置环境变量才能正常使用。

右击"计算机"图标，在弹出的快捷菜单中选择"属性"命令，进入系统的控制面板主页，如图 1-5 所示。

图 1-5　控制面板主页

在控制面板主页中单击"高级系统设置"选项，在弹出的对话框中单击"环境变量"按钮，弹出"环境变量"对话框，如图 1-6 所示。

在"系统变量"选项组中单击"新建"按钮，在"变量"文本框中输入 GOROOT，在"值"文本框中输入安装 Go 语言的路径，单击"确定"按钮，即系统变量配置完成，如图 1-7 所示。

图 1-6　"环境变量"对话框

图 1-7　配置环境变量

另外，还要修改系统变量中的 PATH 变量，在变量值的最后添加 "%%GOROOT\bin" 路径，与其他 PATH 变量以 ";" 分隔，如图 1-8 所示。

环境变量配置完成后，还要查看环境变量是否全部配置正确。打开 cmd 终端，在终端中输入命令 go version，查看是否输出 Go 语言安装包的版本号，如果输出正确的版本号，则证明环境变量配置成功，如图 1-9 所示。

图 1-8　修改 PATH 变量

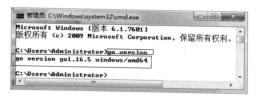

图 1-9　查看环境变量是否配置成功

## 1.2.3　在 Linux 上安装 Go 语言环境

首先，需要在图 1-1 所示的页面中下载 Linux 版本的安装包 go1.16.5.linux-amd64.tar.gz。
下载完成后，将该安装包解压到/usr/local/go 目录下，可以使用如下命令来完成：

```
tar -C /usr/local -xzf go1.16.5.linux-amd64.tar.gz
```

接着，需要将/usr/local/go/bin 目录添加到 PATH 环境变量中，可以使用如下命令来完成：

```
export PATH=$PATH:/usr/local/go/bin
```

最后，需要使用 go env 命令查看 Linux 版本的 Go 安装包是否安装成功。

## 1.2.4　在 Mac OS 上安装 Go 语言环境

在图 1-1 所示的页面中下载 Mac OS 版本的安装包 go1.16.5.darwin-amd64.pkg，双击安装包进行安装，根据安装指引完成安装即可。Mac OS 版本的 Go 安装包默认安装到/usr/local/go 目录下。

Mac OS 设置变量的方法和 Linux 一样，都需要将/usr/local/go/bin 目录添加到 PATH 环境变量中，使用如下命令来完成：

```
export PATH=$PATH:/usr/local/go/bin
```

安装完成之后，使用 go version 命令查看 Mac OS 版本的 Go 安装包是否安装成功。

**注意**：如果 Mac OS 上之前已经安装过 Go 语言环境，则需要卸载原来的版本后再进行新版本的安装，即删除/etc/paths.d/go 文件。

# 1.3　Go 语言开发工具的使用

Go 语言和 Java、C/C++和 Python 等语言相比还显得较为"年轻"，成熟的 Go 语言集成开发工具也并不多，本节将介绍几个主要用于 Go 语言开发的工具。

## 1.3.1　LiteIDE

LiteIDE 是一款专门为 Go 语言开发的跨平台轻量级的集成开发环境，同时也是一个开源的工具。LiteIDE 支持主流的操作系统，如 Windows、Linux 及 Mac OS 操作系统等；还支持对 Go 语言的编译环境进行管理和切换，能够管理和切换多个 Go 语言编译环境，界面支持 Go 语言交叉编译。另外，LiteIDE 提供了一个基于 GOPATH 的包浏览器和一个基于 GOPATH 的编译系统，能够通过 API 文档检索相应信息。

在编辑 Go 语言程序方面，LiteIDE 拥有类浏览器和大纲显示功能，完美支持 Gocode（代码自动完成工具）与 Gdb 断点和调试，自动格式化代码。

本书就是采用 LiteIDE 集成开发工具完成各个程序及项目的开发，接下来将详细介绍 LiteIDE 集成开发工具的安装及配置。

LiteIDE 开发工具的下载地址为 https://sourceforge.net/projects/liteide/files/latest/download。

下载完成后，找到下载的 LiteIDE 压缩包进行解压，解压完成后，找到文件夹中的 liteide.exe 可执行文件，如图 1-10 所示，双击即可打开该工具进行使用。

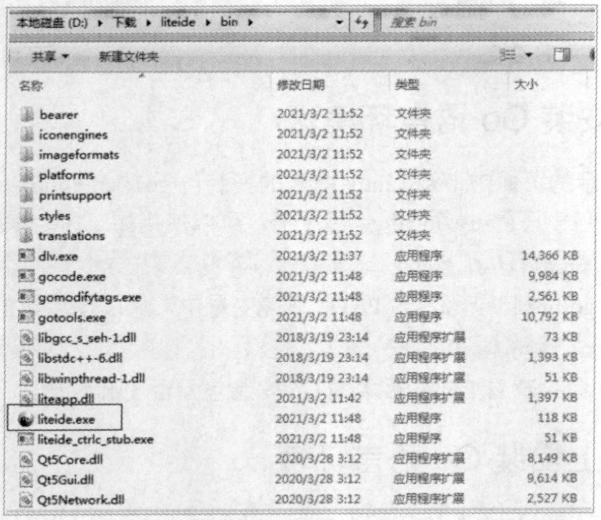

图 1-10　找到 liteide.exe 可执行文件

LiteIDE 的打开界面如图 1-11 所示。

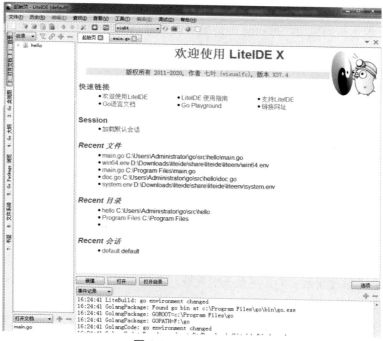

图 1-11　LiteIDE 界面

下载并安装 LiteIDE 集成开发工具之后，要想该开发工具能够正常使用，还需要进行环境的配置。

### 1. 配置环境

LiteIDE 提供了多种环境供开发者使用，目的是让开发者能够将程序编译成不同的系统所能执行的文件。例如，开发者使用的是 Windows 64 位系统，并且服务器也是 Windows 64 位，那么就需要选择 win64 的编译环境，这样在执行编译后，编译器将会自动生成在 Windows 中可执行的.exe 文件，如图 1-12 所示。

### 2. 编译当前环境

配置当前运行环境，单击"工具"按钮，在下拉菜单中选择"编辑当前环境"，在打开的 win64.env 文件中找到"GOROOT=xxx"，并将其修改为环境变量中 GOROOT 对应的值，如图 1-13 所示。

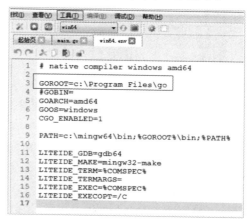

图 1-12　选择 LiteIDE 的系统环境

图 1-13　编辑当前环境

### 3. 配置管理 GOPATH/Modules/GOPROXY

在项目需要使用 GOPATH 或 Modules 时，可以通过单击图 1-14 所示的下三角按钮，on 表示使用 mod，off 表示不使用，auto 表示根据检测，有 mod 的情况可以使用。

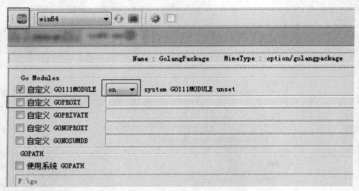

图 1-14　配置 GOPATH/Modules/GOPROXY

GOPROXY 可以设置代理，如果确定使用代理，则可勾选 GOPROXY 左边的复选框，在右边的文本框中输入代理名称即可，一般使用最多的是阿里云的代理，即 GOPROXY=https://mirrors.aliyun.com/goproxy/。

### 4. 添加工作空间

LiteIDE 一般通过使用 mod 来管理程序的运行，因此需要设置 GOPATH 工作空间。在配置管理 GOPATH/Modules/GOPROXY 的页面中单击"添加目录"按钮，将本地的 GOPATH 工作空间添加进去，如图 1-15 所示。如果有多个工作空间，可以添加多个。

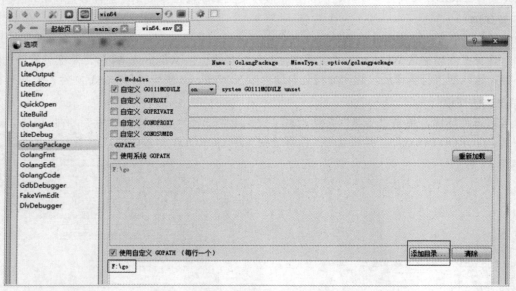

图 1-15　设置 GOPATH 工作空间

## 1.3.2　Gogland

Gogland 是由著名的 Jetbrains 公司专门为 Go 语言开发而设计的 IDE。Gogland 是 Jebrains 家族的一员，因此它也拥有 Jebrains 家族的传统特色。

Gogland 还处于开发阶段，并且还未发布正式的版本，但是开发者仍然可以在 Gogland 官网免费下载最新的测试版本。Gogland 集成了代码检查、自动补全、快速导航、格式化等编码助手与一系列集成工具，最重要的是还支持一系列的 IntelliJ 插件。

Gogland 的下载地址为 https://www.jetbrains.com/go/download，单击 DOWNLOAD 超链接即可下载，下载后解压，把文件夹移到适当的位置，最后执行 bin 目录中的 gogland.sh 脚本即可启动。

由于 Gogland 是 Jebrains 家族的一员，所以，要使 Gogland 能够正常工作，必须安装 Java 并配置 JDK 或 JRE 环境，同时还需要手动配置 GOPATH，目前该软件没有汉化版本。Gogland 的运行界面如图 1-16 所示。

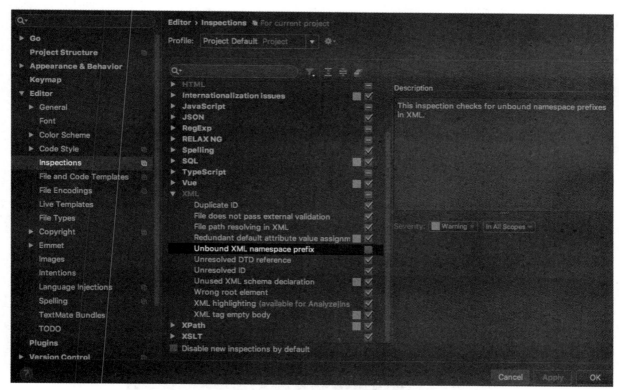

图 1-16　Gogland 的运行界面

## 1.3.3　Visual Studio Code

Visual Studio Code（简称 VS Code）是一款由微软公司开发的，能运行在 Windows、Linux 及 Mac OS 上的跨平台开源代码编辑器。

VS Code 使用 JSON 格式的配置文件进行所有功能和特性的配置。VS Code 可以通过扩展程序为编辑器实现编程语言高亮、参数提示、编译、调试、文档生成等各种功能。

### 1. 切换语言

中文版的 VS Code 下载后的命令语言都是中文的，因此搜索英文指令变得十分困难，这里可以将 VS Code 的语言切换为英文。

选择 VS Code 的菜单"查看"命令，在打开的面板中输入"配置语言"，弹出如图 1-17 所示的页面。

图 1-17　VS Code 中打开配置语言面板

输入信息后按 Enter 键打开 local.json 文件，如图 1-18 所示。将"zh-CN"修改为"en-US"，关闭 VS Code 后再重新打开，语言修改就生效了。

图 1-18　VS Code 中修改显示语言

### 2. 安装 Go 语言扩展

选择 View|Extensions 命令，打开扩展面板，如图 1-19 所示。

图 1-19　Code 安装 Go 语言插件

在搜索框中输入 Go，找到 Rich Go language support for Visual Studio Code 字样的扩展，单击 Install 按钮，即可安装 Go 语言扩展，然后打开项目源文件，此时 Code 检测到打开的是 Go 语言源代码，便会检查 Go 语言开发工具链是否完整。如果是新手，一般都会不完整，此时 Code 会提醒安装其他 Go 语言插件，这些插件实际上是通过 go get 命令安装的，Code 会把这些工具下载到 SGOPATH 的第一个值的路径中。

## 1.4　Go 语言的目录结构

Go 语言的目录结构包括开发包目录（GOROOT）和工作区目录（GOPATH）。

## 1.4.1 GOROOT 结构

GOROOT 是 Go 语言环境的根目录，打开 Go 语言安装包的安装路径即可看到 GOROOT 目录结构中的内容，如图 1-20 所示。

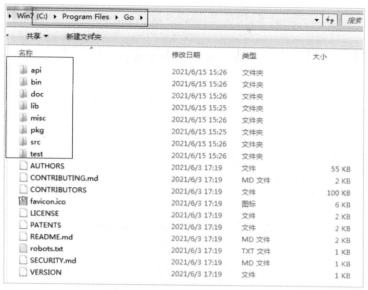

**图 1-20　GOROOT 目录结构**

### 1. api 文件夹

api 文件夹中存放了 Go API 检查器的辅助文件，包括公开的变量、常量及函数等。其中，go1.1.txt、go1.2.txt、go1.3.txt 和 go1.txt 文件分别存放了不同版本的 Go 语言的全部 API 特征；except.txt 文件中存放了一些（在不破坏兼容性的前提下）可能会消失的 API 特性；next.txt 文件则存放了可能在下一个版本中添加的新 API 特性，如图 1-21 所示。

| 名称 | 修改日期 | 类型 | 大小 |
|---|---|---|---|
| except.txt | 2021/6/3 17:19 | TXT 文件 | 29 KB |
| go1.1.txt | 2021/6/3 17:19 | TXT 文件 | 2,623 KB |
| go1.2.txt | 2021/6/3 17:19 | TXT 文件 | 1,899 KB |
| go1.3.txt | 2021/6/3 17:19 | TXT 文件 | 118 KB |
| go1.4.txt | 2021/6/3 17:19 | TXT 文件 | 34 KB |
| go1.5.txt | 2021/6/3 17:19 | TXT 文件 | 47 KB |
| go1.6.txt | 2021/6/3 17:19 | TXT 文件 | 13 KB |
| go1.7.txt | 2021/6/3 17:19 | TXT 文件 | 14 KB |
| go1.8.txt | 2021/6/3 17:19 | TXT 文件 | 17 KB |
| go1.9.txt | 2021/6/3 17:19 | TXT 文件 | 10 KB |
| go1.10.txt | 2021/6/3 17:19 | TXT 文件 | 31 KB |
| go1.11.txt | 2021/6/3 17:19 | TXT 文件 | 25 KB |
| go1.12.txt | 2021/6/3 17:19 | TXT 文件 | 14 KB |
| go1.13.txt | 2021/6/3 17:19 | TXT 文件 | 453 KB |
| go1.14.txt | 2021/6/3 17:19 | TXT 文件 | 10 KB |
| go1.15.txt | 2021/6/3 17:19 | TXT 文件 | 8 KB |
| go1.16.txt | 2021/6/3 17:19 | TXT 文件 | 26 KB |
| go1.txt | 2021/6/3 17:19 | TXT 文件 | 1,719 KB |
| next.txt | 2021/6/3 17:19 | TXT 文件 | 0 KB |
| README | 2021/6/3 17:19 | 文件 | 1 KB |

**图 1-21　api 文件夹中存放的内容**

### 2. bin 文件夹

bin 文件夹中存放了所有由官方提供的 Go 语言相关工具的可执行文件。默认情况下，该目录会包含 go 和 gofmt 这两个工具，如图 1-22 所示。

图 1-22　bin 文件夹中存放的内容

### 3. doc 文件夹

doc 文件夹中存放了 Go 语言几乎全部 HTML 格式的官方文档和说明，方便开发者在离线时查看，如图 1-23 所示。

图 1-23　doc 文件夹中存放的内容

### 4. lib 文件夹

lib 文件夹中存放引用的库文件，可以为程序的运行提供帮助，如图 1-24 所示。

图 1-24　lib 文件夹中存放的内容

### 5. misc 文件夹

misc 文件夹中存放各类编辑器或 IDE（集成开发环境）软件的插件，辅助开发者查看和编写 Go 语言代码，如图 1-25 所示。

图 1-25　misc 文件夹中存放的内容

### 6. pkg 文件夹

pkg 文件夹用于在构建安装后，保存 Go 语言标准库的所有归档文件。pkg 文件夹包含一个与 Go 语言安装平台相关的子目录，被称为"平台相关目录"。例如，Windows 64bit 操作系统的安装包中，平台相关目录的名字则为 windows_amd64。Go 源码文件对应于以".a"为结尾的归档文件，存储在 pkg 文件夹下的平台相关目录中。

pkg 文件夹下还有一个名为 tool 的子文件夹，该子文件夹下也有一个平台相关目录，其中存放了很多可执行文件，如图 1-26 所示。

### 7. src 文件夹

src 文件夹中存放了所有的标准库、Go 语言工具及相关底层库（C 语言实现）的源码。通过查看 src 文件夹，可以了解 Go 语言的方方面面，如图 1-27 所示。

| 名称 | 修改日期 | 类型 |
|---|---|---|
| include | 2021/6/15 15:25 | 文件夹 |
| tool | 2021/6/15 15:25 | 文件夹 |
| windows_amd64 | 2021/6/15 15:26 | 文件夹 |
| windows_amd64_race | 2021/6/15 15:26 | 文件夹 |

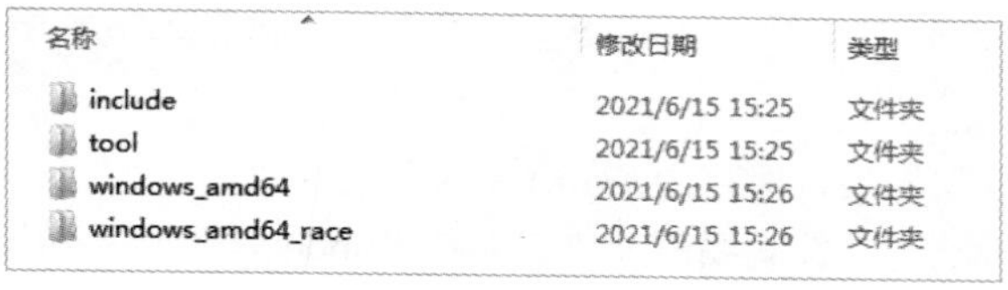

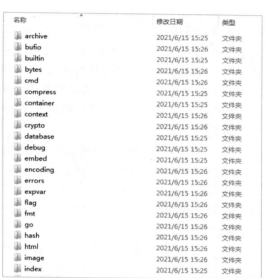

图 1-26 pkg 文件夹中存放的内容

| 名称 | 修改日期 | 类型 |
|---|---|---|
| archive | 2021/6/15 15:25 | 文件夹 |
| bufio | 2021/6/15 15:26 | 文件夹 |
| builtin | 2021/6/15 15:25 | 文件夹 |
| bytes | 2021/6/15 15:26 | 文件夹 |
| cmd | 2021/6/15 15:26 | 文件夹 |
| compress | 2021/6/15 15:25 | 文件夹 |
| container | 2021/6/15 15:25 | 文件夹 |
| context | 2021/6/15 15:26 | 文件夹 |
| crypto | 2021/6/15 15:26 | 文件夹 |
| database | 2021/6/15 15:25 | 文件夹 |
| debug | 2021/6/15 15:25 | 文件夹 |
| embed | 2021/6/15 15:25 | 文件夹 |
| encoding | 2021/6/15 15:26 | 文件夹 |
| errors | 2021/6/15 15:26 | 文件夹 |
| expvar | 2021/6/15 15:26 | 文件夹 |
| flag | 2021/6/15 15:26 | 文件夹 |
| fmt | 2021/6/15 15:26 | 文件夹 |
| go | 2021/6/15 15:26 | 文件夹 |
| hash | 2021/6/15 15:26 | 文件夹 |
| html | 2021/6/15 15:26 | 文件夹 |
| image | 2021/6/15 15:26 | 文件夹 |
| index | 2021/6/15 15:25 | 文件夹 |

图 1-27 src 文件夹中存放的内容

### 8. test 文件夹

test 文件夹中存放了测试 Go 语言自身代码的文件。通过阅读这些测试文件，可以了解 Go 语言的特性和使用方法，如图 1-28 所示。

| 名称 | 修改日期 | 类型 | 大小 |
|---|---|---|---|
| chan | 2021/6/15 15:26 | 文件夹 | |
| closure3.dir | 2021/6/15 15:26 | 文件夹 | |
| codegen | 2021/6/15 15:26 | 文件夹 | |
| ddd2.dir | 2021/6/15 15:26 | 文件夹 | |
| dwarf | 2021/6/15 15:25 | 文件夹 | |
| fixedbugs | 2021/6/15 15:26 | 文件夹 | |
| import2.dir | 2021/6/15 15:26 | 文件夹 | |
| import4.dir | 2021/6/15 15:26 | 文件夹 | |
| interface | 2021/6/15 15:26 | 文件夹 | |
| intrinsic.dir | 2021/6/15 15:26 | 文件夹 | |
| ken | 2021/6/15 15:26 | 文件夹 | |
| linkname.dir | 2021/6/15 15:26 | 文件夹 | |
| method4.dir | 2021/6/15 15:25 | 文件夹 | |
| oldescape_linkname.dir | 2021/6/15 15:26 | 文件夹 | |
| retjmp.dir | 2021/6/15 15:25 | 文件夹 | |
| runtime | 2021/6/15 15:26 | 文件夹 | |
| stress | 2021/6/15 15:25 | 文件夹 | |
| syntax | 2021/6/15 15:26 | 文件夹 | |
| uintptrescapes.dir | 2021/6/15 15:26 | 文件夹 | |
| 64bit.go | 2021/6/3 17:19 | GO 文件 | 25 KB |
| 235.go | 2021/6/3 17:19 | GO 文件 | 2 KB |
| alg.go | 2021/6/3 17:19 | GO 文件 | 1 KB |
| alias.go | 2021/6/3 17:19 | GO 文件 | 1 KB |
| alias1.go | 2021/6/3 17:19 | GO 文件 | 1 KB |

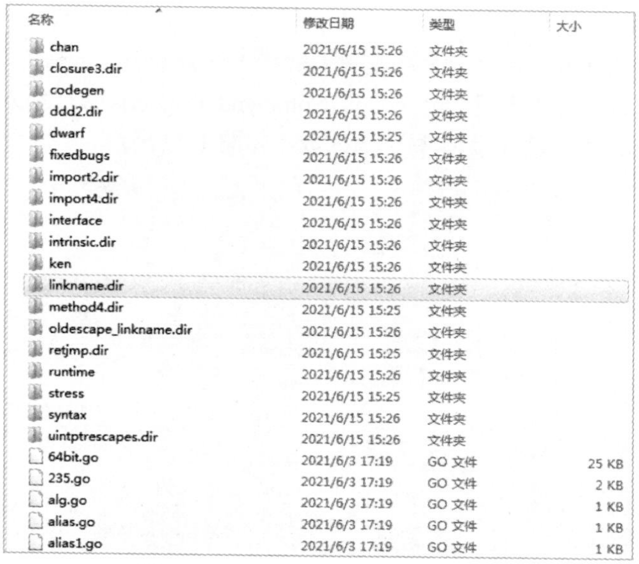

图 1-28 test 文件夹中存放的内容

## 1.4.2　GOPATH 结构

GOPATH 工作区有 3 个子目录，分别是 src 目录、pkg 目录和 bin 目录。

### 1. src 目录

src 目录主要用于以代码包的形式组织并保存 Go 源码文件。代码包与 src 的子目录相对应。例如，若一个源码文件被声明为属于代码包 logging，那么它就应当被保存在 src 目录下名为 logging 的子目录中。当然，也可以把 Go 源码文件直接放在 src 目录下，但这样的 Go 源码文件就只能被声明为属于 main 的代码包。一般建议把 Go 源码文件放入特定的代码包中。

**注意：** Go 语言的源码文件分为 3 类，即 Go 库源码文件、Go 命令源码文件和 Go 测试源码文件。Go 语言的命令源码文件和库源码文件的区别如下：所谓命令源码文件，就是声明为属于 main 代码包，并且包含无参数声明和结果声明的 main 函数的源码文件。这类源码文件可以独立运行（使用 go run 命令），也可被 go build 或 go install 命令转换为可执行文件。库源码文件则是指存在于某个代码包中的普通源码文件。

### 2. pkg 目录

pkg 目录主要用于存放经由 go install 命令构建安装后的代码包（包含 Go 库源码文件）的 ".a" 归档文件。该目录与 GOROOT 目录下的 pkg 功能类似。区别在于，GOPATH 结构中的 pkg 目录专门用来存放程序开发者代码的归档文件。构建和安装用户源码的过程一般会以代码包为单位进行，例如，logging 包被编译安装后，将生成一个名为 logging.a 的归档文件，并存放在当前工作区的 pkg 目录下的平台相关目录中。

### 3. bin 目录

bin 目录与 pkg 目录类似，在通过 go install 命令完成安装后，保存由 Go 命令源码文件生成的可执行文件。在 Linux 操作系统下，这个可执行文件一般是一个与源码文件同名的文件。而在 Windows 操作系统下，这个可执行文件的名称是源码文件名称加.exe。

# 1.5　第一个 Go 语言程序

### 1. 新建项目

双击打开安装完成的 LiteIDE，在"文件"菜单中选择"新建"命令，弹出"新项目或文件"对话框，选择系统默认的 GOPATH 路径，"模板"选择 Go1 Command Project，最后输入项目名称，并选择合适的目录存储，确认无误后单击 OK 按钮，新项目创建完成，如图 1-29 所示。

图 1-29　新建项目

## 2. 了解项目的结构

新建完成的项目如图 1-30 所示，编辑器自动创建了两个文件，并在 main.go 中生成了简单的代码。

图 1-30　新建完成的项目

图 1-30 所示的程序分为如下三个部分：

第一部分是包归属，即 package main。package 是 Go 语言的一个关键字，用于定义当前代码所属的包，与 Java 中的 package 类似，作为模块化的标识。main 包是一个特殊的包名，它表示当前是一个可执行程序，而不是一个库。所有的 Go 源程序文件头部必须有一个包声明语句。

第二部分是 import，称为包的导入。import 也是 Go 语言的一个关键字，表示要导入的代码包，与 Java 中的 import 关键字类似，导入后就可以使用。Go 语言要求只有用到的包才能导入，如果导入一个代码包又不使用，那么编译时会报错。fmt 是这个程序导入的一个包的包名，fmt 是标准库中的一个包，也是标准的输入/输出包，导入之后，就可以使用它的函数了。

第三部分是程序的主体。func 是一个函数定义关键字；main 是程序主函数，表示程序执行的入口；fmt.Println 是 fmt 包中的函数，其调用方法与其他语言类似，这个程序用于输出一段文字。Go 语言默认不需要分号结束每行代码，如果两行代码写在一行时才需要使用分号分隔，但是不建议这样书写代码。

## 3. 项目的运行

在运行项目时，需要先编译源码再运行程序，可以单击工具栏上蓝色的编译执行按钮 BR 运行代码。也可以选择菜单栏中的 Build 选项先编译源码，再选择菜单栏中的 Run 命令运行程序。如果运行了该项目，可以在底部的编译输出（Build Output）窗口中看到项目运行的结果，如图 1-31 所示。

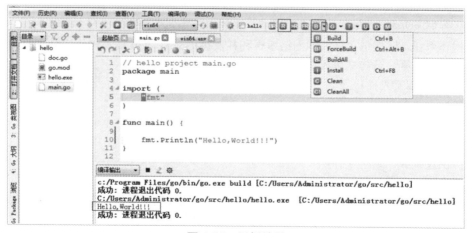

图 1-31　运行结果

LiteIDE 中运行程序的方式有如下两种：

①BR（BuildAndRun）是编译并运行整个项目，可以使用 Command + R 快捷键。

②FR（FileRun）是编译并运行单个文件，可以使用 Shift + Alt + R 快捷键。

编译运行单个文件和编译运行整个项目的区别如下：

①编译运行整个项目时，只允许一个源文件中有 main 函数。

②编译运行单个文件时，允许多个源文件包含 main 函数，运行时并不会报错。

### 4. Go 语言程序规则

①源程序以.go 为扩展名。

②源程序默认为 UTF-8 编码。

③标识符区分大小写。

④语句结尾的分号可以省略。

⑤函数以 func 开头，函数体开头的"{"必须在函数头所在的行尾部，不能单独起一行。

⑥字符串字面量使用""""（双引号）括起来。

⑦调用包中的方法通过"."访问符，如 fmt.Printf。

⑧main 函数所在的包名必须是 main。

# 1.6　就业面试技巧与解析

本章首先通过 Go 语言的诞生、Go 语言的特性及 Go 语言的使用等基础知识带领读者认识 Go 语言。接着通过在 Windows、Linux 和 Mac OS 上部署 Go 语言的开发环境及安装 Go 语言的开发工具，帮助读者学会搭建 Go 语言开发环境的方法。最后，通过简单的一个 Go 语言程序，让读者了解 Go 语言的程序结构及目录结构。

学习完本章内容，我们对 Go 语言的了解有多少呢？下面一起来检验一下吧！

## 1.6.1　面试技巧与解析（一）

**面试官**：什么是 Go 语言？Go 语言的特性及使用方法有哪些？

**应聘者**：

Go 语言是一门新型的静态类型的编译型语言，它的出现受到程序开发人员的广泛喜爱。使用 Go 语言不仅访问底层操作系统，还提供了强大的网络编程和并发编程支持。Go 语言的用途众多，可以进行网络编程、系统编程、并发编程、分布式编程等。

Go 语言的特性有以下几点：

①语法简单。

②工程结构简单。

③有垃圾回收机制。

④可以进行快速编译。

⑤拥有功能完善、质量可靠的标准库。

Go 使用编译器来编译代码。编译器将源代码编译成二进制（或字节码）格式；在编译代码时，编译器检查错误、优化性能并输出可在不同平台上运行的二进制文件。要创建并运行 Go 程序，程序员必须执行如下步骤：

①使用文本编辑器创建 Go 程序。

②保存文件。

③编译程序。

④运行编译得到的可执行文件。

## 1.6.2　面试技巧与解析（二）

**面试官**：通过学习 Go 程序，你对程序中的 main 函数了解多少？

**应聘者**：

①main 是程序主函数，表示程序执行的入口。

②main 函数不能带参数。

③main 函数不能定义返回值。

④main 函数所在的包必须为 main 包。

⑤main 函数中可以使用 flag 包来获取和解析命令行参数。

⑥所有的 Go 源程序文件头部必须有一个包声明语句。

# 第2章

# Go 语言程序元素的构成

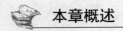 **本章概述**

在学习 Go 语言的核心语法之前，先了解一下 Go 语言程序元素的构成。本章主要学习 Go 语言的词法单元、常量及变量的概念和使用方法，通过对 Go 语言程序元素的学习，为读者学习核心的 Go 语言知识打下坚实的基础。

**知识导读**

本章要点（已掌握的在方框中打钩）：
☐ 词法单元。
☐ 常量。
☐ 变量。

## 2.1  词法单元

Go 语言的词法单元包括标识符、关键字、字面量、分隔符、运算符及注释，它们是组成 Go 语言代码和程序的最基本的单位。学习 Go 语言的词法单元能够帮助程序员更好地掌握 Go 语言的语法结构，下面将依次进行介绍。

### 2.1.1  标识符

标识符是一种字符序列，在 Go 语言中可以使用字符序列，对各种变量、常量、类型、方法、函数等进行命名。标识符由若干个字母、下画线和数字组成，且第一个字符必须是字母。简单来说，凡可以自己定义的名称都可以称为标识符。

标识符有以下两种类型：

**1. 自定义标识符**

自定义标识符是指程序员在编程过程中自行定义的变量名、常量名、函数名等一切符合语言规范的标识符。

**注意**：用户自定义的标识符不应该使用语言设计者的预定义标识符，这样会导致代码语句有歧义，严重影响代码的可读性。

#### 2. 预定义标识符

预定义标识符是指由程序设计者在 Go 语言源代码中事先声明的标识符。预定义标识符包括语言的预声明标识符，以及用于后续语言扩展的保留字等。预定义标识符如表 2-1 所示。

表 2-1　预定义标识符

| 分　类 | 名　　称 |
|--------|----------|
| 数据类型 | bool（true 和 false）、byte、uint16、float32、float64、int、int8、int16、uint32、int32、int64、uint64、string、uint、uint8、uintptr |
| 内建函数 | append、cap、close、complex、copy、delete、imag、len、make、new、panic、print、println、real、recover |
| 其他标识符 | iota、nil、_ |

表 2-1 中有一个特殊的标识符，即下画线。下画线也被称为空标识符，它可以用于变量的声明或赋值（任何类型都可以赋值给它），但任何赋给这个标识符的值都将被抛弃，因此这些值不能在后续的代码中使用，也不可以使用下画线作为变量对其他变量进行赋值或运算。

标识符的命名规则需要遵循以下几点：

（1）标识符由 26 个英文字母、0～9 数字及下画线组成。

（2）标识符开头的一个字符必须是字母或下画线，后面跟任意多个字符、数字或下画线。标识符不能以数字开头，例如，int 5abc 是错误的。

（3）标识符在 Go 语言中严格区分大小写，例如，Test 和 test 在 Go 语言程序中表示两个不同的标识符。

（4）标识符不能包含空格。

（5）在 Go 语言中不允许标识符使用标点符号，如@、$、%等一系列符号。

（6）不能以系统保留关键字作为标识符，如 break、if 等。

```
5d      //这不是一个合法标识符,不是以字母或下画线开头的
$ab     //这不是一个合法标识符,不是以字母或下画线开头的
abc     //这是一个合法标识符
_aa     //这是一个合法标识符
abc5    //这是一个合法标识符
```

标识符的命名还需要注意以下几点：

（1）标识符的命名要尽量简短且有意义。

（2）不能和标准库中的包名重复。

（3）为变量、函数、常量命名时采用驼峰命名法，如 stuName、getVal。

**注意**：在使用标识符之前必须进行声明，声明一个标识符就是将这个标识符与常量、类型、变量、函数或者代码包绑定在一起。在同一个代码块内标识符的名称不能重复。

## 2.1.2　关键字

关键字是指语言设计者保留的具有特定语法含义的标识符，也可以称为保留字。关键字主要用来控制程序的结构，每个关键字都代表着不同语义的语法。Go 语言中的关键字一共有 25 个，如表 2-2 所示。

**注意**：关键字不能用作常量、变量或任何其他标识符名称，也不能再声明和关键字相同的标识符。

表 2-2　关键字

| 关　键　字 | 说　明 |
| --- | --- |
| package | 用于定义包名 |
| import | 用于导入包名 |
| const | 用于常量声明 |
| var | 用于变量声明 |
| func | 用于函数定义 |
| defer | 用于延迟执行 |
| go | 用于并发语法 |
| return | 用于函数返回 |
| struct | 用于定义结构类型 |
| interface | 用于定义接口类型 |
| map | 用于声明或创建 map 类型 |
| chan | 用于声明或创建通道类型 |
| if else | 用于 if else 语句 |
| for change break continue | 用于 for 循环 |
| switch select type case default fallthrough | 用于 switch 和 select 语句 |
| goto | 用于 goto 跳转语句 |

## 2.1.3　字面量

字面量代表着一种标记法，常用来表示一些固定值。但在 Go 语言中，字面量的含义有多种，既可以表示基础数据类型值的各种字面量，又可以表示程序员构造的自定义符合数据类型的类型字面量，还可以表示符合数据类型的值的符合字面量。

使用字面量时，一般使用裸字符序列来表示不同类型的值。字面量还可以被编译器直接转换为某个类型的值。

字面量可以分为以下几类：

### 1. 整型字面量

整型字面量就是使用特定的字符序列来表示具体的整型数值，它常被用于整型变量或常量的初始化，例如：

```
55
0550
0xHello
123456789
```

### 2. 浮点型字面量

浮点型字面量就是使用特定的字符序列来表示一个浮点数值。浮点型字面量的表示方法有两种：数学记录法和科学计数法，例如：

```
25.12
0.15
.25
.12345F+4
1.e+0
```

### 3. 复数类型字面量

复数类型字面量就是使用特定的字符序列来表示复数类型的常量值，例如：

```
0i
5.e+0i
.25i
.12345F+4i
1.e+0i
```

### 4. 字符型字面量

字符型字面量就是使用特定的字符序列来表示字符型的数值。Go 语言程序的源码通常采用 UTF-8 的编码方式，UTF-8 的字符占用 1～4B。Rune 字符常量也有多种表现形式，但通常使用 "' '"（单引号）将字符常量括起来，例如：

```
'b'
'\t'
'\0000'
'\abc'
'\u45e3'
```

### 5. 字符串字面量

字符串字面量通常使用 "" ""（双引号）将字符序列括起来，双引号中的内容可以是 UTF-8 的字符字面量，也可以是其编码值，例如：

```
"\n"
"hello world!\n"
"Go 语言"
```

## 2.1.4　分隔符

分隔符主要用来分隔其他元素，例如：

```
fmt
.
Println
(
"hello,world!"
)
```

在以上程序中使用了小数点、括号、冒号及逗号等分隔符。

括号分隔符包括括号、中括号和大括号。

标点分隔符包括小数点、逗号、分号、冒号和省略号。

无论哪种编程语言，程序代码都是通过语句来实现结构化的，但是 Go 语言不需要以分号进行结尾，结尾的工作都是由 Go 语言的编译器自动来完成的。当多个语句写在同一行时，它们就必须使用 ";" 进行分隔，但在实际开发中不提倡这种写法。

## 2.1.5　运算符

运算符主要用于在程序运行时执行运算或逻辑操作。Go 语言中的运算符如表 2-3 所示。

表 2-3　Go 语言运算符及说明

| 运　算　符 | 说　　　明 |
| --- | --- |
| \|\| | 逻辑或，二元逻辑运算符 |

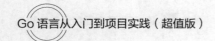

| 运　算　符 | 说　　明 |
| --- | --- |
| && | 逻辑与，二元逻辑运算符 |
| ! | 逻辑非，一元逻辑运算符 |
| == | 相等判断，二元逻辑运算符 |
| != | 不等判断，二元逻辑运算符 |
| < | 小于判断，二元逻辑运算符 |
| <= | 小于或等于判断，二元逻辑运算符 |
| > | 大于判断，二元逻辑运算符 |
| >= | 大于或等于判断，二元逻辑运算符 |
| + | 求和，二元算术运算符 |
| − | 求差，二元算术运算符 |
| * | 求积，二元算术运算符 |
| / | 求商，二元算术运算符 |
| \| | 按位或，二元算术运算符 |
| ^ | 按位异或，二元算术运算符 |
| % | 求余，二元算术运算符 |
| << | 按位左移，二元算术运算符 |
| >> | 按位右移，二元算术运算符 |
| & | 按位与，二元算术运算符 |
| &^ | 按位清除，二元算术运算符 |

在 Go 语言中，一个表达式可以包含多个运算符。当表达式中存在多个运算符时，就会遇到优先级的问题，此时应该先处理哪个运算符由 Go 语言运算符的优先级来决定。

所谓优先级，就是当多个运算符出现在同一个表达式中时，先执行哪个运算符。二元运算符的优先级如表 2-4 所示。

表 2-4　二元运算符的优先级

| 运　算　符 | 优　先　级 |
| --- | --- |
| *、/、%、<<、>>、&、&^ | 最高 |
| +、−、^、\| | 较高 |
| ==、!=、<、<=、>、>= | 中 |
| && | 较低 |
| \|\| | 最低 |

当表达式中出现相同优先级的运算符时，可以根据从左到右的顺序依次执行操作。当遇到括号时，括号的优先级是最高的，括号中的表达式会优先执行。

**注意**：在 Go 语言中，++和—是语句，不是表达式，没有运算符优先级之说。

## 2.1.6　注释

注释是源代码中最重要的组成部分之一。当 Go 语言的编译器遇到标有注释的代码时，编译器会自动识别并跳过标有注释的代码。

注释不会被编译，每一个包都应该有相关注释。注释分为单行注释和多行注释。

### 1. 单行注释

单行注释是最常见的注释形式，程序员可以在代码中的任何地方使用以 "//" 开头的单行注释，例如：

```
fmt.Println("hello,world!")        //单行注释
```

### 2. 多行注释

多行注释又称块注释，多行注释通常以 "/*" 进行开头，并以 "*/" 进行结尾，例如：

```
func main() {
    /*多行注释
    var stockcode = 123
    var enddate = "2021-07-02"
    var url = "Code=%d&endDate=%s"
    var target_url = fmt.Sprintf(url, stockcode, enddate)
    */
    fmt.Println(target_url)
}
```

# 2.2　常量

Go 语言中的常量使用关键字 const 定义，用于存储不会改变的数据，常量是在编译时被创建的，即使定义在函数内部也是如此，并且只能是布尔型、数值型（整型、浮点型和复数类型）和字符串型。由于编译时的限制，定义常量的表达式必须为能被编译器求值的常量表达式。

## 2.2.1　常量的定义

常量是在程序运行时不会被修改的量。常量的定义格式如下：

```
const identifier [type] = value
```

例如：

```
const Pi = 3.1415926          //可以指定常量的类型
const Pi float32=3.1415926    //也可以是布尔值、字符串等
const hello="Go 语言"          //还可以使用中文
```

在 Go 语言中，由于编译器可以根据变量的值来推断其类型，因此可以省略类型说明符 [type]。

Go 语言中常量的定义包括显式定义和隐式定义两种。

（1）显式定义如下：

```
const a string = "apple"
```

（2）隐式定义如下：

```
const a = "apple"
```

Go 语言的常量还可以是十进制、八进制或十六进制的常数。

①十进制无前缀。

②前缀为 0 的是八进制。

③前缀为 0x 或 0X 的是十六进制。

④另外，整数还可以有一个后缀，其后缀可以是大小写字母（顺序任意）。后缀通常是 U 和 L 的组合，通常用于表示 unsigned 和 long，例如：

```
3.1415926       //十进制,合法
0215            //八进制,合法
0x25            //十六进制,合法
30u             //无符号整型,合法
25l             //long,合法
25ul            //无符号 long,合法
```

## 2.2.2  常量的声明

常量的声明和变量的声明类似，只是把 var 换成了 const。多个变量可以一起声明，同样，多个常量也可以一起声明，例如：

```
const (
    e = 2.7182
    pi = 3.1415
)
```

在 Go 语言中，所有常量的运算都可以在编译期来完成，这样不仅可以减少运行时的工作，也方便其他代码的编译优化。当操作数是常量时，运行时经常出现的错误也可以在编译时被发现，例如，整数除零、字符串索引越界、任何导致无效浮点数的操作等。

常量间的所有算术运算、逻辑运算和比较运算的结果也是常量，对常量的类型转换操作或函数调用（len、cap、real、imag、complex 和 unsafe.Sizeof）都是返回常量结果。

由于常量的值是在编译期就确定的，因此常量可以用于数组的声明。

```
const size =5
var arr [size] int
```

如果是批量声明的常量，除了第一个常量外，其他的常量右边的初始化表达式都可以省略。如果省略初始化表达式，则表示使用前面常量的初始化表达式，对应的常量类型也是一样的，例如：

```
const (
    a = 3
    b
    c = 5
    d
)
fmt.Println(a, b, c, d) //"3 3 5 5"
```

在 Go 语言中有一个特殊的常量——iota。iota 是一个可以被编译器修改的常量。

iota 在 const 关键字出现时将被重置为 0，const 中每新增一行常量声明将使 iota 计数一次。

iota 可以被用作枚举值，例如：

```
const (
    a = iota
    b = iota
    c = iota
)
```

第一个 iota 等于 0，每当 iota 在新的一行被使用时，它的值都会自动加 1；所以 a=0, b=1, c=2 可以简写为如下形式：

```
const (
    a = iota
    b
    c
)
```

### 2.2.3　转义字符

与其他语言一样，Go 语言也使用反斜杠表示转义字符。常用的转义字符及其含义如表 2-5 所示。

表 2-5　常见的转义字符及其含义

| 转 义 字 符 | 含 义 |
| --- | --- |
| \\ | \字符 |
| \' | '字符 |
| \" | "字符 |
| \? | ?字符 |
| \b | 退格 |
| \f | 换页 |
| \n | 新行 |
| \r | 回车 |
| \t | 水平制表符 |
| \v | 垂直制表符 |

转义字符的使用，例如：

```
package main
import "fmt"
func main() {
    fmt.Println("hello\tworld!")
    fmt.Println("hello\rworld!")
}
```

在 liteIDE 开发工具中编译并执行以上代码，运行结果如图 2-1 所示。

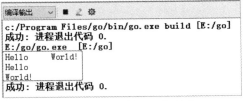

图 2-1　转义字符的运行结果

### 2.2.4　赋值

Go 语言支持直接赋值运算符、相加和赋值运算符、相减和赋值运算符、相乘和赋值运算符、相除和赋值运算符、左移和赋值运算符、右移和赋值运算符、按位与和赋值运算符、按位异或和赋值运算符、按位或和赋值运算符等。

```
package main
import (
    "fmt"
)
func main() {
    a := 10
    c := 20
    c = a
    fmt.Println("赋值操作,把 a 赋值给 c,所以 c 的值为: ", c)
    c += a
    fmt.Println("相加和赋值运算符,实际为 c=c+a,所以 c 的值为: ", c)
    c -= a
    fmt.Println("相减和赋值运算符,实际为 c=c-a,所以 c 的值为: ", c)
    c *= a
    fmt.Println("相乘和赋值运算符,实际为 c=c*a,所以 c 的值为: ", c)
    c /= a
    fmt.Println("相除和赋值运算符,实际为 c=c/a,所以 c 的值为: ", c)
    c <<= 2
    fmt.Println("左移和赋值运算符,所以 c 的值为: ", c)
    c >>= 2
    fmt.Println("右移和赋值运算符,所以 c 的值为: ", c)
    c &= 2
    fmt.Println("按位与和赋值运算符,所以 c 的值为: ", c)
    c ^= 2
    fmt.Println("按位异或和赋值运算符,所以 c 的值为: ", c)
    c |= 2
    fmt.Println("按位或和赋值运算符,所以 c 的值为: ", c)
}
```

编译运行结果如图 2-2 所示。

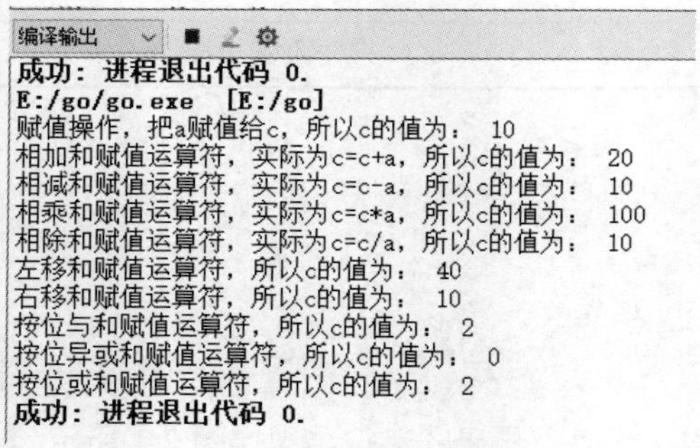

图 2-2　赋值运算符的运行结果

## 2.2.5　枚举

常量还可以用作枚举。

```
const (
    Connected = 0
    Disconnected =1
    Unknown =2
)
```

在以上代码中，数字 0 表示连接成功；数字 1 表示连接断开；数字 2 表示未知状态。
枚举类型的实现需要使用 iota 关键字。

```
package main
import (
```

```
        "fmt"
    )
    const (
        a = iota                        //a==0
        b                               //b==1,隐式使用 iota 关键字,等同于 b=iota
        c                               //c==2,等同于 c=iota
        d, e, f = iota, iota, iota      //d=3,e=3,f=3,同一行值相同
        g = iota                        //g==4
        h = "h"                         //h=="h"单独赋值,iota 递增为 5
        i                               //i=="h",默认使用上面的赋值,iota 递增为 6
        j = iota                        //j==7
    )
    const z = iota                      //每个单独定义的 const 常量中,iota 都会重置,此时 z==0
    func main() {
        fmt.Println(a, b, c, d, e, f, g, h, i, j, z)
    }
```

运行结果如图 2-3 所示。

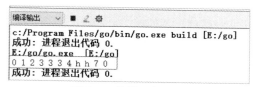

图 2-3　枚举运行结果

每个 const 定义的第一个常量被默认设置为 0,显式设置为其他值除外。后续的常量默认设置为它上面那个常量的值,如果前面那个常量的值是 iota,则它也被设置为 iota。由于 iota 可以实现递增,因此它也可以实现枚举操作。另外,iota 还可以在表达式中使用。

**注意:** 当遇到 d, e, f = iota, iota, iota 这种情况时,虽然同一行值相同,但不能省略其他 iota,书写完整才是正确的。

# 2.3　变量

变量主要用来存储数据信息,变量的值可以通过变量名进行访问。Go 语言的变量名的命名规则与其他语言一样,都是由字母、数字和下画线组成,其中变量名的首字符不能为数字。常见的变量的数据类型包括整型、浮点型、布尔型及结构体等。

## 2.3.1　变量的声明

变量的声明通常使用 var 关键字,变量的声明格式如下:

```
var identifier type
```

其中,**var** 是声明变量的关键字,**identifier** 是变量名,**type** 是变量的类型,行尾无须添加分号,例如:

```
var a int              //声明整型类型的变量,保存整数数值
var b string           //声明字符串类型的变量
var c []float32        //声明 32 位浮点切片类型的变量,浮点切片表示由多个浮点类型组成的数据结构
var d func() bool      //声明返回值为布尔类型的函数变量
var e struct {         //声明结构体类型的变量,该结构体拥有整型的 x 字段
    x int
}
```

**注意**：Go 语言和其他编程语言不同之处在于，它在声明变量时将变量的类型放在变量的名称之后。这样做的好处就是可以避免出现含糊不清的声明形式。例如，如果想要两个变量都是指针，不需要将它们分开书写，写成 var a, b *int 即可。

同样，可以一次声明多个变量。在声明多个变量时可以写成常量的那种形式，例如：

```
var (
    a int
    b string
    c []float32
    d func() bool
    e struct {
        x int
    }
)
```

同一类型的多个变量可以声明在同一行，例如：

```
var a, b, c int
```

多个变量可以在同一行进行声明和赋值，例如：

```
var a, b, c int = 1, 2, 3
```

多个变量可以在同一行进行赋值，但注意只能在函数体内，例如：

```
a, b = 1, 2
```

如果想要交换两个变量的值，可以使用交换语句，例如：

```
a, b = b, a
```

## 2.3.2  初始化变量

Go 语言在声明变量时，自动对变量对应的内存区域进行初始化操作。每个变量会初始化其类型的默认值，例如：

①整型和浮点型变量的默认值为 0。

②字符串变量的默认值为空字符串。

③布尔型变量的默认值为 false。

④切片、函数、指针变量的默认值为 nil。

### 1. 变量初始化的标准格式

变量的初始化标准格式如下：

```
var 变量名 类型 = 表达式
```

例如：

```
var a int = 2
```

其中，a 为变量名，类型为 int，a 的初始值为 2。

### 2. 编译器推导类型的格式

2 和 int 同为 int 类型，因此可以进一步简化初始化的写法，即

```
var a = 2
```

等号右边的部分在编译原理里被称为右值（rvalue）。

```
var attack = 35
var defence = 15
var damageRate float32 = 0.28
var damage = float32(attack+defence) * damageRate
```

```
fmt.Println(damage)
```

第 1 行和第 2 行，右值为整型，attack 和 defence 变量的类型为 int。

第 3 行，表达式的右值中使用了 0.28。Go 语言和 C 语言一样，这里如果不指定 damageRate 变量的类型，Go 语言编译器会将 damageRate 类型推导为 float64，由于这里不需要 float64 的精度，所以需要强制指定类型为 float32。

第 4 行，将 attack 和 defence 相加后的数值结果依然为整型，使用 float32() 将结果转换为 float32 类型，再与 float32 类型的 damageRate 相乘后，damage 类型也是 float32 类型。

第 5 行，输出 damage 的值。

运行结果如图 2-4 所示。

```
 8   var attack = 35
 9   var defence = 15
10   var damageRate float32 = 0.28
11   var damage = float32(attack+defence) * damageRate
12
13   func main() {
14       fmt.Println(damage)
15   }
```

```
编译输出  ∨  ■  ≥  ✿
c:/Program Files/go/bin/go.exe build [E:/go]
成功: 进程退出代码 0.
E:/go/go.exe  [E:/go]
14
成功: 进程退出代码 0.
```

图 2-4　变量初始化运行结果

### 3. 短变量声明并初始化

var 的变量声明还有一种更为精简的写法，即

```
a := 2
```

其中，:= 只能出现在函数内（包括在方法内），此时 Go 编译器会自动进行数据类型的推断。

**注意**：由于使用了:=，而不是赋值的=，因此推导声明写法的左值变量必须是没有定义过的变量。若再次定义，将会出现编译错误。

该写法同样支持多个类型变量同时声明并赋值，例如：

```
a, b := 1, 2
```

Go 语言中，除了可以在全局声明中初始化实体，也可以在 init 函数中初始化。init 函数是一个特殊的函数，它会在包完成初始化后自动执行，执行优先级比 main 函数高，并且不能手动调用 init 函数。每一个源文件有且只有一个 init 函数，初始化过程会根据包的依赖关系按顺序单线程执行。

可以在开始执行程序之前通过 init 函数来对数据进行检验与修复，保证程序执行时状态正常，例如：

```
package main
import (
    "fmt"
    "math"
)
//Pi 为圆周率
var Pi float64
func init() {
    Pi = 4 * math.Atan(1)  //在 init 函数中计算 Pi 的值
}
func main() {
    DPi := Pi * Pi
    fmt.Println(Pi, DPi)
}
```

运行结果如图 2-5 所示。

```
 9    //Pi为圆周率
10    var Pi float64
11  |
12  func init() {
13        Pi = 4 * math.Atan(1)    //在init函数中计算Pi的值
14  }
15  func main() {
16        DPi := Pi * Pi
17
18        fmt.Println(Pi, DPi)
19  }
```

```
编译输出 ▾  ■ ✐ ⚙
c:/Program Files/go/bin/go.exe build [E:/go]
成功: 进程退出代码 0.
E:/go/go.exe  [E:/go]
3.141592653589793 9.869604401089358
成功: 进程退出代码 0.
```

图 2-5　init 函数初始化运行结果

## 2.3.3　多个变量同时赋值

变量的交换是编程最简单的算法之一。在进行交换变量时，通常需要一个中间变量临时对变量进行保存。用传统方法编写变量交换代码如下：

```
var a int = 100
var b int = 200
var t int
t = a
a = b
b = t
fmt.Println(a, b)
```

传统方法的变量交换往往占用了较大的内存空间，因此，根据这一情况又发明了一些算法来避免使用中间变量，例如：

```
var a int = 100
var b int = 200
a = a ^ b
b = b ^ a
a = a ^ b
fmt.Println(a, b)
```

这种算法往往对数值范围和类型都有一定的要求。到了 Go 语言时，内存不再是紧缺资源，而且写法可以更加简单。使用 Go 语言的"多重赋值"特性，可以轻松完成变量交换的任务，例如：

```
var a int = 100
var b int = 200
b, a = a, b
fmt.Println(a, b)
```

在对多个变量同时赋值时，变量的左值和右值按从左到右的顺序依次赋值。多重赋值在 Go 语言的错误处理和函数返回值中会大量地使用。例如，使用 Go 语言进行排序时就需要使用变量的交换，代码如下：

```
type IntSlice []int
func (p IntSlice) Len() int              { return len(p) }
func (p IntSlice) Less(i, j int) bool { return p[i] < p[j] }
func (p IntSlice) Swap(i, j int)       { p[i], p[j] = p[j], p[i] }
```

在以上代码中：

第 1 行，将 IntSlice 声明为[]int 类型。

第 2 行，为 IntSlice 类型编写一个 Len 方法，提供切片的长度。

第 3 行，根据提供的 i、j 元素索引，获取元素后进行比较，返回比较结果。

第 4 行，根据提供的 i、j 元素索引，交换两个元素的值。

## 2.3.4　匿名变量

在编码过程中，可能会遇到没有名称的变量、类型或方法。虽然这不是必需的，但有时候这样做可以极大地增强代码的灵活性，这些变量被统称为匿名变量。

匿名变量可以用下画线（"_"）表示，而 "_" 本身就是一个特殊的标识符，因此被称为空白标识符。它可以像其他标识符那样用于变量的声明或赋值（任何类型都可以赋值给它），但任何赋给这个标识符的值都将被抛弃，因此这些值不能在后续的代码中使用，也不可以使用这个标识符作为变量对其他变量进行赋值或运算。使用匿名变量时，只需要在变量声明的地方使用下画线替换即可，例如：

```
func GetData() (int, int) {
    return 100, 50
}
func main(){
    a, _ := GetData()
    _, b := GetData()
    fmt.Println(a, b)
}
```

运行结果如图 2-6 所示。

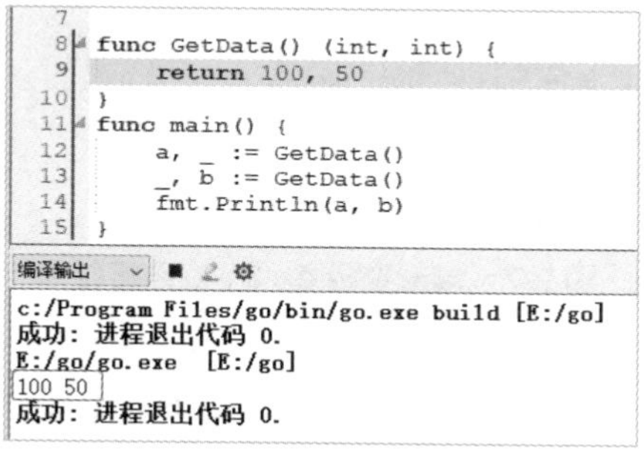

图 2-6　匿名变量赋值运算结果

GetData() 是一个函数，拥有两个整型返回值。每次调用将会返回 100 和 50 两个数值。

在以上代码中：

第 5 行只需要获取第一个返回值，所以将第二个返回值的变量设为下画线（匿名变量）。

第 6 行将第一个返回值的变量设为匿名变量。

## 2.3.5　变量的作用域

一个变量（常量、类型或函数）在程序中都有一定的作用范围，该作用范围被称为作用域。

Go 语言中变量可以在以下 3 个地方进行声明：

（1）函数内定义的变量称为局部变量。

（2）函数外定义的变量称为全局变量。

（3）函数定义中的变量称为形式参数。

### 1．局部变量

在函数体内声明的变量称为局部变量，它们的作用域只在函数体内，函数的参数和返回值变量都属于局部变量。

局部变量不是一直存在的，它只在定义它的函数被调用后存在，函数调用结束后这个局部变量就会被销毁。

以下实例中 main() 函数使用了局部变量 a、b、c：

```
package main
import (
    "fmt"
)
func main() {
    //声明局部变量 a 和 b 并赋值
    var a int = 5
    var b int = 3
    //声明局部变量 c 并计算 a 和 b 的和
    c := a + b
    fmt.Printf("a = %d, b = %d, c = %d\n", a, b, c)
}
```

运行结果如图 2-7 所示。

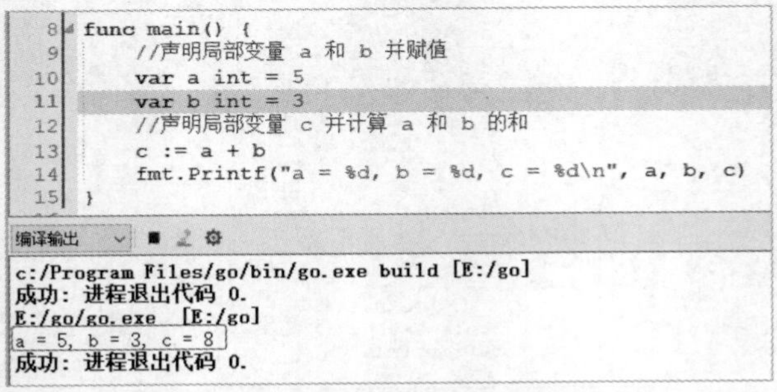

图 2-7　局部变量 a、b、c 运行结果

### 2. 全局变量

在函数体外声明的变量称为全局变量，全局变量只需要在一个源文件中定义，就可以在所有源文件中使用。当然，不包含这个全局变量的源文件需要使用 import 关键字引入全局变量所在的源文件之后才能使用这个全局变量。

全局变量声明必须以 var 关键字开头，如果想要在外部包中使用，全局变量的首字母必须大写。

以下实例中定义了全局变量 c：

```
package main
import "fmt"
//声明全局变量
var c int
func main() {
    //声明局部变量
    var a, b int
    //初始化参数
    a = 5
    b = 3
    c = a + b
    fmt.Printf("a = %d, b = %d, c = %d\n", a, b, c)
}
```

运行结果如图 2-8 所示。

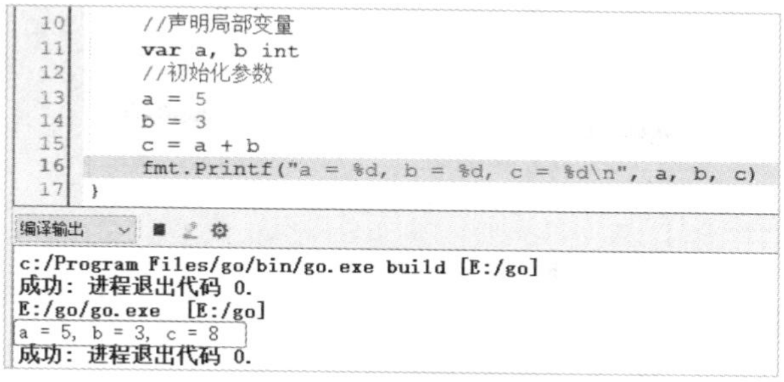

图 2-8  全局变量 c 运行结果

Go 语言程序中全局变量与局部变量名称可以相同，但是函数体内的局部变量会被优先考虑。

```
package main
import "fmt"
//声明全局变量
var a float32 = 3.14
func main() {
    //声明局部变量
    var a int = 5
    fmt.Printf("a = %d\n", a)
}
```

运行结果如图 2-9 所示。

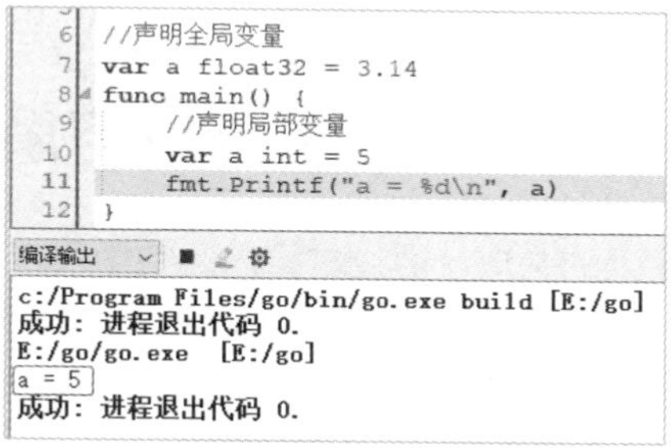

图 2-9  全局变量和局部变量同时使用

### 3. 形式参数

在定义函数时，函数名后面括号中的变量称为形式参数（简称形参）。形式参数只在函数调用时才会生效，函数调用结束后就会被销毁。在函数未被调用时，函数的形参并不占用实际的存储单元，也没有实际值。

形式参数会作为函数的局部变量来使用。

以下实例中定义了形式参数 a、b、c：

```
package main
import "fmt"
/*声明全局变量*/
var a int = 20;
func main() {

    /*main 函数中声明局部变量*/
    var a int = 10
    var b int = 20
    var c int = 0
    fmt.Printf("main()函数中 a = %d\n", a);
    c = sum( a, b);
    fmt.Printf("main()函数中 c = %d\n", c);

}
/*函数定义-两数相加*/
```

```
func sum(a, b int) int {
    fmt.Printf("sum() 函数中 a = %d\n", a);
    fmt.Printf("sum() 函数中 b = %d\n", b);
    return a + b;
}
```

运行结果如图 2-10 所示。

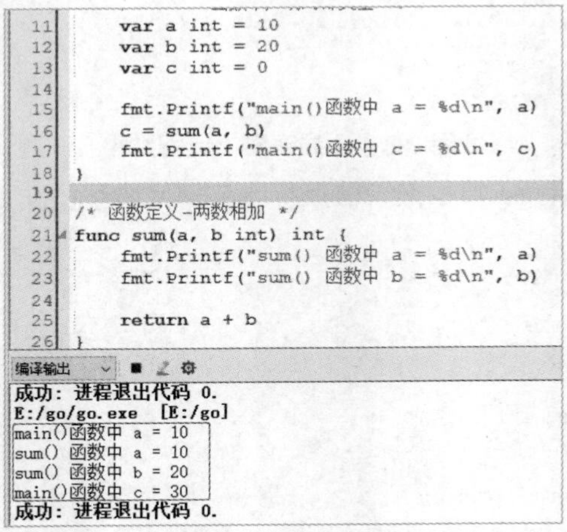

**图 2-10　形式参数 a、b、c 运行结果**

# 2.4　就业面试技巧与解析

本章主要讲解了 Go 语言程序元素的构成，通过本章内容的学习，读者不仅能够掌握标识符、关键字、字面量、分隔符、运算符及注释等词法单元的基础知识，而且还可以学习常量，以及变量的声明和赋值等内容。

## 2.4.1　面试技巧与解析（一）

**面试官**：Go 语言中如何表示枚举值（enums）？

**应聘者**：Go 语言中是没有枚举类型（enums）的，但可以使用其他函数代替，可以在一个独立的 const 区域中使用 iota 来生成递增的值。如果在 const 中，常量没有初始值，则会使用前面的初始化表达式代替。

在 Go 语言中没特别地为枚举指定创建方法，可以通过定义 func，然后在其中创建静态变量来定义枚举，例如：

```
func enums(){
    const(
        left = 0
        top = 1
        right = 2
        bottom = 3
    )
    fmt.Println(left,top,right,bottom)
}
```

在 Go 语言中还可以使用 iota 来创建枚举，iota 为自增值，例如：

```
const(
        left = iota
```

```
        top
        right
        bottom
)
```

iota 代表了一个连续的整型常量。

iota 和 const 搭配使用时，将会被重置为 0。

iota 所定义的值类型为 int，它会在每次赋值给一个常量后自增。

## 2.4.2　面试技巧与解析（二）

**面试官：** =和:=有什么区别？

**应聘者：**

使用=前必须先用 var 声明，例如：

```
var a
a=100
//或
var b = 100
//或
var c int = 100
```

:=是声明并赋值，并且系统自动推断类型，不需要 var 关键字，例如：

```
d := 100
```

# 第 3 章

## 基本数据类型

 **本章概述**

学习完了 Go 语言程序元素的构成，接着来学习 Go 语言的基本数据类型。在 Go 语言中，数据类型用于声明函数与变量、常量的数据的类型。

Go 语言的基本数据类型包括整型、浮点型、字符与字符串、布尔型等，另外，还要了解数据类型之间的转换方法、指针与类型别名的使用等。通过对 Go 语言基本数据类型的学习，为学习核心的 Go 语言知识打下坚实的基础。

 **知识导读**

本章要点（已掌握的在方框中打钩）：
- ☐ 整型。
- ☐ 浮点型。
- ☐ 字符与字符串。
- ☐ 布尔型。
- ☐ 数据类型的转换。
- ☐ 指针。
- ☐ 类型别名。

## 3.1 整型

Go 语言和其他编程语言一样，也有自己的整型变量。

### 3.1.1 整型的类型与声明

在 Go 语言中，整型的声明格式如下：

```
var value1 int32        //全局声明
func main() {
    value2 := 64        //函数内部声明
}
```

Go 语言提供了有符号和无符号两种整数类型，其中 int8、int16、int32 和 int64 四种不同大小的有符号整数类型，分别对应 8bit、16bit、32bit、64bit（二进制位）大小的有符号整数，与此对应的四种无符号整数类型分别为 uint8、uint16、uint32 和 uint64。

Go 语言中，除了指定的整型之外，还有 int（符号整数）和 uint（无符号整数）两种整数类型。在实际开发中，由于编译器和计算机硬件的不同，所以，它们的字节长度也是有所差异的，int 和 uint 所能表示的整数大小在 32bit 或 64bit 之间变化。

大多数情况下，都可以使用 int 整型，它可以用于循环计数器（for 循环中控制循环次数的变量）、数组和切片的索引，以及任何通用目的的整型运算符，通常 int 类型的处理速度是最快的。

另外，还有一种无符号的整数类型 uintptr，它没有指定具体的 bit 大小，但是足以容纳指针。uintptr 类型只有在底层编程时才需要，特别是 Go 语言和 C 语言函数库或操作系统接口相交互的地方。

使用 int 和 uint 的情况如下：

（1）程序的逻辑对整型的范围没有特殊需求。例如，对象的长度使用内建 len() 函数返回，这个长度可以根据不同平台的字节长度进行变化。实际使用中，切片或 map 的元素数量等都可以用 int 来表示。

（2）在二进制传输、读写文件的结构描述时，为了保持文件的结构不会受到不同编译目标平台字节长度的影响，不使用 int 和 uint。

## 3.1.2  整型的运算

Go 语言的整型支持常规的整数运算，它和 C 语言一样，也使用%表示求余符号，以用作求余运算，例如：

```
9%2   //结果为 1
```

Go 语言还支持比较运算符，如>、<、==、>=、<=、和!=等运算符，例如：

```
x, y := 1, 5
if x == y {
    fmt.Println ("x 等于 y")
}
```

以上例子是一个 if 判断流程，当 x 等于 y 时输出"x 等于 y"，否则什么都不输出。

Go 语言同样支持位运算，如表 3-1 所示。

表 3-1  Go 语言整型所支持的位运算

| 运　算 | 举　例 | 结　果 |
| --- | --- | --- |
| x<<y，左移 | 1<<2 | 4 |
| x>>y，右移 | 12>>2 | 3 |
| x^y，异或 | 1^2 | 3 |
| x&y，与 | 1&2 | 0 |
| x\|y，或 | 1 2 | 2 |
| ^x，取反 | ^2 | −3 |

# 3.2  浮点型

浮点型主要用于表示包含小数点的数据。Go 语言提供了两种精度的浮点数，即 float32 和 float64。

（1）float32 的浮点数的最大范围约为 3.4e38，常量定义为 math.MaxFloat32。

（2）float64 的浮点数的最大范围约为 1.8e308，常量定义为 math.MaxFloat64。

在使用浮点型时需要注意以下几点：

（1）浮点数的字面量被自动类型推断为 float64 类型，例如：

```
var a := 20.00
```

（2）计算机很难进行浮点数的精确表示和存储，因此两个浮点数之间不应该使用==或!=进行比较操作，如果需要高精度的科学计算，应该使用 math 标准库。

浮点数在进行声明时，可以只写整数部分或者小数部分，例如：

```
const e = .71828   //0.71828
const f = 1.       //1
```

另外，用 Printf 函数打印浮点数时可以使用 "%f" 来控制保留几位小数，例如：

```
package main
import (
    "fmt"
    "math"
)
func main() {
    fmt.Printf("%f\n", math.Pi)      //按照默认宽度和精度输出整型
    fmt.Printf("%.2f\n", math.Pi)    //按照默认宽度、2 位精度输出（小数点后的位数）
}
```

运行结果如下：

```
3.141593
3.14
```

# 3.3  字符与字符串

字符串是不可改变的字节序列，字符串可以包含任意数据，但是通常包含可读的文本。字符串是 UTF-8 字符的一个序列（当字符为 ASCII 码表上的字符时则占用 1B，其他字符根据需要占用 2～4B）。

UTF-8 是一种被广泛使用的编码格式，是文本文件的标准编码，其中包括 XML 和 JSON 在内也都使用该编码。由于该编码对占用字节长度的不定性，在 Go 语言中字符串也可能根据需要占用 1～4B，这与其他编程语言如 C++、Java 或 Python 不同（Java 始终使用 2B）。Go 语言这样做不仅减少了内存和硬盘空间占用，同时也不用像其他语言那样需要对使用 UTF-8 字符集的文本进行编码和解码。

## 3.3.1  字符串的表示

字符串中的每一个元素称为"字符"，在遍历或者单个获取字符串元素时可以获得字符。

Go 语言的字符有以下两种：

（1）uint8 类型或 byte 型，代表 ASCII 码的一个字符。

（2）rune 类型，代表一个 UTF-8 字符，当需要处理中文、日文或者其他复合字符时，则需要用到 rune 类型。rune 类型等价于 int32 类型。

### 1. 字符串的转义字符

Go 语言中字符串常见的转义符如表 3-2 所示。

表 3-2　常见的转义符及含义

| 转 义 字 符 | 含　　义 |
| --- | --- |
| \\ | 反斜杠 |
| \' | 单引号 |
| \" | 双引号 |
| \r | 回车符（返回首行） |
| \t | 制表符 |
| \n | 换行符（直接跳到下一行的同列位置） |

在 Go 语言的源码中使用转义符，代码如下：

```
package main
import (
    "fmt"
)
func main() {
    fmt.Println("str := \"c:\\Go\\bin\\go.exe\"")
}
```

输出结果如下：

```
str := \"c:\Go\bin\go.exe\"
```

以上代码中是将双引号和反斜杠"\"进行转义。

### 2. 定义多行字符串

在 Go 语言中，字符串的常见表达方式之一就是使用双引号书写字符串的方式，这种方式被称为字符串字面量（string literal），使用该方式时需要注意双引号字面量不能跨行。如果想要在源码中嵌入一个多行字符串，就必须使用"`"反引号，代码如下：

```
package main
import (
    "fmt"
)
func main() {
    const str = `第一行
第二行
第三行
\r\n
`
    fmt.Println(str)
}
```

运行结果如图 3-1 所示。

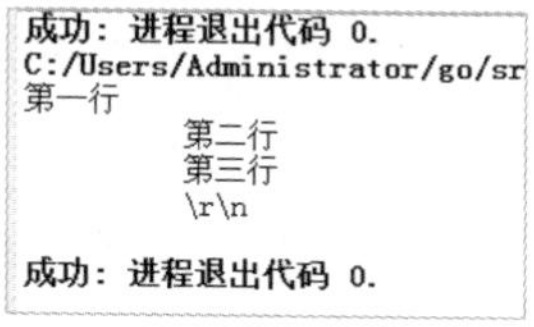

```
成功: 进程退出代码 0.
C:/Users/Administrator/go/sr
第一行
        第二行
        第三行
        \r\n

成功: 进程退出代码 0.
```

图 3-1　反引号的运行结果

反引号"`"是键盘上 1 键左边的键，两个反引号间的字符串将被原样赋值到 str 变量中。

在这种方式下，反引号间换行将被作为字符串中的换行，但是所有的转义字符均无效，文本将会原样输出。

多行字符串一般用于内嵌源码和内嵌数据等，代码如下：

```
const codeTemplate = `//Generated by github.com/davyxu/cellnet/
protoc-gen-msg
//DO NOT EDIT!{{range .Protos}}
//Source: {{.Name}}{{end}}
package {{.PackageName}}
{{if gt .TotalMessages 0}}
import (
    "github.com/davyxu/cellnet"
    "reflect"
     "github.com/davyxu/cellnet/codec/pb"
)
{{end}}
func init() {
    {{range .Protos}}
    //{{.Name}}{{range .Messages}}
    cellnet.RegisterMessageMeta("pb","{{.FullName}}",
    reflect.TypeOf((*{{.Name}})(nil)).Elem(), {{.MsgID}})    {{end}}
    {{end}}
    }
}
```

这段代码只定义了一个常量 codeTemplate，类型为字符串，使用 "`" 定义，字符串的内容为一段代码生成中使用到的 Go 源码格式。

在 "`" 间的所有代码均不会被编译器识别，而只是作为字符串的一部分。

## 3.3.2　操作字符串

### 1. 连接字符串

在 Go 语言中可以使用 "+" 连接字符串，例如：

```
package main
import (
    "fmt"
)
var value1 float64
func main() {
    s := "abcd 你"
    fmt.Println(s[4:] + "好")
    str := "你好," +
        "世界"
    fmt.Println(str)
}
```

运行结果如图 3-2 所示。

```
C:/Users/Administrator
你好
你好, 世界
成功: 进程退出代码 0.
```

图 3-2　使用 "+" 的运行结果

另外，字符串还可以使用 "==" 和 "<" 等符号进行比较，通过比较逐字节的编码获取结果，例如：

```
package main
import (
    "fmt"
)
var value1 float64
```

```
func main() {
    a := "你"
    b := "好"
    if a < b {
        fmt.Println(a[0], b[0])
        fmt.Println(a[1], b[1])
        fmt.Println(a[2], b[2])
    }
    c := "a"
    d := "b"
    if c < d {
        fmt.Println(c[0], "小于", d[0])
    }
}
```

运行结果如图 3-3 所示。

```
C:/Users/Administrator/g
228 229
189 165
160 189
97 小于 98
成功: 进程退出代码 0.
```

图 3-3　比较大小的运行结果

在以上代码中，字符串的大小判断是根据第一字节来判定的，"你好"之所以比"你""好"小，是因为"你"的第一字节是 228，而"好"的第一字节是 229。

#### 2. 字符串的修改

因为在 Go 语言中，字符串的内容不能修改，这就意味着不能使用 a[i]这种方式修改字符串中的 UTF-8 编码，如果确实要修改，那么可以将字符串的内容复制到另一个可写的变量中，然后进行修改。一般使用 []byte 或[]rune 类型。

如果要对字符串中的字节进行修改，则转换为[]byte 格式，如果要对字符串中的字符进行修改，则转换为[]rune 格式，转换过程会自动复制数据。

例如，修改字符串中的字节（使用[]byte）：

```
package main
import (
    "fmt"
)
func main() {
    a := "Hello 世界! "
    b := []byte(a)              //转换为[]byte,自动复制数据
    b[5] = ','                  //修改[]byte
    fmt.Println("%s\n", a)      //a 不能被修改,内容保持不变
    fmt.Println("%s\n", b)      //修改后的数据
}
```

例如，修改字符串中的字符（使用[]rune）：

```
package main
import (
    "fmt"
)
func main() {
    a := "Hello 世界! "
    b := []rune(a)              //转换为[]rune,自动复制数据
    b[6] = '中'                 //修改[]rune
    b[7] = '国'                 //修改[]rune
    fmt.Println(a)             //a 不能被修改,内容保持不变
```

```
    fmt.Println(string(b))        //转换为字符串,又一次复制数据
}
```

### 3.3.3 字符串格式化

字符串的格式化指令及其含义如表 3-3 所示。

表 3-3  字符串格式化指令及其含义

| 格式化指令 | 含 义 |
|---|---|
| %% | %字面量 |
| %b | 将一个整数格式化为二进制 |
| %c | Unicode 的字符 |
| %d | 十进制数值 |
| %o | 八进制数值 |
| %x | 小写的十六进制数值 |
| %X | 大写的十六进制数值 |
| %U | Unicode 表示法表示的整型码值，默认为 4 个数字字符 |
| %s | 输出以原生的 UTF-8 字节表示的字符，如果 console 不支持 UTF-8 编码，则会输出乱码 |
| %t | 以 true 或 false 的方式输出布尔值 |
| %v | 使用默认格式输出值，如果方法存在，则使用类型的 String()方法输出自定义的值 |
| %T | 输出值的类型 |

在 Go 语言中，单个字符可以使用单引号（'）来创建，字符串支持切片操作。但是需要注意的是，如果字符串都是由 ASCII 字符组成的，可以随便使用切片进行操作；如果字符串中包含其他非 ASCII 字符，直接使用切片获取想要的单个字符时应十分小心，因为对字符串直接使用切片时是通过字节进行索引的，而非 ASCII 字符在内存中可能不是由 1B 组成的。如果想对字符串中的字符依次访问，可以使用 range 操作符。

# 3.4  布尔型

布尔型的值只有两种：true 或 false。

## 3.4.1  布尔型的表示

Go 语言中的布尔型的关键字为 bool，可赋值为 true 或 false，默认为 false，例如：

```
var a bool
a = true
```

或

```
a := false
```

布尔型无法被其他类型赋值，也不支持类型的转换。在 Go 语言中只有 true 和 false 两个值，不支持使用 0 和 1 来表示真假，例如：

```
var b bool
b = 1              //编译错误,应为 b = false
b = bool(1)        //编译错误,应为 b = bool (false)
```

Go 语言对于值之间的比较有非常严格的限制，只有两个相同类型的值才可以进行比较，如果值的类型是接口（interface），那么它们也必须都实现了相同的接口。如果其中一个值是常量，那么另外一个值可以不是常量，但是类型必须和该常量类型相同。如果以上条件都不满足，则必须将其中一个值的类型转换为和另外一个值的类型相同之后才可以进行比较。

## 3.4.2　布尔型的运算

布尔型的常量和变量也可以通过逻辑运算符（非!、和&&、或||）结合来产生另外一个布尔值，这样的逻辑语句就其本身而言，并不是一个完整的 Go 语言语句。

逻辑值可以被用于条件结构中的条件语句，以便测试某个条件是否满足。另外，和（&&）、或（||）、相等（==）、不等（!=）属于二元运算符，而非（!）属于一元运算符。这里使用 T 代表条件符合的语句，用 F 代表条件不符合的语句。

Go 语言中包含以下逻辑运算符：

**1. 非运算符（!）**

```
!T -> false
!F -> true
```

非运算符用于取得和布尔值相反的结果。

**2. 和运算符（&&）**

```
T && T-> true
T && F-> false
F && T-> false
F && F->false
```

只有当两边的值都为 true 时，和运算符的结果才是 true。

**3. 或运算符（||）**

```
T || T -> true
T || F -> true
F || T -> true
F || F -> true
```

只有当两边的值都为 false 时，或运算符的结果才是 false，其中任意一边的值为 true 就能够使得该表达式的结果为 true。

在 Go 语言中，&&和||是具有快捷性质的运算符，当运算符左边表达式的值已经能够决定整个表达式的值时（&&左边的值为 false，||左边的值为 true），运算符在右边的表达式将不会被执行。利用这个性质，如果有多个条件判断，应当将计算过程较为复杂的表达式放在运算符的右侧，以减少不必要的运算。

另外，利用括号可以提升某个表达式的运算优先级。在格式化输出时，可以使用%t 来表示要输出的值为布尔型。

# 3.5　数据类型的转换

在必要及可行的情况下，一个类型的值可以被转换成另一种类型的值。类型转换用于将一种数据类型的变量转换为另外一种类型的变量。Go 语言类型转换的基本格式如下：

```
type_name(expression)
```

例如：

```
a := 5.0
b := int(a)
```

类型转换只能在定义正确的情况下转换成功，例如，从一个取值范围较小的类型转换到一个取值范围较大的类型（将 int16 转换为 int32）。当从一个取值范围较大的类型转换到取值范围较小的类型时（将 int32 转换为 int16 或将 float32 转换为 int），会发生精度丢失（截断）的情况。

只有相同底层类型的变量之间可以进行相互转换（如将 int16 类型转换成 int32 类型），不同底层类型的变量相互转换时会引发编译错误（如将 bool 类型转换为 int 类型），例如：

```
package main
import (
    "fmt"
    "math"
)
func main() {
    //输出各数值范围
    fmt.Println("int8 range:", math.MinInt8, math.MaxInt8)
    fmt.Println("int16 range:", math.MinInt16, math.MaxInt16)
    fmt.Println("int32 range:", math.MinInt32, math.MaxInt32)
    fmt.Println("int64 range:", math.MinInt64, math.MaxInt64)
    //初始化一个 32 位整型值
    var a int32 = 1047483647
    //输出变量的十六进制形式和十进制值
    fmt.Printf("int32: 0x%x %d\n", a, a)
    //将 a 变量数值转换为十六进制，发生数值截断
    b := int16(a)
    //输出变量的十六进制形式和十进制值
    fmt.Printf("int16: 0x%x %d\n", b, b)
    //将常量保存为 float32 类型
    var c float32 = math.Pi
    //转换为 int 类型，浮点发生精度丢失
    fmt.Println(int(c))
}
```

在以上代码中：

第 8～11 行，输出几个常见整型类型的数值范围。

第 13 行，声明 int32 类型的变量 a 并初始化。

第 15 行，使用 fmt.Printf 的%x 动词将数值以十六进制格式输出，这一行输出 a 在转换前的 32 位的值。

第 17 行，将 a 的值转换为 int16 类型，也就是从 32 位有符号整型转换为 16 位有符号整型，由于 int16 类型的取值范围比 int32 类型的取值范围小，因此数值会进行截断（精度丢失）。

第 19 行，输出转换后的 a 变量值，也就是 b 的值，同样以十六进制和十进制两种方式进行打印。

第 21 行，math.Pi 是 math 包的常量，默认没有类型，会在引用到的地方自动根据实际类型进行推导，这里 math.Pi 被赋值到变量 c 中，因此类型为 float32。

第 23 行，将 float32 转换为 int 类型并输出。

运行结果如图 3-4 所示。

图 3-4　类型转换运行结果

根据运行结果，16 位有符号整型的范围为 -32 768～32 767，而变量 a 的值 1 047 483 647 不在这个范围内。1 047 483 647 对应的十六进制为 0x3e6f54ff，转为 int16 类型后，长度缩短一半，也就是在十六进制上砍掉一半，变成 0x54ff，对应的十进制值为 21759。

**注意：** 浮点数在转换为整型时，会将小数部分去掉，只保留整数部分。

# 3.6　指针

一个指针变量指向了一个值的内存地址。类似于变量和常量，在使用指针前需要声明指针。指针声明格式如下：

```
var var_name *var-type
```

var-type 为指针类型，var_name 为指针变量名，*号用于指定变量是作为一个指针。以下是有效的指针声明：

```
var ip *int        /*指向整型*/
var fp *float32     /*指向浮点型*/
```

指针在 Go 语言中可以被拆分为两部分内容：

（1）类型指针：允许对这个指针类型的数据进行修改，传递数据可以直接使用指针，而无须复制数据，类型指针不能进行偏移和运算。

（2）切片：由指向起始元素的原始指针、元素数量和容量组成，在之后的章节中将会学习到。

所有指针的值的实际数据类型（无论是整数、浮点数还是其他数据类型）都是相同的，它表示内存地址的长十六进制数。

使用指针基本上分为 3 个步骤：定义一个指针变量，将一个变量的地址赋值给一个指针，最后访问指针变量中可用地址的值。例如：

```
package main
import (
    "fmt"
)
func main() {
    a := 20
    ap := &a
    fmt.Printf("a 的地址:%x\n", &a)
    fmt.Printf("ap 的地址:%x\n", ap)
    fmt.Printf("*ap 的值:%d\n", *ap)
}
```

运行结果如下：

```
a 的地址:c000010198
ap 的地址:c000010198
*ap 的值:20
```

## 3.6.1　指针地址和指针类型

一个指针变量可以指向任何一个值的内存地址，它所指向的值的内存地址在 32 位和 64 位机器上分别占用 4B 或 8B，占用字节的大小与所指向的值的大小无关。当一个指针被定义后没有分配到任何变量时，它的默认值为 nil。指针变量通常缩写为 ptr。

每个变量在运行时都拥有一个地址，这个地址代表变量在内存中的位置。Go 语言中使用 "&" 操作符放在变量前面对变量进行取地址操作，格式如下：

```
ptr := &v    //v 的类型为 T
```

其中，v 代表被取地址的变量，变量 v 的地址使用变量 ptr 进行接收，ptr 的类型为 "*T"，称为 T 的指针类型，"*" 代表指针。

指针使用流程如下：

①定义指针变量。

②为指针变量赋值。

③访问指针变量中指向地址的值。

指针实际用法如下：

```
package main
import (
    "fmt"
)
func main() {
    var cat int = 1
    var str string = "banana"
    fmt.Printf("%p %p", &cat, &str)
}
```

运行结果如下：

```
0xc00012a058 0xc000108220
```

在以上代码中：

第 6 行，声明整型变量 cat。

第 7 行，声明字符串变量 str。

第 8 行，使用 fmt.Printf 的动词 "%p" 打印 cat 和 str 变量取地址后的指针值，指针值带有 "0x" 的十六进制前缀。

**注意**：变量、指针和地址的关系是，每个变量都拥有地址，指针的值就是地址。

## 3.6.2　指针的创建

可以使用 new()函数来创建指针，格式如下：

```
new(类型)
```

使用 new()函数来创建指针可以写成如下：

```
str := new(string)
*str = "你好,世界! "
fmt.Println(*str)
```

new()函数可以创建一个对应类型的指针，创建过程会分配内存，被创建的指针指向默认值。

指针的特点有以下几点：

（1）在赋值语句中，*T 如果出现在 "=" 左边，表示指针声明；*T 如果出现在 "=" 右边，则表示取指针指向的值，例如：

```
var m = 20
p := &m    //*p 和 m 的值都为 20
```

（2）结构体指针访问结构体字段仍然使用 "." 操作符，Go 语言中没有 "->" 操作符，例如：

```
type User struct {
    name string
```

```
        age int
    }
    andes := User {
        name: "andes ",
        age: 20,
    }
    p := &andes
    fmt.Println(p.name)        //p.name 通过"."操作符访问成员变量
```

（3）Go 语言中不支持指针的运算。Go 语言支持垃圾回收机制，如果再支持指针运算，则会给垃圾回收的实现带来不便，又由于指针运算在 C 和 C++中很容易出现问题，因此 Go 语言直接禁止指针运算，例如：

```
    a := 1234
    p := &a
    p++     //这种写法是不允许的,系统会报"non-numeric type *int"错误
```

（4）函数中允许返回局部变量的地址。Go 语言的编译器使用"栈逃逸"机制将这种局部变量的空间分配在堆上，例如：

```
    func sum (a ,b int) *int {
    sum := a+b
    return & sum                //这种情况是允许的,sum 会分配在 heap 上
    }
```

## 3.6.3　从指针获取指向指针的值

当使用"&"操作符对普通变量进行取地址操作并得到变量的指针后，可以对指针使用"*"操作符，也就是指针取值，代码如下：

```
    package main
    import (
        "fmt"
    )
    func main() {
        //准备一个字符串类型
        var house = "Malibu Point 10880, 90265"
        //对字符串取地址, ptr 类型为*string
        ptr := &house
        //打印 ptr 的类型
        fmt.Printf("ptr type: %T\n", ptr)
        //打印 ptr 的指针地址
        fmt.Printf("address: %p\n", ptr)
        //对指针进行取值操作
        value := *ptr
        //取值后的类型
        fmt.Printf("value type: %T\n", value)
        //指针取值后就是指向变量的值
        fmt.Printf("value: %s\n", value)
    }
```

运行结果如图 3-5 所示。

```
ptr type: *string
address: 0xc00003a230
value type: string
value: Malibu Point 10880, 90265
成功: 进程退出代码 0.
```

图 3-5　获取指针指向的值

在以上代码中：

第 7 行，准备一个字符串并赋值。

第 9 行，对字符串取地址，将指针保存到变量 ptr 中。

第 11 行，打印变量 ptr 的类型，其类型为*string。

第 13 行，打印 ptr 的指针地址，地址每次运行都会发生变化。

第 15 行，对 ptr 指针变量进行取值操作，变量 value 的类型为 string。

第 17 行，打印取值后 value 的类型。

第 19 行，打印 value 的值。

取地址操作符"&"和取值操作符"*"是一对互补操作符，"&"取出地址，"*"根据地址取出地址指向的值。

变量、指针地址、指针变量、取地址、取值的相互关系和特性如下：

（1）对变量进行取地址操作使用"&"操作符，可以获得这个变量的指针变量。

（2）指针变量的值是指针地址。

（3）对指针变量进行取值操作使用"*"操作符，可以获得指针变量指向的原变量的值。

### 3.6.4　使用指针修改值

通过指针不仅可以取值，还可以修改值。

使用指针也可以进行数值交换，代码如下：

```go
package main
import "fmt"
//交换函数
func swap(a, b *int) {
    //取 a 指针的值，赋给临时变量 t
    t := *a
    //取 b 指针的值，赋给 a 指针指向的变量
    *a = *b
    //将 a 指针的值赋给 b 指针指向的变量
    *b = t
}
func main() {
//准备两个变量，赋值 2 和 5
    x, y := 2, 5
    //交换变量值
    swap(&x, &y)
    //输出变量值
    fmt.Println(x, y)
}
```

运行结果如下：

```
5 2
```

在以上代码中：

第 4 行，定义一个交换函数，参数为 a、b，类型都为*int 指针类型。

第 6 行，取指针 a 的值，并把值赋给变量 t，t 此时是 int 类型。

第 8 行，取 b 的指针值，赋给指针 a 指向的变量。此时"*a"不是取 a 指针的值，而是"a 指向的变量"。

第 10 行，将 t 的值赋给指针 b 指向的变量。

第 14 行，准备 x、y 两个变量，分别赋值为 2 和 5，类型为 int。

第 16 行，取 x 和 y 的地址作为参数传给 swap()函数进行调用。

第 18 行，交换完毕，输出 x 和 y 的值。

"*" 操作符作为右值时，意思是取指针的值；作为左值时，也就是放在赋值操作符的左边时，表示 a 指向的变量。总的来说，"*" 操作符的根本意义就是操作指针指向的变量。当操作在右值时，就是取指向变量的值，当操作在左值时，就是将值设置给指向的变量。

当在 swap() 函数中交换操作的是指针值时，代码如下：

```
package main
import "fmt"
func swap(a, b *int) {
    b, a = a, b
}
func main() {
    x, y := 2, 5
    swap(&x, &y)
    fmt.Println(x, y)
}
```

运行结果如下：

```
2 5
```

从以上结果中可以看出，交换不成功。swap() 函数交换的是 a 和 b 的地址，在交换完毕后，a 和 b 的变量值确实被交换了，但和 a、b 关联的两个变量并没有实际关联，因此最终的结果是交换不成功。

## 3.7　类型别名

类型别名是 Go 1.9 版本中新增的功能，主要用于解决代码升级、迁移中存在的类型兼容性问题。

在 Go 1.9 版本之前定义内建类型的代码书写方式如下：

```
type byte uint8
type rune int32
```

在 Go 1.9 版本之后定义内建类型的代码书写方式修改为如下：

```
type byte = uint8
type rune = int32
```

### 3.7.1　类型别名与类型定义

定义类型别名的书写格式如下：

```
type TypeAlias = Type
```

类型别名规定：TypeAlias 只是 Type 的别名，本质上 TypeAlias 与 Type 是同一个类型。

```
type name = string      //类型别名
type name string        //类型声明
```

type name string 将 name 定义为一个新的类型，该类型拥有和 string 一样的特性，但是两者是不同的类型，不可用 "+" 进行拼接等运算。

type name = string 将 name 定义为 string 的一个别名，使用 name 和 string 相同。二者可以当作同一种类型运算。别名只在源码中存在，编译完成后，不会有别名类型。

类型别名与类型定义表面上看只有一个等号的差异，那么它们之间实际的区别有哪些呢？例如：

```
package main
import (
```

```
        "fmt"
    )
    //将 NewInt 定义为 int 类型
    type NewInt int
    //将 int 取一个别名 IntAlias
    type IntAlias = int
    func main() {
        //将 a 声明为 NewInt 类型
        var a NewInt
        //查看 a 的类型名
        fmt.Printf("a type: %T\n", a)
        //将 a2 声明为 IntAlias 类型
        var a2 IntAlias
        //查看 a2 的类型名
        fmt.Printf("a2 type: %T\n", a2)
    }
```

运行结果如下：

```
a type: main.NewInt
a2 type: int
```

在以上代码中：

第 6 行，将 NewInt 定义为 int 类型，这是常见的定义类型的方法，通过 type 关键字的定义，NewInt 会形成一种新的类型，NewInt 本身依然具备 int 类型的特性。

第 8 行，将 IntAlias 设置为 int 的一个别名，使 IntAlias 与 int 等效。

第 11 行，将 a 声明为 NewInt 类型，此时若打印，则 a 的值为 0。

第 13 行，使用%T 格式化参数，打印变量 a 本身的类型。

第 15 行，将 a2 声明为 IntAlias 类型，此时打印 a2 的值为 0。

第 17 行，打印 a2 变量的类型。

从以上结果中可以看出，a 的类型是 main.NewInt，表 main 包下定义的 NewInt 类型，a2 的类型是 int，IntAlias 类型只会在代码中存在，编译完成时，不会有 IntAlias 类型。

## 3.7.2 非本地类型不能定义方法

能够随意为各种类型起名字，是否意味着可以在自己的包中为这些类型任意添加方法呢？例如：

```
package main
import (
    "time"
)
//定义 time.Duration 的别名为 MyDuration
type MyDuration = time.Duration
//为 MyDuration 添加一个函数
func (m MyDuration) EasySet(a string) {
}
func main() {
}
```

运行结果如图 3-6 所示。

```
c:/Program Files/go/bin/go.exe build [C:/Users/Administrator/go/src/hello]
# hello
.\main.go:13:6: cannot define new methods on non-local type time.Duration
错误：进程退出代码 2.
```

图 3-6　错误的运行结果

在以上代码中：

第 6 行，为 time.Duration 设定一个类型别名叫 MyDuration。

第 8 行，为这个别名添加一个方法。

从以上结果中可以看出，编译出错。编译器提示：不能在一个非本地的类型 time.Duration 中定义新的方法，非本地类型指的就是 time.Duration 不是在 main 包中定义的，而是在 time 包中定义的，与 main 包不在同一个包中，因此不能为不在一个包中的类型定义方法。

解决这个问题有以下两种方法：

（1）将第 6 行代码修改为 type MyDuration time.Duration，也就是将 MyDuration 从别名改为类型。

（2）将 MyDuration 的别名定义放在 time 包中。

再来看一下运行结果，如图 3-7 所示。

```
c:/Program Files/go/bin/go.exe build [C:/Users/Administrator/go/src/hello]
成功: 进程退出代码 0.
C:/Users/Administrator/go/src/hello/hello.exe  [C:/Users/Administrator/go/src/hello]
成功: 进程退出代码 0.
```

图 3-7　运行成功

### 3.7.3　在结构体成员嵌入时使用别名

当类型别名作为结构体嵌入的成员时会发生什么情况呢？例如：

```go
package main
import (
    "fmt"
    "reflect"
)
//定义商标结构
type Brand struct {
}
//为商标结构添加 Show()方法
func (t Brand) Show() {
}
//为 Brand 定义一个别名 FakeBrand
type FakeBrand = Brand
//定义车辆结构
type Vehicle struct {
    //嵌入两个结构
    FakeBrand
    Brand
}
func main() {
    //声明变量 a 为车辆类型
    var a Vehicle

    //指定调用 FakeBrand 的 Show
    a.FakeBrand.Show()
    //取 a 的类型反射对象
    ta := reflect.TypeOf(a)
    //遍历 a 的所有成员
    for i := 0; i < ta.NumField(); i++ {
        //a 的成员信息
        f := ta.Field(i)
        //打印成员的字段名和类型
        fmt.Printf("FieldName: %v, FieldType: %v\n", f.Name, f.Type.
            Name())
```

```
        }
    }
```

运行结果如下：

```
FieldName: FakeBrand, FieldType: Brand
FieldName: Brand, FieldType: Brand
```

在以上代码中：

第 7 行，定义商标结构。

第 10 行，为商标结构添加 Show() 方法。

第 13 行，为 Brand 定义一个别名 FakeBrand。

第 15～19 行，定义车辆结构 Vehicle，嵌入 FakeBrand 和 Brand 结构。

第 22 行，将 Vechicle 实例化为 a。

第 24 行，显式调用 Vehicle 中 FakeBrand 的 Show() 方法。

第 26 行，使用反射取变量 a 的反射类型对象，以查看其成员类型。

第 28～30 行，遍历 a 的结构体成员。

第 32 行，打印 Vehicle 类型所有成员的信息。

在以上代码中，FakeBrand 是 Brand 的一个别名，在 Vehicle 中嵌入 FakeBrand 和 Brand 并不意味着嵌入两个 Brand，FakeBrand 的类型会以名字的方式保留在 Vehicle 的成员中。

如果尝试将第 24 行改为

```
    a.Show()
```

编译器将发生错误，如图 3-8 所示。

```
c:/Program Files/go/bin/go.exe build [C:/
# hello
.\main.go:30:3: ambiguous selector a.Show
错误：进程退出代码 2.
```

**图 3-8　修改后出现错误**

在调用 Show()方法时，因为两个类型都有 Show()方法，所以会发生歧义，证明 FakeBrand 的本质确实是 Brand 类型。

# 3.8　就业面试技巧与解析

本章主要讲解了 Go 语言的基本数据类型，学完本章内容，我们知道 Go 语言的基本数据类型和其他编程语言的基本数据类型没有太大的区别。通过本章的学习，读者不仅能够掌握整型、浮点型、字符与字符串、布尔型的表示及运算等基础知识，还可以掌握数据类型之间进行转换的方法，同时，还可以掌握指针及类型别名的定义和使用。

## 3.8.1　面试技巧与解析（一）

**面试官**：在 Go 语言中，Printf()、Sprintf()、Fprintf()函数的区别及用法是什么？

**应聘者**：以上 3 种函数都是把格式好的字符串进行输出，但它们输出的目标不一样。

（1）Printf()是把格式化字符串标准输出（一般是屏幕，可以重定向）。

（2）Printf()是和标准输出文件相关联的，Fprintf()则没有这个限制。

（3）Sprintf()是把格式化字符串输出到指定的字符串中，所以，参数比 Printf()函数多一个 char*，char* 就是目标字符串的地址。

## 3.8.2 面试技巧与解析（二）

**面试官：** 在 Go 语言中，new()函数和 make()函数有什么区别？

**应聘者：**

new()函数的作用是初始化一个指向类型的指针（*T），new()函数是内建函数，函数定义的格式如下：

```
func new(Type) *Type
```

通常使用 new()函数来分配空间。传递给 new()函数的是一个类型，不是一个值。返回值是指向这个新分配的零值的指针。

make()函数的作用是为 slice()、map()或 chan()初始化并返回引用的 T。

make()函数是内建函数，函数定义的格式如下：

```
func make(Type, size IntegerType) Type
```

（1）第一个参数是一个类型，第二个参数是长度。

（2）返回值是一个类型。

make(T, args)函数的目的与 new(T)不同。它仅仅用于创建 Slice()、Map()和 Channel()，并且返回类型是 T（不是 T*）的一个初始化的（不是零值）的实例。

# 第4章

## 流程控制

 **本章概述**

流程控制是 Go 语言中必不可少的一部分，也是整个编程基础的重要一环。Go 语言的流程控制语句和其他编程语言的流程控制语句有些不同，主要体现在 Go 语言没有 do-while 语句。Go 语言常用的流程控制包括 if 语句、switch 语句、for 语句及 goto 语句等，switch 语句和 goto 语句主要是为了简化代码、降低代码重复率，属于扩展类的流程控制语句。

**知识导读**

本章要点（已掌握的在方框中打钩）：
- [ ] if 语句。
- [ ] switch 语句。
- [ ] 延迟语句 defer。
- [ ] continue 语句。
- [ ] goto 语句。

## 4.1　条件判断

在 Go 语言中，if 语句主要用于条件判断。if 语句还有两个分支结构：if-else 语句和 else-if 语句。

### 4.1.1　if 语句

if 语句由条件表达式后紧跟一个或多个语句组成。if 语句是所有流程控制语句中最常用的，这个语句可以根据条件表达式来执行代码块中的两个分支，表达式只能返回布尔类型，即 true 或 false。当返回值为 true 时，执行 if 后面的代码块；当返回值为 false 时，执行 else 后面的代码块。

在 Go 语言中，关键字 if 是用于测试某个条件（布尔型或逻辑型）的语句，如果该条件成立，则会执行 if 后由大括号"{}"括起来的代码块，否则就忽略该代码块继续执行后续的代码。

if 语句的语法格式如下：

```
if (条件表达式)   //如果条件表达式的值为真,则执行代码块,否则忽略该代码块
{
    代码块
}
```

if 语句的执行流程如图 4-1 所示。

开始
条件
表达式
true
false
代码块
结束

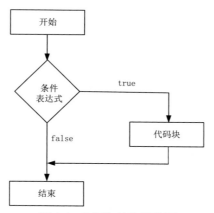

图 4-1 if 语句的执行流程

例如，使用 if 语句判断一个变量的大小。

```
package main
import "fmt"
func main() {
   /*定义局部变量*/
   var a int = 20
    /*使用 if 语句判断布尔表达式*/
   if a < 30 {
       /*如果条件为 true,则执行以下语句*/
       fmt.Printf("a 小于 30\n" )
   }
   fmt.Printf("a 的值为 : %d\n", a)
}
```

运行结果如图 4-2 所示。

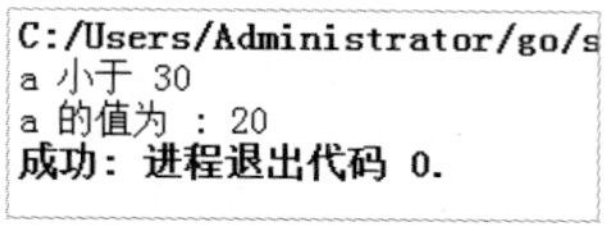

C:/Users/Administrator/go/s
a 小于 30
a 的值为 : 20
成功: 进程退出代码 0.

图 4-2 if 语句的运行结果

在以上代码中，由于 a 的值为 20，小于 30，表达式返回 true，因此结果返回“a 小于 30”的信息。如果把 a 的值调整为 50，那么程序判断语句将返回 false，判断语句不会输出任何信息提示。为了显示出 false 的返回情况，就需要使用到 if-else 语句。

## 4.1.2 if-else 语句

if 语句后可以使用可选的 else 语句，else 语句中的表达式在条件表达式为 false 时执行。

if 语句如果存在第二个分支，则可以在代码中添加 else 关键字及另一代码块，这个代码块中的代码只有在条件不满足时才会执行，if 和 else 后的两个代码块是相互独立的分支，只能执行其中一个。

if-else 语句的语法格式如下：

```
if (条件表达式)     //如果条件表达式的值为真,则执行代码块1,否则执行代码块2
{
    代码块1
}
else
{
    代码块2
}
```

if 语句在条件表达式为 true 时，执行其后紧跟的代码块，如果为 false，则执行 else 后紧跟的代码块。if-else 语句的执行流程如图 4-3 所示。

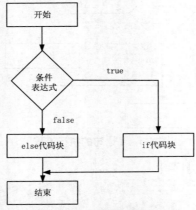

**图 4-3　if-else 语句的执行流程**

例如，使用 if-else 语句判断一个变量的大小。

```
package main
import "fmt"
func main() {
    /*局部变量定义*/
    var a int = 50;
    /*判断布尔表达式*/
    if a < 30 {
        /*如果条件为true,则执行以下语句*/
        fmt.Printf("a 小于 30\n" );
    } else {
        /*如果条件为false,则执行以下语句*/
        fmt.Printf("a 不小于 30\n" );
    }
    fmt.Printf("a 的值为 : %d\n", a);
}
```

运行结果如图 4-4 所示。

```
C:/Users/Administrator/go/src/
a 不小于 30
a 的值为 : 50
成功: 进程退出代码 0.
```

**图 4-4　if-else 语句的运行结果**

在以上代码中，由于 a 的值为 50，不小于 30，表达式返回 false，因此结果返回 "a 不小于 30" 的信息。如果想判断 a 的值是否小于 30 且大于 20，那么当前语句就不能满足要求了。

在 if-else 语句中修改如下：

```
package main
```

```
import "fmt"
func main() {
    /*局部变量定义*/
    var a int = 25
    /*判断布尔表达式*/
    if a < 30 {
        /*如果条件为 true,则执行以下语句*/
        fmt.Printf("a 小于 30\n")

        if a > 20 {//判断a是否大于20
            fmt.Printf("a 大于 20\n")
        } else {
            fmt.Printf("a 小于 20\n")
        }
    } else {
        /*如果条件为 false,则执行以下语句*/
        fmt.Printf("a 不小于 30\n")
    }
    fmt.Printf("a 的值为 : %d\n", a)
}
```

运行结果如图 4-5 所示。

```
a 小于 30
a 大于 20
a 的值为 : 25
成功: 进程退出代码 0.
```

图 4-5　修改后的运行结果

在以上代码中准确判断了 a 的值,但是嵌套了 if-else 语句,这种情况增加了代码逻辑的复杂性,可能会影响结果的准确性,因此就有了 else-if 语句。

## 4.1.3　else-if 语句

else-if 语句解决了多重判断的问题,例如:

```
package main
import "fmt"
func main() {
    /*局部变量定义*/
    var a int = 15
    if a > 20 { //判断a是否大于20
        fmt.Printf("a 大于 20\n")
    } else if a < 10 {
        fmt.Printf("a 小于 10\n")
    } else {
        /*如果条件为 false,则执行以下语句*/
        fmt.Printf("a 大于 10\n")
        fmt.Printf("a 小于 20\n")
    }
    fmt.Printf("a 的值为 : %d\n", a)
}
```

运行结果如图 4-6 所示。

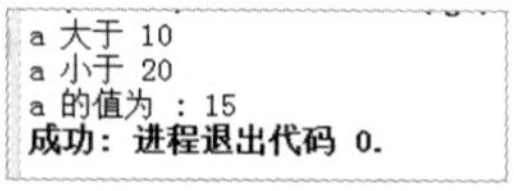

```
a 大于 10
a 小于 20
a 的值为 : 15
成功: 进程退出代码 0.
```

图 4-6　else-if 语句的运行结果

else-if 语句还可以连续使用多个 else if 关键字，例如，判断一个数字是否大于 15 或小于 30 且不等于 20。

```
package main
import "fmt"
func main() {
    /*局部变量定义*/
    var a int = 28
    if a > 30 { //判断 a 是否大于 30
      fmt.Printf("a 大于 30\n")
    } else if a < 15 {
      fmt.Printf("a 小于 15\n")
    } else if a == 20 {
      fmt.Printf("a 等于 20\n")
    } else {
      /*如果条件为 false,则执行以下语句*/
      fmt.Printf("a 大于 15\n")
      fmt.Printf("a 小于 30\n")
      fmt.Printf("a 不等于 20\n")
    }
    fmt.Printf("a 的值为 : %d\n", a)
}
```

运行结果如图 4-7 所示。

```
a 大于 15
a 小于 30
a 不等于 20
a 的值为 : 28
成功：进程退出代码 0.
```

图 4-7　使用多个 else-if 语句的运行结果

在以上代码中使用了两个 else-if 语句，通过修改 a 的值来感受这个语法的特点，例如，修改 a 的值为 28，则返回 "a 等于 28" 的信息。

## 4.1.4　使用 if 语句的注意事项

（1）if 后面的条件判断子句不需要使用小括号括起来，例如，if a > 30。

（2）Go 语言规定，与 if 匹配的 "{" 必须与 if 和表达式放在同一行，如果尝试将 "{" 放在其他位置，将会出发编译错误。与 else 匹配的 "{" 也必须与 else 在同一行，else 也必须与上一个 if 或 else if 的右边的大括号在一行。

（3）if 后面可以带一个简单的初始化语句，并以分号进行分隔，该简单语句声明的变量的作用域是整个 if 语句块，包括后面的 else if 和 else 分支。

（4）Go 语言没有条件运算符（a>b?a:b），符合 Go 语言的设计理念，只提供一种方法做事情。

（5）if 分支语句如果遇到 return，则直接返回。

# 4.2　选择结构

switch 语句和 select 语句在 Go 语言中主要用于条件的选择。相比 C 语言，Go 语言中的 switch 语句在结构上更加灵活，语法设计尽量以使用方便为主。

## 4.2.1 switch 语句

在 Go 语言中，switch 表示选择语句的关键字，switch 语句会根据初始化表达式得出一个值，然后根据 case 语句的条件，执行相应的代码块，最终返回特定内容。每个 case 被称为一种情况，只有当初始化语句的值符合 case 的条件语句时，case 才会被执行。

如果没有遇到符合的 case，则可以使用默认的 case (default case)，如果已经遇到了符合的 case，那么后面的 case 都不会被执行。

switch case 语句的语法格式如下：

```
switch (表达式)        //表达式的值是已知的
    {               //switch case 语句执行时,会用该表达式的值依次与各个 case 后的常数去对比,试图找到第一个匹配项,找
                    //到匹配的项后,就去执行该 case 对应的代码块,如果没找到则继续执行下一个 case,直到 default 为止.如
                    //果前面的 case 都未匹配,则与 default 进行匹配
    case 常数 1:
        代码块 1;
    case 常数 2:
        代码块 2;
        ...
    default:
        代码块 n+1;
}
```

switch case 语句的执行流程如图 4-8 所示。

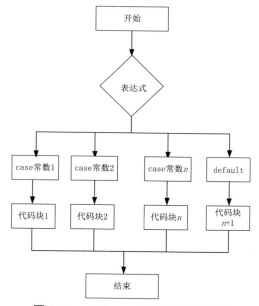

图 4-8　switch case 语句的执行流程

Go 语言改进了 switch 的语法设计，case 与 case 之间是独立的代码块，不需要通过 break 语句跳出当前 case 代码块以避免执行到下一行，例如：

```
var a = "hello"
switch a {
case "hello":
    fmt.Println(1)
case "world":
    fmt.Println(2)
```

```
default:
    fmt.Println(0)
}
```

输出结果如下：

```
1
```

在以上代码中，每个 case 均是字符串格式，且使用了 default 分支，Go 语言规定每个 switch 只能有一个 default 分支。

与其他编程语言不同的是，在 Go 语言编程中，switch 有两种类型。

（1）表达式 switch：在表达式 switch 中，case 包含与 switch 表达式的值进行比较的表达式。

（2）类型 switch：在类型 switch 中，case 包含与特殊注释的 switch 表达式的类型进行比较的类型。

### 1. 表达式 switch

```
package main
import "fmt"
func main() {
    grade := "E"
    marks := 95
    switch {
    case marks >= 90:
        grade = "A"
    case marks >= 80:
        grade = "B"
    case marks >= 70:
        grade = "C"
    case marks >= 60:
        grade = "D"
    default:
        grade = "E"
    }
    switch {
    case grade == "A":
        fmt.Println("成绩优秀! \n")
    case grade == "B":
        fmt.Println("表现良好! \n")
    case grade == "C", grade == "D":
        fmt.Println("再接再厉! \n")
    default:
        fmt.Println("成绩不合格! \n")
    }
    fmt.Println("你的成绩为", grade)
}
```

运行结果如图 4-9 所示。

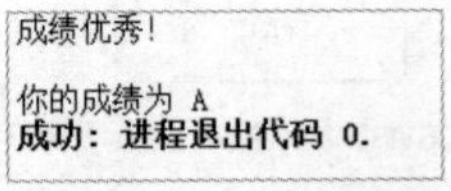

图 4-9　表达式 switch 的运行结果

在以上代码中使用了两个 switch 语句，第一个 switch 语句判断成绩所属的区间，并得出 grade 的值；第二个 switch 语句根据 grade 的值返回相应的语句。

### 2. 类型 switch

类型 switch 语句针对变量的类型判断该执行哪个 case 代码块，例如：

```
package main
```

```
import "fmt"
var x interface{} //空接口
func main() {
  x = 1
  switch i := x.(type) {
    case nil:
    fmt.Println("这里是nil,x的类型是%T", i)
    case int:
    fmt.Println("这里是int,x的类型是%T", i)
    case float64:
    fmt.Println("这里是float64,x的类型是%T", i)
    case bool:
    fmt.Println("这里是bool,x的类型是%T", i)
    case string:
    fmt.Println("这里是string,x的类型是%T", i)
    default:
    fmt.Println("未知类型")
  }
}
```

运行结果如图 4-10 所示。

```
C:/Users/Administrator/go/
这里是int, x的类型是%T 1
成功: 进程退出代码 0.
```

图 4-10　类型 switch 的运行结果

switch 的特点如下：

（1）switch 和 if 语句一样，switch 后面可以带一个可选的简单的初始化语句。

（2）switch 后面的表达式也是可选的，如果没有表达式，则 case 子句是一个布尔表达式，而不是一个值，此时就相当于多重 if-else 语句。

（3）switch 条件表达式的值不像 C 语言那样必须限制为整数，可以是任意支持相等比较运算的类型变量。

（4）通过 fallthough 语句来强制执行下一个 case 子句（不再判断下一个 case 子句的条件是否满足）。

（5）switch 支持 default 语句，当所有的 case 分支都不符合时，执行 default 语句，并且 default 语句可以放到任意位置，并不影响 switch 的判断逻辑。

（6）switch 和.(type)结合可以进行类型的查询。

## 4.2.2　select 语句

在 Go 语言中，除了 switch 语句外，还有一种选择结构——select。select 语句可以用于配合通道（channel）的读/写操作，用于多个 channel 的并发读/写操作，在之后的章节将会重点讲解。

select 语句类似于 switch 语句，switch 语句是按照顺序从上到下依次执行，而 select 是随机选择一个 case 执行。如果没有 case 可运行，它将阻塞，直到有 case 可运行。

select 语句的语法格式如下：

```
select {
    case:
        代码块1;
    case:
        代码块2;
    /*可以定义任意数量的 case*/
    default : /*可选*/
        代码块n;
}
```

在 select 语句中：

（1）每个 case 都必须是一个通信。

（2）所有 channel 表达式都会被求值。

（3）所有被发送的表达式都会被求值。

（4）如果任意某个通信可以进行，它就执行，其他被忽略。

（5）如果有多个 case 都可以运行，select 会随机公平地选出一个执行，其他不会执行。

否则：

①如果有 default 子句，则执行该语句。

②如果没有 default 子句，select 将阻塞，直到某个通信可以运行；Go 不会重新对 channel 或值进行求值。

```go
package main
import "fmt"
func main() {
    a := make(chan int, 1024)
    b := make(chan int, 1024)
    for i := 0; i < 10; i++ {
        fmt.Printf("第%d次,", i)
        a <- 1
        b <- 1
        select {
        case <-a:
            fmt.Println("from a")
        case <-b:
            fmt.Println("from b")
        }
    }
}
```

运行结果如图 4-11 所示（每次返回的结果都是不同的）。

```
第0次, from b
第1次, from a
第2次, from b
第3次, from b
第4次, from a
第5次, from b
第6次, from b
第7次, from b
第8次, from b
第9次, from b
成功：进程退出代码 0.
```

**图 4-11　select 语句的执行结果**

在以上代码中，同时在 a 和 b 中进行选择，哪个有内容就从哪个读，由于 channel 的读/写操作是阻塞操作，使用 select 语句可以避免单个 channel 的阻塞。此外，select 同样可以使用 default 代码块，避免所有 channel 同时阻塞。

# 4.3　循环结构

循环语句是编程中常使用的流程控制语句，在 Go 语言中，循环语句的关键字是 for，没有 while 关键字。for 语句可以根据指定的条件重复执行其内部的代码块，这个判断条件一般是由 for 关键字后面的子语句给出的。

循环结构是一种程序结构，该结构设置的目的是方便程序反复执行某个功能。在循环结构中，由循环体中的条件判断继续执行某个功能还是退出此循环。根据判断条件，循环结构可分为先判断后执行的循环结构和先执行后判断的循环结构。

　　当满足循环条件时，循环语句可以反复执行某一段代码，这段被重复执行的代码称为循环体语句。当反复执行循环体时，在合适的时候需要把循环判断条件修改为 false，从而结束循环，否则循环将一直执行下去，形成死循环。

## 4.3.1　for 语句

　　for 循环是一个循环控制结构，可以执行指定次数的循环。循环体不停地进行循环，直到循环终止条件返回 false 时自动退出循环，执行 for 的"}"之后的语句。

　　for 循环语句的语法格式如下：

```
for (循环控制变量初始化；循环终止条件；循环控制变量增量)
{
    循环体
}
```

循环执行步骤如下：

（1）循环控制变量初始化。

（2）执行循环终止条件，如果判断结果为真，则进入步骤（3）；如果判断结果为假，则循环终止并退出。

（3）执行循环体。

（4）执行循环控制变量增量，跳转进入步骤（2）。

for 循环的执行流程如图 4-12 所示。

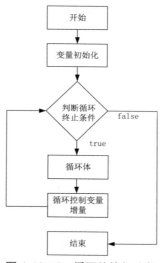

**图 4-12　for 循环的执行流程**

### 1. for 循环中的初始化语句

　　初始语句是在第一次循环前执行的语句，一般使用初始语句执行变量初始化，如果变量在此处被声明，其作用域将被局限在这个 for 的范围内。

　　初始语句可以被忽略，但是初始语句之后的分号必须写，例如：

```
step := 2
for ; step > 0; step-- {
    fmt.Println(step)
```

```
    }
```

**2. for 循环中的条件表达式——循环终止条件**

每次循环开始前都会计算条件表达式，如果表达式为 true，则循环继续，否则结束循环，条件表达式可以被忽略，忽略条件表达式后默认形成无限循环。

**3. for 循环中的结束语句——每次循环结束时执行的语句**

在结束每次循环前执行的语句，如果循环被 break、goto、return、panic 等语句强制退出，结束语句不会被执行。

与其他编程语言不同的是，Go 语言中的循环语句只支持 for 关键字，而不支持 while 和 do-while 结构，关键字 for 的基本使用方法与 C 语言和 C++中非常接近；例如：

```
sum := 0
for i := 0; i < 10; i++ {
    sum += i
}
```

Go 语言中的 for 循环和其他编程语言较大的不同点在于，for 后面的条件表达式不需要用圆括号"()"括起来。

使用循环语句时，需要注意以下几点：

（1）左花括号"{"必须与 for 处于同一行。

（2）Go 语言中的 for 循环与 C 语言一样，都允许在循环条件中定义和初始化变量，唯一的区别是，Go 语言不支持以逗号为间隔的多个赋值语句，必须使用平行赋值的方式来初始化多个变量。

（3）Go 语言的 for 循环同样支持 continue 和 break 来控制循环，但是它提供了一个更高级的 break，可以选择中断具体的哪一个循环。

## 4.3.2　range 语句

每一个 for 语句都可以使用一个特殊的 range 子语句，其作用类似于迭代器，用于轮询数组或者切片值中的每一个元素，也可以用于轮询字符串的每一个字符，以及字典值中的每个键值对，甚至还可以持续读取一个通道类型值中的元素。

range 关键字的右边是 range 表达式，表达式一般写在 for 语句的前面，以便提高代码的易读性。

range 关键字的左边表示的是一对索引-值对，根据不同的表达式，返回不同的结果，range 右边表达式返回的类型如表 4-1 所示。

表 4-1　range 右边表达式返回的类型

| 右边表达式返回的类型 | 第 一 个 值 | 第 二 个 值 |
| --- | --- | --- |
| string | index | str[index]，返回类型为 rune |
| array/slice | index | str[index] |
| map | key | m[]key |
| channel | element | 无 |

range 右边表达式返回的类型，除了轮询字符串外，还包括数组、切片、字典及通道等，例如：

```
package main
import "fmt"
func main() {
    numbers := [5]int{1, 2, 3, 4}
    for i, x := range numbers {
```

```
        fmt.Printf("第%d次,x的值为%d.\n", i, x)
    }
}
```

运行结果如下：

```
第 0 次,x 的值为 1.
第 1 次,x 的值为 2.
第 2 次,x 的值为 3.
第 3 次,x 的值为 4.
第 4 次,x 的值为 0.
```

在以上代码中，定义了 numbers 的长度为 5，但 numbers 中只有 4 个值，因此最后一个为空值，从 for 循环返回的信息可以看到第 5 次 x 的值为 0，代码块的确执行了 5 次。

# 4.4　defer 语句

Go 语言除了传统的流程控制语句外，还有一些特殊的控制语句，defer 就是其中之一。defer 主要用于延迟调用指定的函数，defer 关键字只能出现在函数的内部，例如：

```
package main
import "fmt"
func main() {
    defer fmt.Println("world")
    fmt.Println("hello")
}
```

运行结果如下：

```
hello
world
```

在以上代码中会首先打印 hello，然后打印 world，因为第一句使用了 defer 关键字，defer 语句会在函数最后执行，被延迟的操作是 defer 后面的内容。

defer 后面的表达式必须是外部函数的调用，上面的例子就是针对 fmt.Println 函数的延迟调用。

defer 有如下两大特点：

（1）只有当 defer 语句全部执行，defer 所在函数才算真正结束执行。

（2）当函数中有 defer 语句时，需要等待所有 defer 语句执行完毕，才会执行 return 语句。

因为 defer 的延迟特点，可以把 defer 语句用于回收资源、清理收尾等工作。使用 deter 语句之后，不用纠结回收代码放在哪里，反正都是最后执行。

这里需要注意 defer 的执行时机，例如：

```
package main
import "fmt"
var i = 0
func print() {
    fmt.Println(i)
}
func main() {
    for ; i < 5; i++ {
        defer print()
    }
}
```

运行结果如下：

5

```
5
5
5
5
```

在以上代码中，返回了 5 个 5，这是因为每个 defer 都是在函数轮询之后才执行，此时 i 的值为 5。

如需要正确反向打印数字，代码如下：

```
package main
import "fmt"
var i = 0
func print(i int) {
    fmt.Println(i)
}
func main() {
    for ; i < 5; i++ {
        defer print(i)
    }
}
```

运行结果如下：

```
4
3
2
1
0
```

当 i 等于 0 时，defer 语句第一次被压栈，此时 defer 后面的函数返回 0；i 不断自增，一直到 i 等于 4 时，defer 语句第 5 次入栈，defer 后的函数返回 4；此时 i 的自增不再满足 for 条件，于是跳出循环，在结束之前，Go 语言会根据 defer 后进先出原则逐条打印栈内的数值，因此就看到了现在的结果。

# 4.5　标签

在 Go 语言中，有一个特殊的概念就是标签，可以给 for、switch 或 select 等流程控制代码块打上一个标签，配合标签标识符可以方便跳转到某一个地方继续执行，有助于提高编程效率。

标签的名称区分大小写，为了提高代码的易读性，建议标签名称使用大写字母和数字。标签可以标记任何语句，并不限定于流程控制语句，未使用的标签会引发错误。

## 4.5.1　break 语句

break 语句的语法格式如下：

```
break;
```

break 语句的执行流程如图 4-13 所示。

Go 语言中的 break 语句主要用于以下两方面：

（1）用于循环语句中跳出循环，并开始执行循环之后的语句。

（2）break 可以使 switch 语句执行一条 case 后跳出语句。

在多重循环中，可以用标号 label 标出想跳出的指定循环，例如：

```
package main
import "fmt"
```

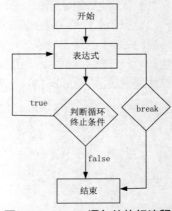

图 4-13　break 语句的执行流程

```
func main() {
OuterLoop:
    for i := 0; i < 2; i++ {
        for j := 0; j < 5; j++ {
            switch j {
            case 2:
                fmt.Println(i, j)
                break OuterLoop
            case 3:
                fmt.Println(i, j)
                break OuterLoop
            }
        }
    }
}
```

运行结果如下：

```
0 2
```

在以上代码中：

第 4 行，外层循环的标签。

第 5 行和第 6 行，双层循环。

第 7 行，使用 switch 进行数值分支判断。

第 10 和第 13 行，退出 OuterLoop 对应的循环之外，也就是跳转到最后。

## 4.5.2　continue 语句

Go 语言的 continue 语句有点像 break 语句。但是 continue 不是跳出循环，而是跳过当前循环执行下一次循环的语句。

for 循环中，执行 continue 语句会触发 for 增量语句的执行。

在多重循环中，可以用标号 label 标出想 continue 的循环。

continue 语句的语法格式如下：

```
continue;
```

continue 语句的执行流程如图 4-14 所示。

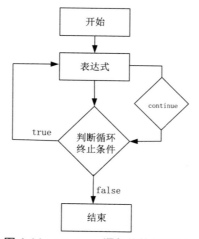

图 4-14　continue 语句的执行流程

Go 语言中的 continue 语句可以结束当前循环，开始下一次的循环迭代过程，仅限在 for 循环内使用，在 continue 语句后添加标签时，表示开始标签对应的循环，例如：

```go
package main
import "fmt"
func main() {
OuterLoop:
    for i := 0; i < 2; i++ {
        for j := 0; j < 5; j++ {
            switch j {
            case 2:
                fmt.Println(i, j)
                continue OuterLoop
            }
        }
    }
}
```

运行结果如下：

```
0 2
1 2
```

在以上代码中，第 10 行将结束当前循环，开启下一次外层循环，而不是第 6 行的循环。与 break 不同的是，continue 表示跳转后继续执行操作。

## 4.5.3 goto 语句

Go 语言中的 goto 语句通过标签进行代码间的无条件跳转，同时 goto 语句在快速跳出循环、避免重复退出上也有一定的作用，使用 goto 语句能简化一些代码的实现过程。

goto 语句通常与条件语句配合使用，可用来实现条件转移、构成循环、跳出循环体等功能。但是，在结构化程序设计中一般不主张使用 goto 语句，以免造成程序流程的混乱，使理解和调试程序都产生困难。

goto 语句的语法格式如下：

```
goto Label
```

goto 语句的执行流程如图 4-15 所示。

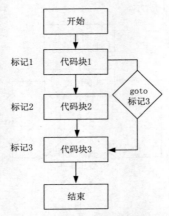

图 4-15 goto 语句的执行流程

goto 语句有以下几个特点：

（1）goto 语句只能在函数内跳转。

（2）goto 语句不能跳过内部变量声明语句，这些变量在 goto 语句的标签语句处又是可见的。

（3）goto 语句只能跳到同级作用域或者上层作用域内，不能跳到内部作用域内。

### 1. 使用 goto 退出多层循环

```
package main
import "fmt"
func main() {
    for x := 0; x < 10; x++ {
        for y := 0; y < 10; y++ {
            if y == 2 {
                //跳转到标签
                goto breakHere
            }
        }
    }
    //手动返回，避免执行进入标签
    return
    //标签
breakHere:
    fmt.Println("done")
}
```

在以上代码中：

第 8 行，使用 goto 语句跳转到指明的标签处，标签在第 15 行定义。

第 13 行，标签只能被 goto 使用，但不影响代码执行流程，此处如果不手动返回，在不满足条件时，也会执行第 16 行代码。

第 15 行，定义 breakHere 标签。

使用 goto 语句后，无须额外的变量就可以快速退出所有的循环。

### 2. 使用 goto 集中处理错误

```
err := firstCheckError()
    if err != nil {
        goto onExit
    }
    err = secondCheckError()
    if err != nil {
        goto onExit
    }
    fmt.Println("done")
    return
onExit:
    fmt.Println(err)
    exitProcess()
```

在以上代码中：

第 3 行和第 7 行，发生错误时，跳转错误标签 onExit。

第 12 行和第 13 行，汇总所有流程进行错误打印并退出进程。

## 4.6　就业面试技巧与解析

本章主要介绍了 Go 语言的 5 种流程控制语句，包括条件判断语句、选择语句、循环语句、defer 语句、标签语句。通过对本章的学习，相信读者已经可以编写简单的 Go 语言程序了。流程控制语句是编写代码的基础，合理使用流程控制语句可以使程序的执行效率更高。

## 4.6.1　面试技巧与解析（一）

**面试官：** 简单说说 go 语言中的 for 循环。

**应聘者：**

for 循环支持 continue 和 break 来控制循环，但是它提供了一个更高级的 break，可以选择中断哪一个循环。

for 循环不支持以逗号为间隔的多个赋值语句，必须使用平行赋值的方式来初始化多个变量。

## 4.6.2　面试技巧与解析（二）

**面试官：** 简单说说 go 语言中的 switch 语句。

**应聘者：**

在 switch 语句的单个 case 中，可以出现多个结果选项。

只有在 case 中明确添加 fallthrough 关键字，才会继续执行紧跟的下一个 case。

# 第2篇

# 核心应用

在学习了 Go 语言的基础知识后，读者应该已经掌握了 Go 语言的基本数据类型和流程控制语句，可以尝试进行简单的程序编写。本篇将带领读者学习复合数据类型、Go 语言函数及结构体与方法等核心应用。通过对本篇内容的学习，读者将对 Go 语言有更深刻的理解，读者的编程能力也会有进一步的提高。

- 第5章 复合数据类型
- 第6章 Go 语言函数
- 第7章 结构体与方法

# 第 5 章

## 复合数据类型

 **本章概述**

　　复杂的程序往往更要存储大量的数据，这些数据存储在什么地方呢？从本章开始将学习复合数据类型，复合数据类型是包含各种形式的存储和处理数据的功能，可以把它看成一个"容器"。Go 语言的复合数据类型包括数组、切片、映射及列表等。

　　Go 语言的 4 种复合数据类型可以让开发者管理集合数据，这 4 种数据类型也是 Go 语言核心的一部分，在标准库中被广泛使用。掌握这些数据结构后，用 Go 语言编写程序会变得快速、有趣且十分灵活。

 **知识导读**

　　本章要点（已掌握的在方框中打钩）：
- ☐ 数组的声明及遍历。
- ☐ 使用 make()函数构造切片。
- ☐ 切片的复制和删除。
- ☐ 映射的创建及遍历。
- ☐ 列表的初始化操作。
- ☐ 在列表中插入或删除元素。

# 5.1　数组

　　数组是 Go 语言复合数据类型的基础，了解 Go 语言的数据结构，一般从数组开始学习。理解了数组的工作原理，学习切片、映射及列表才会更加容易。

## 5.1.1　数组的声明

　　数组是具有相同类型的一组已经编号且长度固定的数据项序列，这个序列可以是有序的也可以是无序的，组成数组的各个变量称为数组的元素。数组元素可以通过索引（位置）来读取（或者修改），索引从 0 开始，第一个元素索引为 0，第二个索引为 1，以此类推。数组元素的索引如图 5-1 所示。

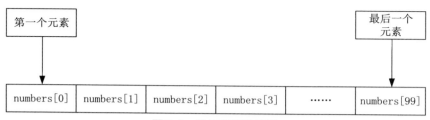

图 5-1 数组元素的索引

数组元素的类型可以是任意的原始类型，如 int、string 或者自定义类型。数组长度必须是一个非负整数的常量（或常量表达式），数组长度也是数组类型的一部分，所以，[20]int 和[100]int 不是同一种类型。

Go 语言数组的声明需要指定元素的类型及元素的个数，语法格式如下：

```
var 数组变量名 [元素数量]Type
```

（1）数组变量名：数组声明及使用时的变量名。

（2）元素数量：数组的元素数量，可以是一个表达式，但最终通过编译器计算的结果必须是整型数值，元素数量不能含有到运行时才能确认大小的数值。

（3）Type：可以是任意基本类型，包括数组本身，类型为数组本身时，可以实现多维数组。

例如：

```
//声明一个包含 5 个元素的整型数组
var array [5]int
//声明一个包含 3 个元素的字符串数组
var team [3]string
```

数组一旦声明，它存储的数据类型和数组长度就都不能修改了。所以，如果需要存储更多的元素，必须先创建一个更长的数组，然后把原来数组中的值复制到新数组中。

数组的特点可以总结为以下几点：

（1）数组创建完后长度就固定了，不可以再添加元素。

（2）数组是值类型，数组赋值或作为函数参数都是值复制。

（3）数组长度是数组类型的组成部分，例如，[10]int 和[20]int 表示不同的类型。

（4）可以根据数组创建切片。

## 5.1.2 数组的初始化

Go 语言在声明变量时，都是使用相应类型的零值来初始化变量的，数组也一样。数组初始化时，其每个元素都被初始化为对应类型的零值。例如，上面的整型数组中，每个元素都被初始化为 0（整型的零值）。

数组的初始化有以下几种情况：

（1）使用数组字面量可以快速创建并初始化数组，数组字面量可以声明数组中元素的数量，并指定每个元素的值，例如：

```
//声明一个包含 3 个元素的整型数组
//用具体值初始化每个元素
a := [3]int {1,2,3}
```

（2）当数组的长度不确定时，可以使用"…"来代替数组的长度，Go 语言会根据初始化时数组元素的数量来确定该数组的长度，例如：

```
//声明一个整型数组
//用具体值初始化每个元素
```

```
//长度由初始化的值来确定
a := [...]int {1,2,3}
```

（3）当知道数组的总长度时，还可以给特定的下标指定具体的值。通过索引值进行初始化，没有初始化元素时使用类型默认值，例如：

```
//声明一个包含 3 个元素的整型数组
//用具体值初始化索引为 1 和 2 的元素
//其余元素保持类型默认值
a := [3]int {1:1,2:3}
```

（4）当不确定数组的总长度时，同样也可以给特定的下标指定具体的值。通过索引值进行初始化，数组长度由最后一个索引值确定，没有指定索引的元素被初始化为类型的零值，例如：

```
//声明一个整型数组
//用具体值初始化索引为 1 和 2 的元素
//长度由最后一个索引值来确定
//其余元素保持零值
a := [...]int {1:1,2:3}
```

## 5.1.3　数组的遍历

与其他编程语言一样，Go 语言的数组可以通过数组下标（索引位置）来访问或修改数组的元素。

### 1. 访问数组元素

数组的每个元素都可以通过索引下标来访问，索引下标的范围是从 0 开始，第一个元素索引为 0，第二个元素索引为 1，以此类推。元素的数目（长度或者数组大小）必须是固定的并且在声明数组时就指定的，数组长度最大为 2GB，例如：

```
package main
import "fmt"
func main() {
  var n [10]int        /*n 是一个长度为 10 的数组*/
  var i,j int
  /*为数组 n 初始化元素*/
  for i = 0; i < 10; i++ {
    n[i] = i + 100    /*设置元素为 i + 100*/
  }
  /*输出每个数组元素的值*/
  for j = 0; j < 10; j++ {
    fmt.Printf("元素[%d] = %d\n", j, n[j] )
  }
}
```

运行结果如图 5-2 所示。

```
元素[0] = 100
元素[1] = 101
元素[2] = 102
元素[3] = 103
元素[4] = 104
元素[5] = 105
元素[6] = 106
元素[7] = 107
元素[8] = 108
元素[9] = 109
成功: 进程退出代码 0.
```

图 5-2　访问数组元素

## 2. 修改数组元素

数组是效率很高的数据结构，因为数组在内存分配中是连续的，要访问数组中的某个单独元素，需要使用"[]"运算符，例如：

```
//声明一个包含5个元素的整型数组
//用具体值初始化每个元素
a := [5]int {1,2,3,4,5}
//修改索引为2的元素的值
a[2] = 8
```

数组的值也可以是指针。例如，声明一个所有元素都是指针的数组，然后使用"*"运算符访问元素指针所指向的值。

```
//声明一个包含5个元素的整型数组
//用整型指针初始化索引为0和1的数组元素
a := [5]*int {0: new(int), 1: new(int)}
//为索引为0和1的元素赋值
*a[0] = 1
*a[1] = 2
```

在 Go 语言中，数组是一个类型值，也就是说，数组可以像函数一样用在赋值操作中，变量名代表整个数组，因此，同样类型的数组可以赋值给另一个数组，例如：

```
//声明一个包含5个元素的字符串数组
var a1 [5]string
//声明第二个包含5个元素的字符串数组
//用颜色初始化数组
a2 := [5]string{ " red ", "blue ", "green ", "yellow ", "pink "}
//把a2的值赋值给a1
a1 = a2
```

赋值之后，两个数组的值完全一样。

数组作为变量类型，包括数组长度和每个元素的类型两个部分。只有这两部分都相同的数组才是类型相同的数组，才能相互赋值，例如：

```
//声明一个包含4个元素的字符串数组
var a1 [4]string
//声明第二个包含5个元素的字符串数组
//用颜色初始化数组
a2 := [5]string{ " red ", "blue ", "green ", "yellow ", "pink "}
//将a2赋值给a1
a1 = a2
```

此时会出现错误：

```
cannot use a2 (type [5]string) as type [4]string in assignment
```

与之前的参数传递一样，如果赋值数组指针，只会赋值指针的值，而不会赋值指针所指向的值，例如：

```
//声明第一个包含3个元素的指向字符串的指针数组
var a1 [3]*string
//声明第二个包含3个元素的指向字符串的指针数组
//使用字符串指针初始化数组
a2 := [3]*string { new(string), new(string), new(string)}
//使用颜色为每个元素赋值
*a2[0] = "red"
*a2[1] = "blue"
*a2[2] = "green"
```

```
//将 a2 赋值给 a1
a1 = a2
```

赋值操作之后，两个数组指向同一组字符串。

## 5.1.4 多维数组

数组本身只有一个维度，但是可以组合多个数组来创建多维数组。

Go 语言中允许使用多维数组，因为数组属于值类型，所以，多维数组的所有维度都会在创建时自动初始化零值，多维数组尤其适合管理具有父子关系或者与坐标系相关联的数据。

声明多维数组的语法格式如下：

```
var array_name [size1][size2]…[sizen] array_type
```

其中，array_name 为数组的名字，array_type 为数组的类型，size1、size2…sizen 为数组每一维度的长度。

二维数组是最简单的多维数组，二维数组本质上是由多个一维数组组成的。

例如：声明一个二维数组。

```
//声明一个二维整型数组,两个维度的长度分别是 4 和 2
var array [4][2]int
//使用数组字面量来声明并初始化一个二维整型数组
array = [4][2]int{{10, 11}, {20, 21}, {30, 31}, {40, 41}}
//声明并初始化数组中索引为 1 和 3 的元素
array = [4][2]int{1: {20, 21}, 3: {40, 41}}
//声明并初始化数组中指定的元素
array = [4][2]int{1: {0: 20}, 3: {1: 41}}
```

此时为了访问单个元素，需要组合使用"[]"运算符，例如：

```
//声明一个 2×2 的二维整型数组
var array [2][2]int
//设置每个元素的整型值
array[0][0] = 10
array[0][1] = 20
array[1][0] = 30
array[1][1] = 40
```

与一维数组相同，只要类型一致，就可以将多维数组互相赋值。多维数组的类型包括两个部分，即每一维度的长度和存储在元素中数据的类型。

```
//声明两个二维整型数组
var array1 [2][2]int
var array2 [2][2]int
//为 array2 的每个元素赋值
array2[0][0] = 10
array2[0][1] = 20
array2[1][0] = 30
array2[1][1] = 40
//将 array2 的值赋值给 array1
array1 = array2
```

实际上，数组中的每个元素都是一个单独的值，所以，可以独立复制某个维度，例如：

```
//将 array1 的索引为 1 的维度复制到一个同类型的新数组中
var array3 [2]int = array1[1]
//将数组中指定的整型值复制到新的整型变量中
var value int = array1[1][0]
```

# 5.2　切片

Go 语言提供了另一种数据类型——切片（Slice），由于切片的数据结构中有指向数组的指针，因此它是一种引用类型。Go 语言中切片的内部结构包含地址、大小和容量，切片一般用于快速操作数据集合。

切片是围绕动态数组的概念构建的，可以按需自动增长和缩小。切片的动态增长是通过内置函数 append() 来实现的，这个函数可以快速且高效地增长切片，也可以通过对切片再次切割，缩小一个切片的大小。因为切片的底层内存也是在连续内存块中分配的，所以，切片还能获得索引、迭代及为垃圾回收优化的好处。

## 5.2.1　创建切片

在 Go 语言中，创建切片的方法有多种，而能否确定切片的容量是创建切片的关键，它决定了该使用哪种方式创建切片。

**1. 从数组或切片生成新的切片**

切片默认指向一段连续内存区域，可以是数组，也可以是切片本身。

从连续内存区域生成切片是常见的操作，格式如下：

```
slice [开始位置 : 结束位置]
```

（1）slice 表示目标切片对象。

（2）开始位置表示对应目标切片对象的索引。

（3）结束位置表示对应目标切片的结束索引。

从数组生成切片，例如：

```
var a = [3]int{1, 2, 3}
fmt.Println(a, a[1:2])
```

其中，a 是一个含有 3 个整型元素的数组，被初始化为数值 1～3，使用 a[1:2] 可以生成一个新的切片，运行结果如下：

```
[1 2 3] [2]
```

其中，[2] 就是 a[1:2] 切片操作的结果。

从数组或切片生成新的切片的特性如下：

（1）取出的元素数量为结束位置-开始位置。

（2）取出元素不包含结束位置对应的索引，切片最后一个元素使用 slice[len(slice)] 获取。

（3）当默认开始位置时，表示从连续区域开头到结束位置。

（4）当默认结束位置时，表示从开始位置到整个连续区域末尾。

（5）两者同时默认时，与切片本身等效。

（6）两者同时为 0 时，等效于空切片，一般用于切片复位。

（7）根据索引位置取切片 slice 元素值时，取值范围是（0～len(slice)-1），超界会报运行时错误，生成切片时，结束位置可以填写 len(slice) 但不会报错。

**2. 直接声明新的切片**

除了可以从原有的数组或者切片中生成切片外，也可以声明一个新的切片，每种类型都可以拥有其切片类型，表示多个相同类型元素的连续集合，因此，切片类型也可以被声明。

Go 语言切片的声明的语法格式如下：

```
var name []Type
```

（1）name 表示切片类型的变量名称。

（2）Type 表示切片类型对应的元素类型。

（3）切片不需要说明长度。

切片声明的使用过程如下：

```
package main
import "fmt"
func main() {
    //声明字符串切片
    var strList []string
    //声明整型切片
    var numList []int
    //声明一个空切片
    var numListEmpty = []int{}
    //输出 3 个切片
    fmt.Println(strList, numList, numListEmpty)
    //输出 3 个切片大小
    fmt.Println(len(strList), len(numList), len(numListEmpty))
    //切片判定空的结果
    fmt.Println(strList == nil)
    fmt.Println(numList == nil)
    fmt.Println(numListEmpty == nil)
}
```

运行结果如图 5-3 所示。

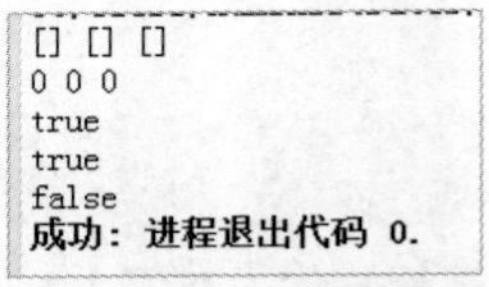

图 5-3　直接生成新切片

在以上代码中：

第 5 行，声明一个字符串切片，切片中拥有多个字符串。

第 7 行，声明一个整型切片，切片中拥有多个整型数值。

第 9 行，将 numListEmpty 声明为一个整型切片，本来会在 "{}" 中填充切片的初始化元素，这里没有填充，所以切片是空的，但是此时的 numListEmpty 已经被分配了内存，只是还没有元素。

第 11 行，切片均没有任何元素，3 个切片输出元素内容均为空。

第 13 行，没有对切片进行任何操作，strList 和 numList 没有指向任何数组或者其他切片。

第 15 行和第 16 行，声明但未使用的切片的默认值是 nil，strList 和 numList 也是 nil，所以和 nil 比较的结果是 true。

第 17 行，numListEmpty 已经被分配到了内存，但没有元素，因此和 nil 比较时是 false。

### 3. 使用 make()函数构造切片

如果需要动态地创建一个切片，可以使用 make()内建函数，语法格式如下：

```
make( []Type, size, cap )
```

（1）Type 是指切片的元素类型。

（2）size 指的是为这个类型分配多少个元素。

（3）cap 为预分配的元素数量，该值设定后不影响 size，只是能提前分配空间，降低多次分配空间造成的性能问题。

例如：

```
package main
import "fmt"
func main() {
    a := make([]int, 2)
    b := make([]int, 2, 10)
    fmt.Println(a, b)
    fmt.Println(len(a), len(b))
}
```

运行结果如图 5-4 所示。

```
[0 0] [0 0]
2 2
成功：进程退出代码 0.
```

图 5-4　使用 make()函数构造切片

其中，a 和 b 均是预分配两个元素的切片，只是 b 的内部存储空间已经分配了 10 个，但实际使用了两个元素。容量不会影响当前的元素个数，因此 a 和 b 取 len 都是 2。

当使用 make()函数时，需要传入一个参数，用于指定切片的长度，例如：

```
//创建一个字符串切片
//其长度和容量都是 5 个元素
slice := make([]string,5)
```

如果只指定长度，那么切片的容量和长度相等。也可以分别指定长度和容量，例如：

```
//创建一个整型切片
//其长度为 3 个元素,容量为 5 个元素
slice := make([]int,3,5)
```

分别指定长度和容量时，创建出来的切片的底层数组长度就是创建时指定的容量，但是初始化后并不能访问所有的数组元素。在以上代码中，切片可以访问 3 个元素，而底层数组拥有 5 个元素，因此剩余的 2 个元素可以在后期操作中合并到切片，然后才可以通过切片访问这些元素。

切片创建新的切片，新切片会和原有切片共享底层数组，也能通过后期操作来访问多余容量的元素。不过不允许创建容量小于底层数组长度的切片，例如：

```
//创建一个整型切片
//其长度大于容量
slice := make([]int,5,3)
```

这时编译器会出现如下错误：

```
Compiler Error:
len larger than cap in make([]int)
```

### 4. 使用切片字面量创建切片

使用切片字面量创建切片和创建数组类似，只是不需要指定"[]"运算符中的值，初始的长度和容量会根据初始化时提供的元素的个数来确定，例如：

```
//创建字符串切片
//其长度和容量都是 5 个元素
slice := []string{ " red ", "blue ", "green ", "yellow ", "pink "}
//创建一个整型切片
```

```
//其长度和容量都是 3 个元素
slice := []int{10,20,30}
```

当使用切片字面量时，可以设置初始长度和容量，即在初始化时给出所需的长度和容量作为索引（下标）。例如，创建长度和容量都是 100 个元素的切片。

```
//创建字符串切片
//使用空字符串初始化第 100 个元素
slice := []string{ 99:""}
```

如果在 "[]" 运算符中指定了一个值，那么创建的就是数组而不是切片；只有不指定值的时候才会创建切片，例如：

```
//创建含有 3 个元素的整型数组
array := [3]int{10,20,30}
//创建长度和容量都是 3 的整型切片
slice := []int{10,20,30}
```

**5. 创建空（nil）切片**

有时程序可能需要声明一个值为空的切片（或 nil 切片），在声明的时候不做任何初始化，就可以创建一个 nil 切片，例如：

```
//创建 nil 整型切片
var slice []int
```

一个切片在未初始化之前默认认为 nil，长度为 0。

在 Go 语言中，nil 切片是很常见的创建切片的方法。nil 切片多用于标准库和内置函数，在需要描述一个目前暂时不存在的切片时，nil 切片十分好用。例如，函数要求返回一个切片但发生异常时，利用初始化，通过声明一个切片可以创建一个 nil 切片：

```
//使用 make 创建空的整型切片
slice := make([]int, 0)
//使用切片字面量创建空的整型切片
slice := [ ]int{}
```

nil 切片在底层数组中包含 0 个元素，也没有分配任何存储空间。

nil 切片还可以用来表示空集合，例如，数据库查询返回 0 个查询结果。nil 切片和普通切片一样，调用内置函数 append()、len()和 cap()的效果都是相同的。

## 5.2.2 使用 append()函数添加元素

Go 语言的内建函数 append()可以为切片动态添加元素。每个切片会指向一片内存空间，这片空间能容纳一定数量的元素。当空间不能容纳足够多的元素时，切片就会进行"扩容"。"扩容"操作往往发生在 append()函数调用时。

切片在扩容时，容量的扩展规律是按容量的 2 倍数进行扩充的，例如：

```
package main
import "fmt"
func main() {
    var numbers []int
    for i := 0; i < 10; i++ {
        numbers = append(numbers, i)
        fmt.Printf("len: %d  cap: %d pointer: %p\n", len(numbers), cap(numbers), numbers)
    }
}
```

运行结果如图 5-5 所示。

```
len: 1   cap: 1 pointer: 0xc0000aa058
len: 2   cap: 2 pointer: 0xc0000aa0a0
len: 3   cap: 4 pointer: 0xc0000a8080
len: 4   cap: 4 pointer: 0xc0000a8080
len: 5   cap: 8 pointer: 0xc0000c4100
len: 6   cap: 8 pointer: 0xc0000c4100
len: 7   cap: 8 pointer: 0xc0000c4100
len: 8   cap: 8 pointer: 0xc0000c4100
len: 9   cap: 16 pointer: 0xc0000d6000
len: 10  cap: 16 pointer: 0xc0000d6000
成功: 进程退出代码 0.
```

图 5-5  切片的扩容

在以上代码中：

第 4 行，声明一个整型切片。

第 6 行，循环向 numbers 切片中添加 10 个数。

第 7 行，打印输出切片的长度、容量和指针变化，使用函数 len()查看切片拥有的元素个数，使用函数 cap()查看切片的容量情况。

从以上代码中可以得出结论：切片的长度 len 并不等于切片的容量 cap。

append()函数除了可以添加一个元素外，还可以同时添加多个元素，例如：

```
package main
import "fmt"
func main() {
    var student []string
    //添加一个元素
    student = append(student, "a")
    //添加多个元素
    student = append(student, "b", "c", "d")
    //添加切片
    team := []string{"e", "f", "g"}
    student = append(student, team…)
    fmt.Println(student)
}
```

运行结果如图 5-6 所示。

```
[a b c d e f g]
成功: 进程退出代码 0.
```

图 5-6  使用 append()函数添加元素

在以上代码中：

第 4 行，声明一个字符串切片。

第 6 行，往切片中添加一个元素。

第 8 行，使用 append()函数向切片中添加多个元素。

第 10 行，声明另一个字符串切片。

第 11 行，在 team 后面加上"…"，表示将 team 整个添加到 student 的后面。

## 5.2.3  切片的复制

Go 语言的内置函数 copy()可以将一个数组切片复制到另一个数组切片中，如果加入的两个数组切片大小不同，那么就会按照较小的数组切片的元素的个数进行复制。

copy()函数的语法格式如下：

```
copy( destSlice, srcSlice []Type) int
```

（1）srcSlice 为数据来源切片。

（2）destSlice 为复制的目标（也就是将 srcSlice 复制到 destSlice），目标切片必须分配过空间且足够承载复制的元素个数，并且来源和目标的类型必须一致，copy()函数的返回值表示实际发生复制的元素个数。

例如，使用 copy()函数将一个切片复制到另一个切片。

```
slice1 := []int{1, 2, 3, 4, 5}
slice2 := []int{5, 4, 3}
copy(slice2, slice1)    //只复制 slice1 的前 3 个元素到 slice2 中
copy(slice1, slice2)    //只复制 slice2 的 3 个元素到 slice1 的前 3 个位置
```

切片复制操作后对切片元素的影响，例如：

```
package main
import "fmt"
func main() {
    //设置元素数量为 1000
    const elementCount = 1000
    //预分配足够多的元素切片
    srcData := make([]int, elementCount)
    //将切片赋值
    for i := 0; i < elementCount; i++ {
        srcData[i] = i
    }
    //引用切片数据
    refData := srcData
    //预分配足够多的元素切片
    copyData := make([]int, elementCount)
    //将数据复制到新的切片空间中
    copy(copyData, srcData)
    //修改原始数据的第一个元素
    srcData[0] = 999
    //打印引用切片的第一个元素
    fmt.Println(refData[0])
    //打印复制切片的第一个和最后一个元素
    fmt.Println(copyData[0], copyData[elementCount-1])
    //复制原始数据从 4 到 6(不包含)
    copy(copyData, srcData[4:6])
    for i := 0; i < 5; i++ {
        fmt.Printf("%d ", copyData[i])
    }
}
```

运行结果如下：

```
999
0 999
4 5 2 3 4
```

在以上代码中：

第 5 行，定义元素总量为 1000。

第 7 行，预分配拥有 1000 个元素的整型切片，这个切片将作为原始数据。

第 9~11 行，将 srcData 填充 0~999 的整型值。

第 13 行，将 refData 引用 srcData，切片不会因为等号操作进行元素的复制。

第 15 行，预分配与 srcData 等大（大小相等）、同类型的切片 copyData。

第 17 行，使用 copy() 函数将原始数据复制到 copyData 切片空间中。

第 19 行，修改原始数据的第一个元素为 999。

第 21 行，引用数据的第一个元素将会发生变化。

第 23 行，打印复制数据的首位数据，由于数据是复制的，因此不会发生变化。

第 25 行，将 srcData 的局部数据复制到 copyData 中。

第 26～28 行，打印复制局部数据后的 copyData 元素。

## 5.2.4 切片的删除

Go 语言并没有对删除切片元素提供专用的语法或者接口，需要使用切片本身的特性来删除元素，根据要删除元素的位置可以分为以下三种情况：

（1）从开头位置删除。

（2）从中间位置删除。

（3）从尾部删除。

其中，从尾部删除切片元素的速度最快。

### 1. 从开头位置删除

删除开头的元素可以直接移动数据指针，例如：

```
a = []int{1, 2, 3}
a = a[1:] //删除开头 1 个元素
a = a[N:] //删除开头 N 个元素
```

删除开头的元素也可以不移动数据指针，但是需要将后面的数据向开头移动，可以使用 append()函数原地完成（所谓原地完成，是指在原有的切片数据对应的内存区间内完成，不会导致内存空间结构的变化），例如：

```
a = []int{1, 2, 3}
a = append(a[:0], a[1:]···)     //删除开头 1 个元素
a = append(a[:0], a[N:]···)     //删除开头 N 个元素
```

另外，还可以使用 copy()函数来删除开头的元素，例如：

```
a = []int{1, 2, 3}
a = a[:copy(a, a[1:])]     //删除开头 1 个元素
a = a[:copy(a, a[N:])]     //删除开头 N 个元素
```

### 2. 从中间位置删除

对于删除中间的元素，需要对剩余的元素进行一次整体的移动，同样可以用 append()函数或 copy()函数原地完成，例如：

```
a = []int{1, 2, 3,···}
a = append(a[:i], a[i+1:]···)     //删除中间 1 个元素
a = append(a[:i], a[i+N:]···)     //删除中间 N 个元素
a = a[:i+copy(a[i:], a[i+1:])]    //删除中间 1 个元素
a = a[:i+copy(a[i:], a[i+N:])]    //删除中间 N 个元素
```

### 3. 从尾部删除

```
a = []int{1, 2, 3}
a = a[:len(a)-1]                  //删除尾部 1 个元素
```

```
a = a[:len(a)-N]                    //删除尾部 N 个元素
```

删除开头的元素和删除尾部的元素都可以认为是删除中间元素操作的特殊情况。

例如：删除切片指定位置的元素，代码如下：

```
package main
import "fmt"
func main() {
    seq := []string{"a", "b", "c", "d", "e"}
    //指定删除位置
    index := 2
    //查看删除位置之前的元素和之后的元素
    fmt.Println(seq[:index], seq[index+1:])
    //将删除点前后的元素连接起来
    seq = append(seq[:index], seq[index+1:]…)
    fmt.Println(seq)
}
```

运行结果如图 5-7 所示。

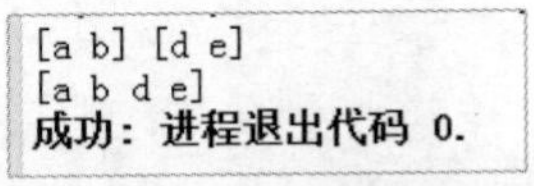

```
[a b] [d e]
[a b d e]
成功：进程退出代码 0.
```

图 5-7  删除任意位置的元素

在以上代码中：

第 4 行，声明一个整型切片，保存含有从 a 到 e 的字符串。

第 6 行，使用 index 变量保存需要删除的元素位置。

第 8 行，seq[:index]表示的就是被删除元素的前半部分，值为[1 2]，seq[index+1:]表示的是被删除元素的后半部分，值为[4 5]。

第 10 行，使用 append()函数将两个切片连接起来。

第 11 行，输出连接好的新切片，此时，索引为 2 的元素已经被删除。

**注意**：Go 语言中删除切片元素的本质是，以被删除元素为分界点，将前后两个部分的内存重新连接起来。

# 5.3  映射

映射（map）是一种特殊的数据结构，用于存储一系列无序的键值对，映射基于键来存储数据。映射功能强大的地方是，能够基于键快速检索数据。键就像索引一样，指向与该键关联的值。与 C++、Java 中的映射的不同之处在于，Go 语言使用映射不需要引入任何库，而 C++、Java 需要先引用相应的库，因此，Go 语言的映射使用起来更加方便。

## 5.3.1  创建映射

map 是引用类型，其语法格式如下：

```
var mapname map[keytype]valuetype
```

（1）mapname 为 map 的变量名。

（2）keytype 为键类型。

（3）valuetype 为键对应的值类型。

**注意**：[keytype]和 valuetype 之间允许有空格。

在声明映射时不需要知道 map 的长度，因为 map 是可以动态增长的，未初始化的 map 的值是 nil，使用函数 len()可以获取 map 中键值对的数目。

在 Go 语言中，最常用的创建并初始化映射的方法有两种：

（1）使用内置的 make()函数创建映射。

（2）使用字面量创建映射。

```
//创建一个映射,键的类型是string,值的类型是int
dict := make(map[string]int)
//创建一个映射,键和值的类型都是string
//使用两个键值对初始化映射
dict := map[string]string{ "red": "#da1337","orange": "#e95a22"}
```

使用映射字面量是更常用的方法，映射的初始长度会根据初始化时指定的键值对的数量来确定。

映射的键可以是任何值，这个值的类型并不限制，内置的类型或者结构类型都可以，不过需要确定这个值可以使用 "==" 运算符做比较。需要注意的是，切片、函数及包含切片的结构类型由于具有引用语义，均不能作为映射的键，使用这些类型会造成编译错误，例如：

```
//创建一个映射,使用字符串切片作为映射的键
dict := map[[]string]int{}
```

这种写法编译器容易报错：

```
Compiler Exception:
invalid map key type []string
```

可以使用切片作为映射的值：

```
//创建一个映射,使用字符串切片作为值
dict := map[int][]string {}
```

## 5.3.2  映射的遍历

map 的遍历过程可以通过使用 for range 循环来完成，例如：

```
scene := make(map[string]int)
scene["route"] = 66
scene["brazil"] = 4
scene["china"] = 960
for k, v := range scene {
    fmt.Println(k, v)
}
```

遍历对于 Go 语言的很多对象来说都是差不多的，直接使用 for range 语法即可，遍历时，可以同时获得键和值，如只遍历值，可以使用下面的形式：

```
for _, v := range scene {
```

将不需要的键修改为匿名变量的形式即可。

只遍历键时，使用下面的形式：

```
for k := range scene {
```

此时无须将值修改为匿名变量的形式。

如果需要特定顺序的遍历结果，正确的做法是先排序，例如：

```
scene := make(map[string]int)
//准备 map 数据
scene["route"] = 66
scene["brazil"] = 4
scene["china"] = 960
//声明一个切片保存 map 数据
var sceneList []string
//将 map 数据遍历复制到切片中
for k := range scene {
    sceneList = append(sceneList, k)
}
//对切片进行排序
sort.Strings(sceneList)
//输出
fmt.Println(sceneList)
```

输出结果如下：

```
[brazil china route]
```

在以上代码中：

第 1 行，创建一个 map 实例，键为字符串，值为整型。

第 3～5 行，将 3 个键值对写入 map 中。

第 7 行，声明 sceneList 为字符串切片，以缓冲和排序 map 中的所有元素。

第 9 行，将 map 中元素的键遍历出来，并放入切片中。

第 13 行，对 sceneList 字符串切片进行排序，排序时，sceneList 会被修改。

第 15 行，输出排好序的 map 的键。

sort.Strings 的作用是对传入的字符串切片进行字符串字符的升序排列。

### 5.3.3　map 元素的删除和清空

Go 语言提供了一个内置函数 delete()，用于删除容器内的元素。

使用 delete()内置函数从 map 中删除一组键值对，delete()函数的语法格式如下：

```
delete(map, 键)
```

（1）map 为要删除的 map 实例。

（2）键为要删除的 map 中键值对的键。

例如，从 map 中删除一组键值对的代码如下：

```
package main
import "fmt"
func main() {
  scene := make(map[string]int)
  //准备 map 数据
  scene["route"] = 66
  scene["brazil"] = 4
  scene["china"] = 960
  delete(scene, "brazil")
  for k, v := range scene {
      fmt.Println(k, v)
  }
}
```

运行结果如图 5-8 所示。

```
route 66
china 960
成功：进程退出代码 0.
```

**图 5-8　map 元素的删除**

从结果中可以看出，使用 delete()函数将 brazil scene 从 map 中删除了。

Go 语言中并没有为 map 提供任何清空所有元素的函数、方法，清空 map 的唯一办法就是重新使用 make() 函数构建一个新的 map，不用担心垃圾回收的效率，这是因为 Go 语言中的并行垃圾回收效率比写一个清空函数要高效得多。

总结一下映射的特性：

（1）map 的单个键值访问格式为 mapName[key]，更新某个 key 的值时 mapName[key]放到等号左边，访问某个 key 的值时 mapName[key]放在等号右边。

（2）可以使用 range 遍历一个 map 类型变量，但是不保证每次迭代元素的顺序。

（3）删除 map 中的某个键值，语法如下：

```
delete(mapName,key)
```

delete 是内置函数，用来删除 map 中的某个键值对。

（4）可以使用内置的 len()函数返回 map 中的键值对数量。

（5）Go 内置的 map 不是并发安全的，并发安全的 map 可以使用标准包 sync 中的 map。

（6）不能直接修改 map value 内某个元素的值，如果想修改 map 的某个键值，则必须整体赋值。

# 5.4　列表

列表是一种非连续的存储容器，由多个节点组成，节点通过一些变量记录彼此之间的关系，列表有多种实现方法，如单链表、双链表等。

在 Go 语言中，列表使用 container/list 包来实现，内部的实现原理是双链表，列表能够高效地进行任意位置的元素插入和删除操作。

## 5.4.1　初始化列表

list 的初始化有两种方法，分别是使用 New()函数和 var 关键字声明。两种方法的初始化效果是相同的。

（1）通过 container/list 包的 New()函数初始化 list，语法格式如下：

```
变量名 := list.New()
```

（2）通过 var 关键字声明初始化 list，语法格式如下：

```
var 变量名 list.List
```

列表与切片和 map 不同的是，列表并没有具体元素类型的限制，因此，列表的元素可以是任意类型，这既带来了便利，也引来一些问题，例如，给列表中放入了一个 interface{}类型的值，取出值后，如果要将 interface{}转换为其他类型，将会发生宕机。

## 5.4.2　在列表中插入元素

双链表支持从队列前方或后方插入元素，对应的方法分别是 PushFront() 和 PushBack()。

这两种方法都会返回一个 *list.Element 结构，如果需要删除插入的元素，则只能通过 *list.Element 配合 Remove() 方法进行删除，这种方法可以让删除更加高效，同时也是双链表的特性之一。

例如，给 list 列表添加元素的代码如下：

```
l := list.New()
l.PushBack("fist")
l.PushFront(67)
```

在以上代码中：

第 1 行，创建一个列表实例。

第 2 行，将 fist 字符串插入到列表的尾部，此时列表是空的，插入后只有一个元素。

第 3 行，将数值 67 放入列表，此时，列表中已经存在 fist 元素，67 这个元素将被放在 fist 的前面。

列表插入元素的方法如表 5-1 所示。

表 5-1　列表插入元素的方法

| 方　　法 | 功　　能 |
| --- | --- |
| InsertAfter(v interface {}, mark * Element) * Element | 在 mark 点之后插入元素，mark 点由其他插入函数提供 |
| InsertBefore(v interface {}, mark * Element) *Element | 在 mark 点之前插入元素，mark 点由其他插入函数提供 |
| PushBackList(other *List) | 添加 other 列表元素到尾部 |
| PushFrontList(other *List) | 添加 other 列表元素到头部 |

## 5.4.3　从列表中删除元素

列表插入函数的返回值会提供一个 *list.Element 结构，这个结构记录着列表元素的值及与其他节点之间的关系等信息，从列表中删除元素时，需要用到这个结构进行快速删除。

例如，列表操作元素的代码如下：

```
package main
import "container/list"
func main() {
    l := list.New()
    //尾部添加
    l.PushBack("canon")
    //头部添加
    l.PushFront(67)
    //尾部添加后保存元素句柄
    element := l.PushBack("fist")
    //在 fist 之后添加 high
    l.InsertAfter("high", element)
    //在 fist 之前添加 noon
    l.InsertBefore("noon", element)
    //使用
    l.Remove(element)
}
```

在以上代码中：

第 4 行，创建列表实例。

第 6 行，将字符串 canon 插入到列表的尾部。

第 8 行，将数值 67 添加到列表的头部。

第 10 行，将字符串 fist 插入到列表的尾部，并将这个元素的内部结构保存到 element 变量中。

第 12 行，使用 element 变量，在 element 后面插入 high 字符串。

第 14 行，使用 element 变量，在 element 前面插入 noon 字符串。

第 16 行，移除 element 变量对应的元素。

列表元素的操作过程如图 5-2 所示。

表 5-2　列表元素的操作过程

| 操 作 内 容 | 列 表 元 素 |
| --- | --- |
| l.PushBack("canon") | canon |
| l.PushFront(67) | 67, canon |
| element := l.PushBack("fist") | 67, canon, fist |
| l.InsertAfter("high", element) | 67, canon, fist, high |
| l.InsertBefore("noon", element) | 67, canon, noon, fist, high |
| l.Remove(element) | 67, canon, noon, high |

## 5.4.4　列表的遍历

遍历双链表需要配合 Front()函数获取头元素，遍历时只要元素不为空就可以继续进行，每次遍历都会调用元素的 Next()函数，例如：

```
l := list.New()
//尾部添加
l.PushBack("canon")
//头部添加
l.PushFront(67)
for i := l.Front(); i != nil; i = i.Next() {
    fmt.Println(i.Value)
}
```

运行结果如下：

```
67
canon
```

在以上代码中：

第 1 行，创建一个列表实例。

第 3 行，将 canon 放入列表尾部。

第 5 行，在队列头部放入 67。

第 6 行，使用 for 语句进行遍历，其中 i:=l.Front()表示初始赋值，只会在一开始执行一次，每次循环会进行一次 i != nil 语句判断，如果返回 false，表示退出循环，反之则会执行 i = i.Next()。

第 7 行，使用遍历返回的*list.Element 的 Value 成员取得放入列表时的原值。

# 5.5　就业面试技巧与解析

本章主要介绍了 Go 语言常用的复合数据类型，包括数组、切片、映射、列表，其中数组是构造切片和映射的基石。通过对本章内容的学习，读者可以学习到：

（1）Go 语言中切片用来处理数据的集合，映射用来处理具有键值对结构的数据。

（2）内置函数 make() 可以创建切片和映射，并指定原始的长度和容量。也可以直接使用切片和映射字面量，或者使用字面量作为变量的初始值。切片有容量限制，不过可以使用内置的 append() 函数扩展容量。映射的增长没有容量或者任何限制。

（3）内置函数 len() 可以用来获取切片或者映射的长度，内置函数 cap() 只能用于切片，通过组合，可以创建多维数组和多维切片，也可以使用切片或者其他映射作为映射的值，但是切片不能用作映射的键。将切片或者映射传递给函数的成本很小，并且不会复制底层的数据结构。

## 5.5.1　面试技巧与解析（一）

**面试官**：Go 语言中数组与切片有什么区别？

**应聘者**：

### 1. 数组

（1）数组是具有固定长度且拥有零个或多个相同数据类型元素的序列。

（2）数组的长度是数组类型的一部分，所以，[3]int 和[4]int 是两种不同的数组类型。

（3）数组需要指定大小，不指定也会根据初始化自动推算出大小，不可改变。

（4）数组是值传递。

（5）数组是内置(build-in)类型，是一组同类型数据的集合，它是值类型，通过从 0 开始的下标索引访问元素值。在初始化后长度是固定的，无法修改其长度。当作为方法的参数传入时将复制一份数组而不是引用同一指针。数组的长度也是其类型的一部分，通过内置函数 len(array) 获取其长度。

（6）数组定义如下：

```
var array [10]int
var array = [5]int{1,2,3,4,5}
```

### 2. 切片

（1）切片表示一个拥有相同类型元素的可变长度的序列。

（2）切片是一种轻量级的数据结构，它有 3 个属性：指针、长度和容量。

（3）切片不需要指定大小。

（4）切片是地址传递。

（5）切片可以通过数组来初始化，也可以通过内置函数 make() 初始化。初始化时 len=cap，在追加元素时，如果容量 cap 不足，将按 len 的 2 倍进行扩容。

（6）切片的定义格式如下：

```
var slice []type = make([]type, len)
```

## 5.5.2　面试技巧与解析（二）

**面试官**：Go 语言中切片的扩容机制是什么？

**应聘者：**

如果切片的容量小于 1024 个元素，那么扩容时 slice 的 cap 就在当前容量的基础上翻一番，乘以 2；一旦元素的个数超过 1024 个，增长因子就变成 1.25，即每次增加当前容量的 1/4。

如果扩容之后，还没有触及原数组的容量，那么，切片中的指针指向的位置，就还是原数组。如果扩容之后，超过了原数组的容量，那么，Go 语言就会开辟一块新的内存，把原来的值复制过来，这种情况丝毫不会影响原数组。

（1）当向切片中添加数据时，如果没有超过容量，则直接添加；如果超过容量，则自动扩容（成倍增长）。

（2）当超过容量时，切片指向的就不再是原来的数组，而是在内存地址中开辟了一个新的数组。

# 第6章

# Go 语言函数

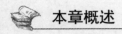 **本章概述**

几乎所有的高级语言都支持函数或类似函数的编程结构。函数是程序执行的一个基本语法结构，Go 语言的很多特性是基于函数实现的。

我们已经认识了 main()函数，main()函数是程序的入口，由于 Go 语言是编译型语言，所以，函数编写的顺序是无关紧要的，但为了可读性，通常把 main()函数写在文件的前面，其他函数按照一定逻辑顺序进行编写（函数被调用的顺序、函数的用途等）即可。

**知识导读**

本章要点（已掌握的在方框中打钩）：
☐ 函数的定义及声明。
☐ 匿名函数。
☐ 在列表中插入或删除元素。
☐ 闭包。
☐ 宕机与宕机恢复。
☐ 错误和异常。

## 6.1　认识函数

Go 语言的标准库提供了许多种内置的函数。例如，len()函数可以接收不同类型的参数并返回该类型的长度。如果传入的是字符串，则返回字符串的长度；如果传入的是数组，则返回数组中包含的元素个数。下面介绍一下函数。

### 6.1.1　函数的声明

函数是组织好的、可重复使用的、用来实现单一或相关联功能的代码段，它可以提高应用的模块性和代码的重复利用率。

函数是 Go 语言程序源代码的基本构造单位，一个函数的定义包括以下几个部分：

（1）函数声明关键字 func。

（2）函数名。

（3）参数列表。

（4）返回参数列表。

（5）函数体。

函数名遵循标识符的命名规则，首字母的大小写决定该函数在其他包的可见性：大写时其他包可见，小写时只有相同的包可以访问；函数的参数和返回值需要使用"()"，如果只有一个返回值，而且使用的是非命名的参数，则返回参数的"()"可以省略。函数体使用"{}"，并且"{"必须位于函数返回值同行的行尾。

Go 语言函数声明的语法格式如下：

```
func 函数名 (参数列表) (返回参数列表) {
    函数体
}
```

（1）func：函数由 func 开始声明。

（2）函数名：由字母、数字、下画线组成。其中，函数名的第一个字母不能为数字，在同一个包内，函数名称不能重复。

（3）参数列表：一个参数由参数变量和参数类型组成，参数列表中的变量作为函数的局部变量而存在。

（4）返回参数列表：可以是返回值类型列表，也可以是类似参数列表中变量名和类型名的组合。函数在声明有返回值时，必须在函数体中使用 return 语句提供返回值列表。如果函数返回一个无名变量或者没有返回值，返回参数列表的括号是可以省略的。

（5）函数体：能够被重复调用的代码片段。

例如：

```
func main() {
    sum := add(1,2)
    fmt.Println(sum)
}
func add(a,b int) int {
    return a+b
}
```

以上代码中定义了 add()函数，它的函数声明是 func add(a,b int) int，直接定义在一个包之下，main()函数可以直接调用 add()函数。

声明一个在外部定义的函数只需给出函数名与函数签名即可，不需要写出完整的函数体，例如：

```
func hello(str,num int)  //外部实现
```

函数同样可以通过声明的方式作为一个函数类型被使用，例如：

```
type addNum func (int, int)int
```

此处不需要函数体"{}"，因为函数在 Go 语言中属于一等值（frst-class value），函数也可以赋值给变量，如 add := addNum，由于变量指向了 addNum 函数的签名，所以，不能再给它赋一个具有不同签名的函数值。

不过函数值（functions value）之间倒是可以相互比较的，例如，它们引用的是相同的函数或者返回值都是 nil，则可以认为它们是相同的函数。函数不能在其他函数中声明，也就是不能嵌套（匿名函数除外）。

函数的特点可以总结为以下几点：

（1）函数可以没有输入参数，也可以没有返回值（默认为 0）。

（2）多个相邻的相同类型的参数可以使用简写模式，例如：

```
func add(a int,b int) int {
    return a+b
}
```

简写为

```
func add(a,b int) int {
    return a+b
}
```

（3）支持有名的返回值，参数名相当于函数体内最外层的局部变量，命名返回值变量会被初始化为类型零值，最后的 return 可以不带参数名直接返回。

（4）不支持默认值参数。

（5）不支持函数重载。

（6）不支持函数嵌套，严格来说是不支持命名函数的嵌套，但支持嵌套匿名函数。

## 6.1.2　函数的调用

函数在声明后，可以通过调用的方式，让当前代码跳转到被调用的函数中执行，调用前的函数局部变量都会被保存起来不会丢失，被调用的函数运行结束后，恢复到调用函数的下一行继续执行代码，之前的局部变量也能继续访问。

函数内的局部变量只能在函数体中使用，函数调用结束后，这些局部变量都会被释放并且失效。

Go 语言函数调用的语法格式如下：

```
返回值变量列表 = 函数名(参数列表)
```

（1）函数名：需要调用的函数名。

（2）参数列表：参数变量以逗号分隔，尾部无须以分号结尾。

（3）返回值变量列表：多个返回值使用逗号分隔。

当创建函数时，定义了函数需要做什么，通常需要调用该函数来执行指定任务。例如，调用函数，向函数传递参数，并返回值。

```
package main
import "fmt"
func main() {
    /*定义局部变量*/
    var a int = 100
    var b int = 200
    var ret int
    /*调用函数并返回最大值*/
    ret = max(a, b)
    fmt.Printf( "最大值是 : %d\n", ret )
}
/*函数返回两个数的最大值*/
func max(num1, num2 int) int {
    /*定义局部变量*/
    var result int
    if (num1 > num2) {
        result = num1
    } else {
        result = num2
    }
```

```
    return result
}
```

以上代码中，在 main()函数中调用了 max()函数，运行结果如下：

```
最大值是 : 200
```

## 6.1.3　函数的参数

函数可以有一个或多个参数，每个参数后面都带有类型，通过 "," 符号分隔。如果参数列表中若干个相邻参数的类型相同，则可以在参数列表中省略前面变量的类型声明，例如：

```
func add(a,b int) (ret int, err error) {
}
```

如果返回值列表中多个返回值的类型相同，也可以使用同样的方式合并。如果函数只有一个返回值，可以写成如下形式：

```
func add(a,b int) int {
}
```

函数如果使用参数，该变量可称为函数的形参。形参就像定义在函数体内的局部变量。

调用函数，可以通过两种方式来传递参数：值传递、引用传递。

### 1．值传递

值传递是指在调用函数时将实际参数复制传递到函数中，这样在函数中如果对参数进行修改，将不会影响实际参数。

默认情况下，Go 语言使用的是值传递，即在调用过程中不会影响实际参数。

定义 swap()函数：

```
/*定义相互交换值的函数*/
func swap(x, y int) int {
  var temp int
  temp = x    /*保存 x 的值*/
  x = y       /*将 y 值赋给 x*/
  y = temp    /*将 temp 值赋给 y*/
  return temp;
}
```

接着使用值传递来调用 swap()函数：

```
package main
import "fmt"
func main() {
  /*定义局部变量*/
  var a int = 100
  var b int = 200
  fmt.Printf("交换前 a 的值为 : %d\n", a )
  fmt.Printf("交换前 b 的值为 : %d\n", b )
  /*通过调用函数来交换值*/
  swap(a, b)
  fmt.Printf("交换后 a 的值 : %d\n", a )
  fmt.Printf("交换后 b 的值 : %d\n", b )
}
/*定义相互交换值的函数*/
func swap(x, y int) int {
  var temp int
  temp = x    /*保存 x 的值*/
  x = y       /*将 y 值赋给 x*/
  y = temp    /*将 temp 值赋给 y*/
```

```
    return temp;
}
```

运行结果如图 6-1 所示。

```
交换前 a 的值为 : 100
交换前 b 的值为 : 200
交换后 a 的值 : 100
交换后 b 的值 : 200
成功：进程退出代码 0.
```

图 6-1　值传递

在以上代码中，使用的是值传递，所以，两个值并没有实现交互，可以使用引用传递来实现交换效果。

### 2. 引用传递

引用传递是指在调用函数时将实际参数的地址传递到函数中，那么在函数中对参数所进行的修改，将影响实际参数。

引用传递指针参数传递到函数内，例如，交换函数 swap() 使用引用传递：

```
/*定义交换值函数*/
func swap(x *int, y *int) {
   var temp int
   temp = *x        /*保持 x 地址上的值*/
   *x = *y          /*将 y 值赋给 x*/
   *y = temp        /*将 temp 值赋给 y*/
}
```

通过使用引用传递来调用 swap() 函数：

```
package main
import "fmt"
func main() {
   /*定义局部变量*/
   var a int = 100
   var b int = 200
   fmt.Printf("交换前,a 的值 : %d\n", a)
   fmt.Printf("交换前,b 的值 : %d\n", b)
   /*调用 swap() 函数
   * &a 指向 a 指针,a 变量的地址
   * &b 指向 b 指针,b 变量的地址
   */
   swap(&a, &b)
   fmt.Printf("交换后,a 的值 : %d\n", a)
   fmt.Printf("交换后,b 的值 : %d\n", b)
}
func swap(x *int, y *int) {
   var temp int
   temp = *x        /*保存 x 地址上的值*/
   *x = *y          /*将 y 值赋给 x*/
   *y = temp        /*将 temp 值赋给 y*/
}
```

运行结果如图 6-2 所示。

```
交换前, a 的值 : 100
交换前, b 的值 : 200
交换后, a 的值 : 200
交换后, b 的值 : 100
成功：进程退出代码 0.
```

图 6-2　引用传递

## 6.1.4　函数的返回值

　　Go 语言支持多返回值，多返回值能方便地获得函数执行后的多个返回参数。Go 语言经常使用多返回值中的最后一个返回参数返回函数执行中可能发生的错误，例如：

```
conn, err := connectToNetwork()
```

connectToNetwork 返回两个参数，conn 表示连接对象，err 表示返回的错误信息。

　　Go 语言既支持安全指针，也支持多返回值，因此在使用函数进行逻辑编写时更为方便。

### 1. 同一种类型返回值

　　如果返回值是同一种类型，则用括号将多个返回值类型括起来，用逗号分隔每个返回值的类型。

　　使用 return 语句返回时，值列表的顺序需要与函数声明的返回值类型一致，例如：

```
func typedTwoValues() (int, int) {
    return 1, 2
}
func main() {
    a, b := typedTwoValues()
    fmt.Println(a, b)
}
```

　　运行结果如下：

```
1 2
```

　　纯类型的返回值对于代码可读性不是很友好，特别是在同类型的返回值出现时，无法区分每个返回参数的意义。

### 2. 带有变量名的返回值

　　Go 语言支持对返回值进行命名，这样返回值就和参数一样拥有参数变量名和类型。

　　命名的返回值变量的默认值为类型的默认值，即数值为 0，字符串为空字符串，布尔值为 false，指针为 nil。

　　在以下代码中，函数拥有两个整型返回值，函数声明时将返回值命名为 a 和 b，因此，可以在函数体中直接对函数返回值进行赋值，在命名的返回值方式的函数体中，在函数结束前需要显式地使用 return 语句进行返回。

```
func namedRetValues() (a, b int) {
    a = 1
    b = 2
    return
}
```

　　在以上代码中：

　　第 1 行，对两个整型返回值进行命名，分别为 a 和 b。

　　第 2 行和第 3 行，命名返回值的变量与这个函数的布局变量的效果一致，可以对返回值进行赋值和值获取。

　　第 4 行，当函数使用命名返回值时，可以在 return 中不填写返回值列表，如果填写也是可行的，下面代码的执行效果和上面代码的效果一样。

```
func namedRetValues() (a, b int) {
    a = 1
    return a, 2
}
```

　　需要注意的是,同一种类型返回值和命名返回值两种形式只能二选一，混用时将会发生编译错误，

例如：

```
func namedRetValues() (a, b int, int)
```

编译器报错提示：

```
mixed named and unnamed function parameters
```

即在函数参数中混合使用了命名和非命名参数。

**注意**：如果只有一个返回值且不声明返回值变量，那么可以省略返回值（包括返回值的括号都可以不写）。如果没有返回值，那么就直接省略最后的返回信息，什么都不用写；如果有返回值，那么必须在函数的最后添加 return 语句。

# 6.2　函数类型和匿名函数

Go 语言支持匿名函数，即在需要使用函数时再定义函数，匿名函数没有函数名，只有函数体，函数可以作为一种类型被赋值给函数类型的变量。匿名函数也往往以变量的方式被传递。

## 6.2.1　函数类型

函数类型又称函数签名，一个函数的类型就是函数定义首行去掉函数名、参数名和 "{"，可以使用 fmt.Printf 的 "%T" 格式化参数打印函数的类型，例如：

```
package main
import "fmt"
func add(a, b int) int {
    return a + b
}
func main() {
    fmt.Printf("%T\n", add)
}
```

两个函数类型相同的条件如下：拥有相同的形参列表和返回值列表（列表元素的次序、个数和类型都相同），形参名可以不同。例如：

```
func add(a, b int) int {
    return a + b
}
```

和

```
func sub(x int, y int) (c int) {
    c=x-y;
    return c
}
```

以上两个函数的函数类型是完全一样的。

另外，还可以使用 type 定义函数类型，函数类型变量可以作为函数的参数或返回值。例如：

```
package main
import "fmt"
func add(a, b int) int {
    return a + b
}
func sub(a, b int) int {
    return a - b
```

```
type Op func(int, int) int        //定义一个函数类型,输入的是两个 int 类型,返回值是一个 int 类型
func do(f Op, a, b int) int {     //定义一个函数,第一个参数是函数类型 Op
    return f(a, b)                //函数类型变量可以直接用来进行函数调用
}
func main() {
    a := do(add, 1, 2)           //函数名 add 可以当作相同函数类型形参,不需要强制类型转换
    fmt.Println(a)
    s := do(sub, 1, 2)
    fmt.Println(s)
}
```

函数类型和 map()、slice()一样,实际函数类型变量和函数名都可以当作指针变量,该指针指向函数代码的开始位置。通常说函数类型变量是一种引用类型,未初始化的函数类型的变量的默认值是 nil。

Go 语言中有名函数的函数名可以看作函数类型的常量,可以直接使用函数名调用函数,也可以直接赋值给函数类型变量,后续通过该变量来调用该函数。例如:

```
package main
func sum(a, b int) int {
    return a + b
}
func main() {
    sum(3, 4)                    //直接调用
    f := sum                     //有名函数可以直接赋值给变量
    f(1, 2)
}
```

## 6.2.2　匿名函数

匿名函数是指不需要定义函数名的一种函数实现方式,由一个不带函数名的函数声明和函数体组成。定义匿名函数的语法格式如下:

```
func(参数列表)(返回参数列表){
    函数体
}
```

匿名函数的定义就是没有字的普通函数定义。

(1) 在定义时调用匿名函数。匿名函数可以在声明后调用,例如:

```
func(data int) {
    fmt.Println("hello", data)
}(100)
```

第 3 行 "}" 后的(100),表示对匿名函数进行调用,传递参数为 100。

(2) 将匿名函数赋值给变量。匿名函数可以被赋值,例如:

```
//将匿名函数体保存到 f()中
f := func(data int) {
    fmt.Println("hello", data)
}
//使用 f()调用
f(100)
```

匿名函数本身就是一种值,可以方便地保存在各种容器中,实现回调函数和操作的封装。

(1) 匿名函数用作回调函数。例如:实现对切片的遍历操作,遍历中访问每个元素的操作使用匿名函数来实现,用户传入不同的匿名函数体,可以实现对元素不同的遍历操作。

```
package main
import (
```

```
        "fmt"
)
//遍历切片的每个元素，通过给定函数进行元素访问
func visit(list []int, f func(int)) {
    for _, v := range list {
        f(v)
    }
}
func main() {
    //使用匿名函数打印切片内容
    visit([]int{1, 2, 3, 4}, func(v int) {
        fmt.Println(v)
    })
}
```

在以上代码中：

第 6 行，使用 visit()函数将整个遍历过程进行封装，当要获取遍历期间的切片值时，只需要给 visit()传入一个回调参数即可。

第 13 行，准备一个整型切片[]int{1,2,3,4}，传入 visit() 函数作为遍历的数据。

第 14、15 行，定义了一个匿名函数，作用是将遍历的每个值打印出来。

（2）使用匿名函数实现操作封装。例如：将匿名函数作为 map 的键值，通过命令行参数动态调用匿名函数。

```
package main
import (
    "flag"
    "fmt"
)
var skillParam = flag.String("skill", "", "skill to perform")
func main() {
    flag.Parse()
    var skill = map[string]func(){
        "fire": func() {
            fmt.Println("chicken fire")
        },
        "run": func() {
            fmt.Println("soldier run")
        },
        "fly": func() {
            fmt.Println("angel fly")
        },
    }
    if f, ok := skill[*skillParam]; ok {
        f()
    } else {
        fmt.Println("skill not found")
    }
}
```

在以上代码中：

第 6 行，定义命令行参数 skill，从命令行输入--skill，可以将=后的字符串传入 skillParam 指针变量。

第 8 行，解析命令行参数，解析完成后，skillParam 指针变量将指向命令行传入的值。

第 9 行，定义一个从字符串映射到 func()的 map，然后填充这个 map。

第 10～18 行，初始化 map 的键值对，值为匿名函数。

第 20 行，skillParam 是一个*string 类型的指针变量，使用*skillParam 获取命令行传过来的值，并在 map 中查找对应命令行参数指定的字符串的函数。

第 23 行，如果在 map 定义中存在这个参数就调用，否则打印"skill not found"。

匿名函数可以看作函数字面量，所有直接使用函数类型变量的地方都可以由匿名函数代替。匿名函数可以直接赋值给函数变量，可以当作实参，也可以作为返回值，还可以直接被调用，例如：

```go
package main
import (
    "fmt"
)
//匿名函数被直接赋值函数变量
var sum = func(a, b int) int {
    return a + b
}
func doinput(f func(int, int) int, a, b int) int {
    return f(a, b)
}
//匿名函数作为返回值
func wrap(op string) func(int, int) int {
    switch op {
    case "add":
        return func(a, b int) int {
            return a + b
        }
    case "sub":
        return func(a, b int) int {
            return a + b
        }
    default:
        return nil
    }
}
func main() {
    //匿名函数直接被调用
    defer func() {
        if err := recover(); err != nil {
            fmt.Println(err)
        }
    }()
    sum(1, 2)
    //匿名函数作为实参
    doinput(func(x, y int) int {
        return x + y
    }, 1, 2)
    opFunc := wrap("add")
    re := opFunc(2, 3)
    fmt.Printf("%d\n", re)
}
```

## 6.3 函数类型实现接口

函数和其他类型一样，其他类型能够实现接口，函数也可以实现接口。这里先简单说明一下，结构体和接口的具体内容在后面章节将会重点讲解。

### 6.3.1 结构体实现接口

结构体实现 Invoker 接口。

```go
//结构体类型
type Struct struct {
```

```
}
//实现 Invoker 的 Call
func (s *Struct) Call(p interface{}) {
    fmt.Println("from struct", p)
}
```

在以上代码中：

第 2 行，定义结构体，该例子中的结构体无须任何成员，主要展示实现 Invoker 的方法。

第 5 行，Call()为结构体的方法，该方法的功能是打印 from struct 和传入的 interface{}类型的值。

将定义的 Struct 类型实例化，并传入接口中进行调用。

```
//声明接口变量
var invoker Invoker
//实例化结构体
s := new(Struct)
//将实例化的结构体赋值到接口
invoker = s
//使用接口调用实例化结构体的方法 Struct.Call
invoker.Call("hello")
```

在以上代码中：

第 2 行，声明 Invoker 类型的变量。

第 4 行，使用 new 将结构体实例化，此行也可以写为 s:=&Struct。

第 6 行，s 类型为*Struct，已经实现了 Invoker 接口类型，因此赋值给 invoker 时是成功的。

第 8 行，通过接口的 Call()方法，传入 hello，此时将调用 Struct 结构体的 Call()方法。

## 6.3.2　函数体实现接口

函数的声明不能直接实现接口，需要将函数定义为类型后，使用类型实现结构体，当类型方法被调用时，还需要调用函数本体，例如：

```
//函数定义为类型
type FuncCaller func(interface{})
//实现 Invoker 的 Call
func (f FuncCaller) Call(p interface{}) {
    //调用 f()函数本体
    f(p)
}
```

在以上代码中：

第 2 行，将 func(interface{})定义为 FuncCaller 类型。

第 4 行，FuncCaller 的 Call()方法将实现 Invoker 的 Call()方法。

第 6 行，FuncCaller 的 Call()方法被调用与 func(interface{})无关，还需要手动调用函数本体。

在以上代码中只是定义了函数类型，需要函数本身进行逻辑处理，FuncCaller 无须被实例化，只需要将函数转换为 FuncCaller 类型即可，函数来源可以是命名函数、匿名函数或闭包，例如：

```
//声明接口变量
var invoker Invoker
//将匿名函数转为 FuncCaller 类型，再赋值给接口
invoker = FuncCaller(func(v interface{}) {
    fmt.Println("from function", v)
})
//使用接口调用 FuncCaller.Call，内部会调用函数本体
invoker.Call("hello")
```

在以上代码中：

第 2 行，声明接口变量。

第 4 行，将 func(v interface{}){}匿名函数转换为 FuncCaller 类型，此时 FuncCaller 类型实现了 Invoker 的 Call()方法，赋值给 invoker 接口是成功的。

第 8 行，使用接口方法调用。

# 6.4　defer

在前面的章节已经简单了解了延迟语句（defer）的声明语法和特点，下面接着学习 defer 语句的使用方法。

## 6.4.1　defer 的用途

在进行 I/O 操作时，如果遇到错误，需要提前返回，而返回之前应该关闭相应的资源，否则容易造成资源泄露等问题，这时就需要使用 defer 语句来解决这些问题。

使用 defer 语句打开资源，不仅减少了代码的书写量，而且使程序变得更加简洁，例如：

```
func ReadWrite() bool{
   file.Open("file")
   defer file.Close()   //打开和关闭写在一块,方便管理
   if aFailure {
      return false
   } else if bFailure {
      return false
   }
   return false
}
```

在 defer 后指定的函数会在函数退出前调用。如果多次调用 defer，那么 defer 采用后进先出的模式，例如：

```
package main
import (
  "fmt"
)
func main() {
   for i := 0; i < 5; i++ {
      defer fmt.Printf("%d\n", i)
   }
}
```

运行结果如图 6-3 所示。

```
4
3
2
1
0
成功: 进程退出代码 0.
```

图 6-3　后进先出

defer 的使用可以总结为以下几点：

（1）defer 后面必须是函数或方法的调用，不能是语句，否则编译器会提示"expression in defer must be function call"错误。

（2）defer 函数的实参在注册时通过值复制传递。

（3）defer 语句必须先注册后才能执行，如果 defer 位于 return 之后，则 defer 因为没有注册，不会执行。

（4）在主动调用 os.Exit(int)退出进程时，defer 将不再被执行。

（5）defer 的好处是可以在一定程度上避免资源泄露，特别是在有很多 return 语句，有多个资源需要关闭的场景中，很容易漏掉资源的关闭操作。

（6）使用 defer 改写后，在打开资源无报错后直接调用 defer 关闭资源，养成这样的编程习惯后，就很难忘记资源的释放。

（7）defer 语句的位置不当有可能导致 panic，一般 defer 语句放在错误检查语句之后。

（8）defer 也有明显的副作用：defer 会推迟资源的释放，defer 尽量不要放到循环语句中，而应将大函数内部的 defer 语句单独拆分成一个小函数。

（9）defer 中最好不要对有名的返回值参数进行操作，否则也会出现错误。

### 6.4.2　执行顺序

多个 defer 语句的执行顺序为"逆序"，defer、return、返回值三者的执行逻辑如下：defer 最先执行一些收尾工作；然后 return 执行，return 负责将结果写入返回值中；最后函数携带当前返回值退出。也就是说，先被 defer 的语句最后被执行，最后被 defer 的语句，最先被执行，例如：

```
package main
import (
    "fmt"
)
func main() {
    fmt.Println("defer begin")
    //将 defer 放入延迟调用栈
    defer fmt.Println(0)
    defer fmt.Println(1)
    //最后一个放入，位于栈顶，最先调用
    defer fmt.Println(2)
    fmt.Println("defer end")
}
```

运行结果如图 6-4 所示。

从以上代码中可以看出：

（1）代码的延迟顺序与最终的执行顺序是反向的。

（2）延迟调用在 defer 所在的函数结束时进行，函数结束可以是正常返回时，也可以是发生宕机时。

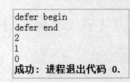

```
defer begin
defer end
2
1
0
成功：进程退出代码 0.
```

图 6-4　多个 defer 语句的处理顺序

## 6.5　闭包

匿名函数可以被称为闭包。简单来说，闭包允许调用定义在其他环境下的变量，可使得某个函数捕捉到一些外部状态，如函数被创建时的状态。用专业的语言表述就是：一个闭包继承了函数声明时的作用域。作用域内的变量会共享到闭包的环境中，因此，这些变量可以在闭包中被操作，直到被销毁。闭包经常被用作包装函数，预先定义好一个或多个参数以用于包装，另一种常见的应用就是使用包来完成更加简洁的错误检查。

## 6.5.1 什么是闭包

闭包是由函数及其相关引用环境组合而成的实体，一般通过在匿名函数中引用外部函数的局部变量或包全局变量构成。

闭包=函数+引用环境

闭包对闭包外的环境引入是直接引用，编译器检测到闭包，会将闭包引用的外部变量分配到堆上。

如果函数返回的闭包引用了该函数的局部变量（参数或函数内部变量）：

（1）多次调用该函数，返回的多个闭包所引用的外部变量是多个副本，原因是每次调用函数都会为局部变量分配内存。

（2）用一个闭包函数多次，如果该闭包修改了其引用的外部变量，则每一次调用该闭包对该外部变量都有影响，因为闭包函数共享外部引用。

闭包最初的目的是减少全局变量，在函数调用的过程中隐式地传递共享变量，有其有用的一面；但是这种隐秘的共享变量的方式带来的坏处是不够直接，不够清晰，除非是非常有价值的地方，否则一般不建议使用闭包。

对象是附有行为的数据，而闭包是附有数据的行为，类在定义时已经显式地集中定义了行为，但是闭包中的数据没有显式地集中声明的地方，这种数据和行为耦合的模型不是一种推荐的编程模型，闭包仅仅是锦上添花的东西，不是不可缺少的。

## 6.5.2 在闭包内部修改引用的变量

闭包对它作用域上部的变量可以进行修改，修改引用的变量会对变量进行实际修改，例如：

```go
package main
import (
    "fmt"
)
func main() {
    //准备一个字符串
    str := "Apple"
    //创建一个匿名函数
    foo := func() {
        //匿名函数中访问 str
        str = "Orange"
    }
    //调用匿名函数
    foo()
    fmt.Println(str)
}
```

在以上代码中：

第 7 行，准备一个字符串，用于修改。

第 9 行，创建一个匿名函数。

第 11 行，在匿名函数中并没有定义 str，str 的定义在匿名函数之前，此时，str 就被引用到了匿名函数中，形成了闭包。

第 14 行，执行闭包，此时 str 发生修改，变为 Orange。

运行结果如下：

```
Orange
```

如果一个函数调用返回的闭包引用修改了全局变量，则每次调用都会影响全局变量。

　　如果函数返回的闭包引用的是全局变量，则多次调用该函数返回的多个闭包引用的都是同一个全局变量。同理，调用一个闭包多次引用的也是同一个全局变量。此时如果闭包中修改了全局变量值的逻辑，则每次闭包调用都会影响全局变量的值。使用闭包是为了减少全局变量，所以，闭包引用全局变量不是好的编程方式。

# 6.6　宕机与宕机恢复

　　本节主要介绍两个内置函数——panic()和 recover()，这两个内置函数可以用来处理 Go 程序运行时发生的错误。panic()函数用于主动抛出错误，recover()函数用于捕获 panic()抛出的错误。

## 6.6.1　宕机（panic）

　　Go 语言的类型系统会在编译时捕获很多错误，但有些错误只能在运行时检查，如数组访问越界、空指针引用等，这些运行时错误会引起宕机。

　　一般而言，当宕机发生时，程序会中断运行，并立即执行在该 goroutine（线程）中被延迟的函数（defer 机制），随后，程序崩溃并输出日志信息。日志信息包括 panic value 和函数调用的堆栈跟踪信息，panic value 通常是某种错误信息。

　　引发宕机有如下两种情况：

　　（1）程序主动调用 panic()函数。

　　（2）程序产生运行时错误，由运行时检测并抛出。

　　发生 panic 后，程序会从调用 panic 的函数位置或发生 panic 的地方立即返回，逐层向上执行函数的 defer 语句，然后逐层打印函数调用堆栈，直到被 recover 捕获或运行到最外层函数而退出。

　　panic 的参数是一个空接口类型 interface{}，所以，任意类型的变量都可以传递给 panic。调用 panic 的方法非常简单，即 panic (xxx)。

　　panic 不但可以在函数正常流程中抛出，在 defer 逻辑中也可以再次调用 panic 或抛出 panic。defer 中的 panic 能够被后续执行的 defer 捕获。

　　Go 语言可以在程序中手动触发宕机，让程序崩溃，这样开发者可以及时发现错误，同时减少可能的损失。

　　Go 语言程序在宕机时，会将堆栈和 goroutine 信息输出到控制台，所以，宕机也可以方便地确定发生错误的位置，那么要如何触发宕机呢？例如：

```
package main
func main() {
    panic("crash")
}
```

　　以上代码运行崩溃，如图 6-5 所示。

```
panic: crash

goroutine 1 [running]:
main.main()
        C:/Users/Administrator/go/src/hello/main.go:4 +0x27
错误: 进程退出代码 2.
```

图 6-5　触发宕机

　　在以上代码中，只使用了一个内置的函数 panic()就可以造成崩溃，panic()函数的声明如下：

```
func panic(v interface{})     //panic()的参数可以是任意类型
```

当 panic()触发的宕机发生时，panic()后面的代码将不会被运行，但是在 panic()函数前面已经运行过的 defer 语句依然会在宕机发生时发生作用，例如：

```
package main
import "fmt"
func main() {
    defer fmt.Println("宕机后要做的事情1")
    defer fmt.Println("宕机后要做的事情2")
    panic("宕机")
}
```

在以上代码中：

第 4 行和第 5 行使用 defer 语句延迟了两个语句。

第 6 行发生宕机。

运行结果如图 6-6 所示。

```
宕机后要做的事情2
宕机后要做的事情1
panic: 宕机

goroutine 1 [running]:
main.main()
        C:/Users/Administrator/go/src/hello/main.go:8 +0xac
错误：进程退出代码 2.
```

**图 6-6　宕机时触发延迟执行语句**

宕机前，defer 语句会被优先执行，由于第 5 行的 defer 后执行，因此在宕机前，这个 defer 会优先处理，随后才是第 4 行的 defer 对应的语句，这个特性可以用来在宕机发生前进行宕机信息处理。

## 6.6.2　宕机恢复（recover）

无论代码运行错误是由 Runtime 层抛出的 panic 崩溃，还是主动触发的 panic 崩溃，都可以配合 defer 和 recover 实现错误的捕捉和恢复，让代码发生崩溃后允许继续运行。

recover()函数用来捕获 panic，阻止 panic 继续向上传递。recover()函数可以和 defer 语句一起使用，但 recover()函数只有在 defer 后面的函数体内被直接调用才能捕获 panic 终止异常，否则会返回 nil，异常继续向外传递。

可以有连续多个 panic 被抛出，连续多个被抛出的场景只能出现在延迟调用中。虽然有多个 panic 被抛出，但是只有最后一次的 panic 才能被捕获，例如：

```
package main
import "fmt"
func main() {
  defer func() {
      if err := recover(); err != nil {
          fmt.Println(err)
      }
  }()
  //只有最后一次的panic调用能够被捕获
  defer func() {
      panic("first defer panic")
  }()
  defer func() {
      panic("second defer panic")
  }()
  panic("main body panic")
}
```

运行结果如图 6-7 所示。

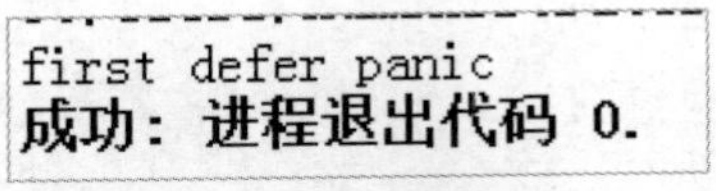

```
first defer panic
成功：进程退出代码 0.
```

图 6-7　捕获最后一次异常

包中 init()函数引发的 panic 只能在 init()函数中捕获，在 main()函数中无法被捕获，这是因为 init()函数优先于 main()函数执行。函数并不能捕获内部新启动的 goroutine 所抛出的 panic，例如：

```go
package main
import (
  "fmt"
  "time"
)
func do() {
  //这里并不能捕获 da 函数中的 panic
  defer func() {
     if err := recover(); err != nil {
       fmt.Println(err)
     }
  }()
  go da()
  go db()
  time.Sleep(3 * time.Second)
}
func da() {
  panic("panic da")
  for i := 0; i < 10; i++ {
     fmt.Println(i)
  }
}
func db() {
  for i := 0; i < 10; i++ {
     fmt.Println(i)
  }
}
```

panic 和 recover 的关系如下：

（1）有 panic 没 recover，程序宕机。

（2）有 panic 也有 recover，程序不会宕机，执行完对应的 defer 语句后，从宕机点退出当前函数后继续执行。

# 6.7　错误与处理

Go 语言的错误处理思过程如下：

（1）一个可能造成错误的函数，需要返回值中返回一个错误接口，如果调用是成功的，错误接口将返回 nil，否则返回错误。

（2）在函数调用后需要检查错误，如果发生错误，则进行必要的错误处理。

## 6.7.1　错误接口

error 是 Go 语言系统声明的接口类型，语法格式如下：

```
type error interface {
    Error() string
}
```

所有符合 Error()string 格式的方法，都能实现错误接口，Error()方法返回错误的具体描述，使用者可以通过该字符串知道发生了什么错误。

Go 语言内置错误接口类型 error。任何类型只要实现 Error() string 方法，都可以传递 error 接口类型变量。Go 语言典型的错误处理方式是将 error 作为函数最后一个返回值。在调用函数时，通过检测其返回的 error 值是否为 nil 来进行错误处理。

## 6.7.2　自定义错误

返回错误前，需要定义会产生哪些可能的错误，在 Go 语言中，使用 errors 包进行错误的定义，格式如下：

```
var err = errors.New("this is an error")
```

错误字符串由于相对固定，一般在包作用域声明，应尽量减少在使用时直接使用 errors.New 返回。

### 1. errors 包

Go 语言的 errors 中对 New 的定义非常简单，例如：

```
//创建错误对象
func New(text string) error {
    return &errorString{text}
}
//错误字符串
type errorString struct {
    s string
}
//返回发生何种错误
func (e *errorString) Error() string {
    return e.s
}
```

在以上代码中：

第 2 行，将 errorString 结构体实例化，并赋值错误描述的成员。

第 6 行，声明 errorString 结构体，拥有一个成员，描述错误内容。

第 10 行，实现 error 接口的 Error()方法，该方法返回成员中的错误描述。

### 2. 在代码中使用错误定义

例如：定义一个除法函数，当除数为 0 时，返回一个预定义的除数为 0 的错误。

```
package main
import (
    "errors"
    "fmt"
)
//定义除数为 0 的错误
var errDivisionByZero = errors.New("division by zero")
func div(dividend, divisor int) (int, error) {
    //判断除数为 0 的情况并返回
    if divisor == 0 {
```

```
        return 0, errDivisionByZero
    }
    //正常计算,返回空错误
    return dividend / divisor, nil
}
func main() {
    fmt.Println(div(1, 0))
```

运行结果如图 6-8 所示。

```
0 division by zero
成功: 进程退出代码 0.
```

**图 6-8　错误定义**

在以上代码中：

第 7 行，预定义除数为 0 的错误。

第 8 行，声明除法函数，输入被除数和除数，返回商和错误。

第 10 行，在除法计算中，如果除数为 0，计算结果为无穷大，为了避免这种情况，对除数进行判断，并返回商为 0 和除数 0 的错误对象。

第 14 行，进行正常的除法计算，没有发生错误时，错误对象返回 nil。

自定义错误的处理方法如下：

（1）在多个返回值的函数中，error 通常作为函数最后一个返回值。

（2）如果一个函数返回 error 类型变量，则先用 if 语句处理 error!= nil 的异常场景，正常逻辑放到 if 语句块的后面，保持代码平坦。

（3）defer 语句应该放到 error 判断的后面，不然有可能产生 panic。

（4）在错误逐级向上传递的过程中，错误信息应该不断丰富和完善，而不是简单地抛出下层调用的错误。

### 6.7.3　错误和异常

从广义上来说，错误是指发生非期望的行为；从狭义上来说，错误是指发生非期望的已知行为，这里的已知是指错误的类型是预料并定义好的。

异常是指发生非期待的未知行为。这里的未知是指错误的类型不在预先定义的范围内。异常又被称为未捕获的错误（untrapped error）。程序在执行时发生未预先定义的错误，程序编译器和运行时都没有及时将其捕获处理，而是由操作系统进行异常处理。

错误的分类如图 6-9 所示。

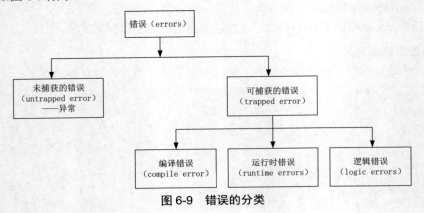

**图 6-9　错误的分类**

在 Go 语言中对于错误提供了两种处理机制：

（1）通过函数返回错误类型的值来处理错误。

（2）通过 panic 打印程序调用栈，终止程序执行来处理错误。

对错误的处理也有两种方法，一种是通过返回一个错误类型值来处理错误，另一种是直接调用 panic 抛出错误，退出程序。

Go 是静态强类型语言，程序的大部分错误是可以在编译器检测到的，但是有些错误行为需要在运行期才能检测出来。此种错误行为将导致程序异常退出。其表现出的行为就和直接调用 panic 一样：打印出函数调用栈信息，并且终止程序执行。

在实际的编程中，error 和 panic 的使用应该遵循以下原则：

（1）程序发生的错误导致程序不能容错继续执行，此时程序应该主动调用 panic 或由运行时抛出 panic。

（2）程序虽然发生错误，但是程序能够容错继续执行，此时应该使用错误返回值的方式处理错误，或者在可能发生运行时错误的非关键分支上使用 recover 捕获 panic。

# 6.8　就业面试技巧与解析

本章主要介绍了 Go 语言的函数，包括数函数的声明、调用、匿名函数、使用函数实现接口等基础知识，另外还详细讲解了什么是闭包、宕机与宕机恢复，以及错误和异常处理等重点内容。通过本章的学习，相信读者已经能够写出比较简单完整的 Go 语言程序了。学习需要由简到难，循序渐进，并逐渐积累，学会总结，这样才能为之后的 Go 语言程序的开发打下坚实的基础。

## 6.8.1　面试技巧与解析（一）

**面试官**：init()函数是什么时候开始执行的？

**应聘者**：

init()函数是 Go 程序初始化的一部分。Go 程序初始化优先于 main()函数，由 runtime 初始化每个导入的包，初始化顺序不是按照从上到下的导入顺序，而是按照解析的依赖关系，没有依赖的包最先初始化。

每个包首先初始化包作用域的常量和变量（常量优先于变量），然后执行包的 init()函数。同一个包，甚至是同一个源文件可以有多个 init()函数。init()函数没有入参和返回值，不能被其他函数调用，同一个包内多个 init()函数的执行顺序不做保证，例如：

```
package main
import "fmt"
func init() {
    fmt.Println("init1:", a)
}
func init() {
    fmt.Println("init2:", a)
}
var a = 10
const b = 100
func main() {
    fmt.Println("main:", a)
}
```

运行结果如下：

```
init1: 10
init2: 10
```

```
main: 10
```

## 6.8.2　面试技巧与解析（二）

**面试官**：什么情况下会主动调用 panic() 函数抛出 panic?

**应聘者**：

一般有两种情况：

（1）程序遇到了无法正常执行下去的错误，主动调用 panic() 函数结束程序运行。

（2）在调试程序时，通过主动调用 panic() 函数实现快速退出，panic 打印出的堆栈能够更快地定位错误。

为了保证程序的健壮性，需要主动在程序的分支流程上使用 recover() 函数拦截运行时的错误。

Go 提供了两种处理错误的方式，一种是借助 panic 和 recover 的抛出捕获机制，另一种是使用 error 错误类型。

# 第 7 章
## 结构体与方法

 **本章概述**

在前面的章节中已经多次使用了自定义的类型,这种自定义的类型是由Go语言的类型别名(alias types)和结构体组合而成的。结构体也属于复合类型,通常使用一个带属性的结构体来表示现实中的实体。

一个自定义类型由系列属性组成,每个属性有自己的类型和值。结构体的目的就是把数据聚集在一起,以便能够更加便捷地操作这些数据,在外部来看就像是一个实体。但结构体依旧是值类型,因此可以通过new()函数来创建。

 **知识导读**

本章要点(已掌握的在方框中打钩):
- ☐ 定义结构体。
- ☐ 初始化结构体的成员变量。
- ☐ 方法的声明。
- ☐ 为结构体和类型添加方法。
- ☐ 命名类型和未命名类型。
- ☐ 类型的强制转换。

## 7.1　结构体

Go 语言通过用自定义的方式形成新的类型,结构体是类型中带有成员的复合类型。Go 语言使用结构体和结构体成员来描述现实的实体和实体所对应的各种属性。

Go 语言中的类型可以被实例化,使用 new 或&构造的实例类型是类型的指针。

结构体成员是由一系列成员变量构成的,这些成员变量也被称为"字段"。字段有以下特性:

(1)字段拥有自己的类型和值。

(2)字段名必须唯一。

(3)字段的类型也可以是结构体,甚至是字段所在结构体的类型。

## 7.1.1 结构体的定义

结构体是由一系列具有相同类型或不同类型的数据构成的数据集合。

使用关键字 type 可以将各种基本类型定义为自定义类型，基本类型包括整型、字符串、布尔等。结构体是一种复合的基本类型，通过 type 定义为自定义类型后，使结构体更便于使用。

结构体定义的语法格式如下：

```
type 类型名 struct {
    字段 1 字段 1 类型
    字段 2 字段 2 类型
    ...
}
```

（1）类型名：标识自定义结构体的名称，在同一个包内不能重复。

（2）struct{}：表示结构体类型，type 类型名 struct{}可以理解为将 struct{}结构体定义为类型名的类型。

（3）字段 1、字段 2……：表示结构体的字段名。组成结构体类型的那些数据统称为字段。每个字段都有一个类型和一个名字；在一个结构体中，字段名必须是唯一的。

（4）字段 1 类型、字段 2 类型……：表示结构体字段的类型。

另外，如果语法写成 type T struct {a,b int}也是合法的，它更适用于简单的结构体。

结构体中的字段都有名字，如 field1、field2 等，如果字段在代码中从来不会被用到，那可以命名为_（空标识符）。

结构体的字段可以是任意类型，包括结构体本身，甚至可以是函数或者接口。声明结构体类型的一个变量，并给它的字段赋值，例如：

```
var S T
s.a= 5
s.b= 8
```

数组可以看作一种结构体类型，不过它通常使用下标而不是有名字的字段。

使用结构体可以表示一个包含 X 和 Y 整型分量的点结构，例如：

```
type Point struct {
    X int
    Y int
}
```

同类型的变量也可以写在一行，颜色的红、绿、蓝 3 个分量可以使用 byte 类型表示，定义的颜色结构体如下：

```
type Color struct {
    R, G, B byte
}
```

定义一个新的结构体：

```
package main
import "fmt"
type Books struct {
    title   string
    author  string
    subject string
    book_id int
}
func main() {
    //创建一个新的结构体
    fmt.Println(Books{"Go 语言", "张老师", "Go 语言教程", 01})
    //也可以使用 key => value 格式
```

```
fmt.Println(Books{title: "Java", author: "王老师", subject: "Java 教程", book_id: 02})
//忽略的字段为 0 或 空
fmt.Println(Books{title: "C 语言", author: "李老师"})
}
```

运行结果如图 7-1 所示。

```
{Go 语言 张老师 Go 语言教程 1}
{Java 王老师 Java教程 2}
{C语言 李老师　0}
成功：进程退出代码 0.
```

**图 7-1　定义新的结构体**

## 7.1.2　创建结构体

结构体的定义是一种对内存布局的描述，只有当结构体真正被创建后，才会真正地分配内存，因此，必须在定义并创建结构体后才能使用结构体的字段。

Go 语言可以通过多种方式来创建结构体，根据实际需要可以选用不同的写法。

### 1. 基本的创建形式

结构体本身是一种类型，可以像整型、字符串等类型一样，以 var 的方式声明结构体即可完成创建。

创建结构体的语法格式如下：

```
var ins T
```

（1）T 为结构体类型。

（2）ins 为结构体的实例。

用结构体表示的点结构（**Point**）的实例化过程如下：

```
type Point struct {
    X int
    Y int
}
var p Point
p.X = 10
p.Y = 20
```

在以上代码中，使用“.”来访问结构体的成员变量，如 p.X 和 p.Y 等，结构体成员变量的赋值方法与普通变量一致。

### 2. 使用 new()函数创建指针类型的结构体

Go 语言中，还可以使用 new 关键字对类型（包括结构体、整型、浮点数、字符串等）进行实例化，结构体在实例化后会形成指针类型的结构体。

使用 new()函数创建结构体的语法格式如下：

```
ins := new(T)
```

（1）T 为类型，可以是结构体、整型、字符串等。

（2）ins：T 类型被实例化后保存到 ins 变量中，ins 的类型为*T，属于指针。

同样，使用 new()函数创建指针类型的结构体时，也可以使用“.”来访问结构体指针的成员。

例如，定义一个名为 myStruct 的结构体，使用 new()函数实例化结构体后，对成员变量进行赋值，代码如下：

```
package main
import "fmt"
type myStruct struct {
    i1 int
```

```
      f1  float32
      str string
}
func main() {
    ms := new(myStruct)
    ms.i1 = 10
    ms.f1 = 15.5
    ms.str = "Google"
    fmt.Printf("int: %d\n", ms.i1)
    fmt.Printf("float: %f\n", ms.f1)
    fmt.Printf("string: %s\n", ms.str)
    fmt.Println(ms)
}
```

运行结果如图 7-2 所示。

```
int: 10
float: 15.500000
string: Google
&{10 15.5 Google}
成功: 进程退出代码 0.
```

图 7-2  使用 new()函数实例化结构体

### 3. 结构体地址的实例化操作

在 Go 语言中，对结构体进行"&"取地址操作时，视为对该类型进行一次 new 的实例化操作。取地址格式如下：

```
ins := &T{}
```

（1）T 表示结构体类型。

（2）ins 为结构体的实例，类型为*T，是指针类型。

例如，使用结构体定义一个命令行指令（Command），指令中包含名称、变量关联和注释等，对 Command 进行指针地址的实例化，并完成赋值过程，代码如下：

```
type Command struct {
    Name    string      //指令名称
    Var     *int        //指令绑定的变量
    Comment string      //指令的注释
}
var version int = 1
cmd := &Command{}
cmd.Name = "version"
cmd.Var = &version
cmd.Comment = "show version"
```

在以上代码中：

第 1 行，定义 Command 结构体，表示命令行指令。

第 3 行，命令绑定的变量，使用整型指针绑定一个指针，指令的值可以与绑定的值随时保持同步。

第 6 行，命令绑定的目标整型变量：版本号。

第 7 行，对结构体取地址实例化。

第 8~10 行，初始化成员字段。

取地址实例化是最广泛的一种结构体实例化方式，可以使用函数封装上面的初始化过程，例如：

```
func newCommand(name string, varref *int, comment string) *Command {
    return &Command{
        Name:    name,
        Var:     varref,
        Comment: comment,
    }
```

```
}
cmd = newCommand(
    "version",
    &version,
    "show version",
)
```

## 7.1.3　结构体的使用

### 1. 递归结构体

结构体类型可以通过引用自身来定义，因此，可以用来定义链表或二叉树的元素，此时节点包含指向邻近节点的链接（地址）。

例如，data 字段用于存放有效数据，su 指针指向后续节点。

```
type Node struct{
    data float64
    su *Node
}
```

链表中的第一个元素称为 head，它指向第二个元素；最后一个元素称为 tail，它没有后继元素，所以它的 su 值为 nil。

同样还可以定义一个双向链表，它有一个前驱节点 pr 和一个后继节点 su：

```
type Node struct{
    pr *Node
    data float64
    su *Node
}
```

二叉树中每个节点最多能链接至两个节点：左节点（le）和右节点（ri），这两个节点本身又可以有左右节点，以此类推。树的顶层节点称为根节点（root），底层没有子节点的节点称为叶子节点（leaves），叶子节点的左和右指针为 nil 值。在 Go 语言中可以如下定义二叉树：

```
type Tree struct{
    le *Tree
    data float64
    ri *Tree
}
```

### 2. 结构体的转换

当给结构体定义一个别名（alias）类型时，该结构体类型与别名（alias）类型的底层类型都是一样的，可以直接转换，不过需要注意其中由非法赋值或转换引起的编译错误，例如：

```
package main
import "fmt"
type number struct {
    f float32
}
type nr number //类型别名
func main() {
    a := number{5.0}
    b := nr{5.0}
    //var i float32 = b
    //编译错误返回:
    //compile-error:cannot use b (type nr) as type float32 in assigment
    //var i float32 (b)
    //编译错误返回:
    //compile-error:cannot convert b (type nr) to type float32
```

```
//var c number =b
//编译错误返回:
//compile-error:cannot use b (type nr) as type number in assigment
//此处需要转换
var c = number(b)
fmt.Println(a, b, c)
}
```

运行结果如下：

```
{5} {5} {5}
```

### 3. 结构体参数的传输

结构体类型可以像其他数据类型一样作为参数传递给函数，并以访问成员变量的方式访问结构体变量，有形式参数传输和指针参数传输两种方式，例如：

```
package main
import "fmt"
type Employee struct {
    ID      int
    Name    string
    Address string
    Phone   string
}
func main() {
    var employee Employee
    employee.ID = 10001
    employee.Name = "Lisa"
    employee.Address = "***"
    employee.Phone = "1234556"
    fmt.Printf("形式传参之前,employee ID : %d\n", employee.ID)
    operateEmployee1(employee)
    fmt.Printf("形式传参之后,employee ID : %d\n", employee.ID)
    fmt.Printf("指针传参之前,employee ID : %d\n", employee.ID)
    operateEmployee2(&employee)
    fmt.Printf("指针传参之后,employee ID : %d\n", employee.ID)
}
//形式传参
func operateEmployee1(employee Employee) {
    employee.ID = 10010
}
//指针传参
func operateEmployee2(employee *Employee) {
    employee.ID = 10010
}
```

运行结果如图 7-3 所示。

```
形式传参之前, employee ID : 10001
形式传参之后, employee ID : 10001
指针传参之前, employee ID : 10001
指针传参之后, employee ID : 10010
成功：进程退出代码 0.
```

**图 7-3　传输参数**

从运行结果中可以看出，形式参数中 employee 只传递了一个副本到另一个函数中，函数中操作的是副本，对 employee 没有任何影响；而在指针参数中 employee 传递的是地址，函数中的操作会影响 employee。

## 7.1.4　成员变量的初始化

结构体在实例化时可以直接对成员变量进行初始化，初始化有两种形式，分别是以字段"键值对"形式和多个值的列表形式，键值对形式的初始化适合选择性填充字段较多的结构体，多个值的列表形式适合填充字段较少的结构体。

### 1. 使用"键值对"初始化结构体

结构体可以使用"键值对"初始化字段，每个"键"（Key）对应结构体中的一个字段，键的"值"（Value）对应字段需要初始化的值。

键值对的填充是可选的，不需要初始化的字段可以不写入初始化列表中。

结构体实例化后字段的默认值是字段类型的默认值，例如，数值为 0、字符串为""（空字符串）、布尔为 false、指针为 nil 等。

（1）键值对初始化的语法格式如下：

```
ins := 结构体类型名{
    字段1: 字段1的值,
    字段2: 字段2的值,
    ...
}
```

①结构体类型：定义结构体时的类型名称。

②字段 1、字段 2：结构体成员的字段名，结构体类型名的字段初始化列表中，字段名只能出现一次。

③字段 1 的值、字段 2 的值：结构体成员字段的初始值。

键值之间以 ":" 分隔，键值对之间以 "," 分隔。

（2）使用键值对填充结构体，例如：

```
type People struct {
    name  string
    child *People
}
relation := &People{
    name: "爷爷",
    child: &People{
        name: "爸爸",
        child: &People{
            name: "我",
        },
    },
}
```

在以上代码中：

第 1 行，定义 People 结构体。

第 2 行，结构体的字符串字段。

第 3 行，结构体的结构体指针字段，类型是*People。

第 5 行，relation 由 People 类型取地址后，形成类型为*People 的实例。

第 7 行，child 在初始化时，需要*People 类型的值，使用取地址初始化一个 People。

### 2. 使用多个值列表初始化结构体

Go 语言可以在"键值对"初始化的基础上忽略"键"，也就是说，可以使用多个值的列表初始化结构体的字段。

（1）多个值使用逗号分隔初始化结构体，例如：

```
ins := 结构体类型名{
    字段1的值,
    字段2的值,
    ...
}
```

使用这种格式初始化时，需要注意：

①必须初始化结构体的所有字段。

②每一个初始值的填充顺序必须与字段在结构体中的声明顺序一致。

③键值对与值列表的初始化形式不能混用。

（2）多个值列表初始化结构体，例如：

```
package main
import "fmt"
func main() {
    type Address struct {
        Province    string
        City        string
        ZipCode     int
        PhoneNumber string
    }
    addr := Address{
        "河南",
        "郑州",
        410000,
        "123",
    }
    fmt.Println(addr)
}
```

运行结果如下：

```
{河南 郑州 410000 123}
```

## 7.1.5　匿名字段和内嵌结构体

结构体可以包含一个或多个匿名（或内嵌）字段，即这些字段没有显式的名字，只有字段的类型是必需的，此时类型就是字段的名字。匿名字段本身可以是一个结构体类型，即结构体可以包含内嵌结构体。

### 1. 匿名字段

匿名结构体没有类型名称，无须通过 type 关键字定义就可以直接使用。

（1）匿名结构体定义格式。匿名结构体的初始化写法由结构体定义和键值对初始化两部分组成，结构体定义时没有结构体类型名，只有字段和类型定义，键值对初始化部分由可选的多个键值对组成，格式如下：

```
ins := struct {
    //匿名结构体字段定义
    字段 1 字段类型 1
    字段 2 字段类型 2
    ...
}{
    //字段值初始化
    初始化字段 1: 字段 1 的值,
    初始化字段 2: 字段 2 的值,
    ...
}
```

①字段 1、字段 2……：结构体定义的字段名。

②初始化字段 1、初始化字段 2……：结构体初始化时的字段名，可选择性地对字段初始化。

③字段类型 1、字段类型 2……：结构体定义字段的类型。

④字段1的值、字段2的值……：结构体初始化字段的初始值。

键值对初始化部分是可选的，不初始化成员时，匿名结构体的格式变为：

```
ins := struct {
    字段1 字段类型1
    字段2 字段类型2
    ...
}
```

（2）使用匿名结构体。使用匿名结构体的方式定义和初始化一个消息结构，这个消息结构具有消息标示部分（ID）和数据部分（data），打印消息内容的 printMsg() 函数在接收匿名结构体时需要在参数上重新定义匿名结构体，代码如下：

```
package main
import (
    "fmt"
)
//打印消息类型，传入匿名结构体
func printMsgType(msg *struct {
    id   int
    data string
}) {
    //使用动词%T打印msg的类型
    fmt.Printf("%T\n", msg)
}
func main() {
    //实例化一个匿名结构体
    msg := &struct {  //定义部分
        id   int
        data string
    }{  //值初始化部分
        1024,
        "hello",
    }
    printMsgType(msg)
}
```

运行结果如下：

```
*struct { id int; data string }
```

在以上代码中：

第6行，定义 printMsgType()函数，参数为 msg，类型为*struct{id int data string}，因为类型没有使用 type 定义，所以需要在每次用到的地方进行定义。

第11行，使用字符串格式化中的%T动词，将 msg 的类型名打印出来。

第15行，对匿名结构体进行实例化，同时初始化成员。

第16和17行，定义匿名结构体的字段。

第19和20行，给匿名结构体字段赋予初始值。

第22行，将 msg 传入 printMsgType()函数中进行函数调用。

匿名结构体的类型名是结构体包含字段成员的详细描述，匿名结构体在使用时需要重新定义，造成大量重复的代码，因此开发中较少使用。

**2. 内嵌结构体**

结构体也是一种数据类型，所以它也可以作为一个匿名字段来使用。外层结构体通过 outer.in1 直接进入内层结构体的字段，内嵌结构体甚至可以来自其他包。内层结构体被简单插入或者内嵌进外层结构体。这个简单的"继承"机制提供了一种方式，使得可以从另外一个或一些类型继承部分或全部实现，例如：

```
package main
import "fmt"
type A struct {
    ax, ay int
}
type B struct {
    A
    bx, by float32
}
func main() {
    b := B{A{1, 2}, 3.0, 4.0}
    fmt.Println(b.ax, b.ay, b.bx, b.by)
    fmt.Println(b.A)
}
```

运行结果如下：

```
1 2 3 4
{1 2}
```

内嵌结构体的特点如下：

（1）内嵌的结构体可以直接访问其成员变量。嵌入结构体的成员，可以通过外部结构体的实例直接访问。如果结构体有多层嵌入结构体，结构体实例访问任意一级的嵌入结构体成员时都只用给出字段名，而无须像传统结构体字段一样，通过层层的结构体字段访问到最终的字段。例如，ins.a.b.c 的访问可以简化为 ins.c。

（2）内嵌结构体的字段名是它的类型名。内嵌结构体字段仍然可以使用详细的字段进行层层访问，内嵌结构体的字段名就是它的类型名，代码如下：

```
var c Color
c.BasicColor.R = 1
c.BasicColor.G = 1
c.BasicColor.B = 0
```

一个结构体只能嵌入一个同类型的成员，无须担心结构体重名和错误赋值的情况，编译器在发现可能的赋值歧义时会报错。

## 7.2 类型系统

类型系统是指一个语言的类型体系结构。类型系统描述的是这些内容在一个语言中如何被关联。Go 语言是一种静态类型的编程语言，这意味着，编译器需要在编译时知晓程序中每个值的类型。如果提前知道类型信息，编译器就可以确保程序合理地使用值，这有助于减少潜在的内存异常和 Bug，并且使编译器有机会对代码进行一些性能优化，提高执行效率。

值的类型给编译器提供两部分信息：第一部分，需要分配多少内存给这个值（即值的规模）；第二部分，这段内存表示什么。对于许多内置类型来说，规模和表示是类型名的一部分。例如，int64 类型的值需要 8B（64bit），表示一个整数值；float32 类型的值需要 4B（32bit），表示一个 IEEE-754 定义的二进制浮点数；bool 类型的值需要 1B（8bit），表示布尔值 true 或 false。

有些类型的内部表示与编译代码的机器的体系结构有关。例如，根据编译所在的机器的体系结构，一个 int 值的大小可能是 8B（64bit），也可能是 4B（32bit）。还有一些与体系结构相关的类型，如 Go 语言中的所有引用类型。好在创建和使用这些类型的值的时候，不需要了解这些与体系结构相关的信息。但是，如果编译器不知道这些信息，就无法阻止用户做一些导致程序受损甚至机器故障的事情。

## 7.2.1 命名类型和未命名类型

### 1. 命名类型

类型可以通过标识符来表示，这种类型称为命名类型。Go 语言的基本类型中有 20 个预声明简单类型都是命名类型，Go 语言还有一种命名类型——用户自定义类型。

### 2. 未命名类型

一个类型由预声明类型、关键字和操作符组合而成，这个类型称为未命名类型。未命名类型又称为类型字面量（Type Literal），本书中的未命名类型和类型字面量二者等价。

Go 语言的基本类型中的复合类型：数组（array）、切片（slice）、字典（map）、通道（channel）、指针（pointer）、函数字面量（function）、结构（struct）和接口（interface）都属于类型字面量，也都是未命名类型。

所以，\*int、[]int、 [2]int、map[k]v 都是未命名类型。

**注意**：前面所说的结构和接口是未命名类型，这里的结构和接口没有使用 type 格式定义。

```
package main
import " fmt"
//使用 type 声明的是命名类型
type Person struct {
    name string
    age int
}
func main (){
//使用 struct 字面量声明的是未命名类型
a := struct {
    name string
    age int
} { "andes", 18}
fmt. Printf ("%T\n", a)          //struct { name string; age int }
fmt. Printf ("%v\n",a)          //{andes 18}
    b := Person{"tom", 21}
    fmt. Printf("%T\n", b)       //main.Person
    fmt. printf("*v\n", b)       //{tom 21}
}
```

命名类型和未命名类型说明如下：

（1）未命名类型和类型字面量是等价的，通常所说的 Go 语言基本类型中的复合类型就是类型字面量，所以，未命名类型、类型字面量和 Go 语言基本类型中的复合类型三者等价。

（2）通常所说的 Go 语言基本类型中的简单类型就是预声明类型，它们都属于命名类型。

（3）预声明类型是命名类型的一种，另一类命名类型是自定义类型。

## 7.2.2 自定义类型

Go 语言允许用户定义类型。当用户声明一个新类型时，这个声明就给编译器提供了一个框架，告知必要的内存大小和表示信息。声明后的类型与内置类型的运作方式类似。Go 语言中声明用户定义的类型有两种方法，最常用的方法是使用关键字 struct，它可以让用户创建一个结构类型。

结构类型通过组合一系列固定且唯一的字段来声明，如下面代码所示。结构中每个字段都会用一个已知类型声明，这个已知类型可以是内置类型，也可以是其他用户定义的类型。

```
//user在程序里定义一个用户类型
type user struct {
    name string
    email string
    ext int
    privileged bool
}
```

在以上代码中，可以看到一个结构类型的声明，这个声明以关键字 type 开始，之后是新类型的名字，最后是关键字 struct。这个结构类型有 4 个字段，每个字段都基于一个内置类型。一旦声明了类型就可以使用这个类型创建值。

下面的代码展示了如何声明一个 user 类型的变量，并使用某个非零值作为初始值。首先给出一个变量名，之后是短变量声明操作符。这个操作符是冒号加一个等号（:=）。一个短变量声明操作符在一次操作中会完成两件事情：声明一个变量，并初始化。短变量声明操作符会使用右侧给出的类型信息作为声明变量的类型。

```
//声明user类型的变量,并初始化所有字段
lisa := user{
    name: "Tom",
    email: tom@example.com,
    ext: 123,
    privileged: true,
}
```

既然要创建并初始化一个结构类型，就使用结构字面量来完成这个初始化，如下面代码所示。结构字面量使用对大括号括住内部字段的初始值。

```
user{
    name: "Tom",
    email: "tom@example. com",
    ext: 123,
    privileged: true.
}
```

结构字面量可以对结构类型采用两种形式。上面代码中使用了第一种形式，这种形式在不同行中声明每个字段的名字及对应的值。字段名与值用冒号分隔。每一行以逗号结尾，这种形式对字段的声明顺序没有要求；第二种形式没有字段名，只声明对应的值，例如：

```
lisa := user{"Tom", "tom@example .com ", 123, true}
```

每个值也可以分别占一行，不过习惯上这种形式会写在一行，结尾不需要逗号。在这种形式下，值的顺序很重要，必须和结构声明中字段的顺序一致。当声明结构类型时，字段的类型并不限制在内置类型，也可以使用其他用户定义的类型，例如：

```
type admin struct {
    person user
    level string
}
```

这里展示一个名为 admin 的新结构类型。这个结构类型有一个名为 person 的 user 类型的字段，还声明了一个名为 level 的 string 字段。当创建具有 person 这种字段的结构类型的变量时，初始化用的结构字面量会有一些变化，例如：

```
//声明admin类型的变量
fred := admin{
```

```
    person: user{       //A
      name :
      "Tom",
      email :
      "tom@example. com",
      ext:
      123,
      privileged: true,
    },
      level: "super",
}
```

为了初始化 person 字段，需要创建一个 user 类型的值，上面代码 A 处就是在创建这个值，这行代码使用结构字面量的形式创建了一个 user 类型的值，并赋给了 person 字段。

另一种声明用户定义类型的方法是，基于一个已有的类型，将其作为新类型的类型说明。当需要一个可以用已有类型表示的新类型的时候，这种方法会非常好用。

标准库使用这种声明类型的方法，从内置类型创建出很多更加明确的类型，并赋予更高级的功能：

```
type Duration int64
```

上述代码是标准库的 time 包中的一个类型声明。Duration 是一种描述时间隔的类型，单位是纳秒（ns）。这个类型使用内置的 int64 类型作为其表示，在 Duration 类型的声明中，将 int64 类型称为 Duration 的基础类型。不过，虽然 int64 是基础类型，但 Go 语言并不认为 Duration 和 int64 是同一种类型，这两个类型是完全不同的、有区别的类型。

类型 int64 的值不能作为类型 Duration 的值来用。换句话说，虽然 int64 类型是基础类型，Duration 类型依然是一个独立的类型。两种不同类型的值即便互相兼容，也不能互相赋值，编译器不会对不同类型的值进行隐式转换。

## 7.2.3　类型的强制转换

由于 Go 语言是强类型的语言，如果不满足自动转换的条件，则必须进行强制类型转换。任意两个不相干的类型如果进行强制转换，则必须符合一定的规则。

强制类型的语法格式如下：

```
var a T=(T) (b)
```

使用括号将类型和要转换的变量或表达式的值括起来。

非常量类型的变量 x 可以强制转化并传递给类型 T，满足以下任一条件即可：

（1）x 可以直接赋值给 T 类型变量。

（2）x 的类型和 T 具有相同的底层类型。

例如：

```
package main
import (
   "fmt"
)
type Map map[ string] string
func (m Map) Print() {
   for _, key := range m {
       fmt. Println (key)
   }
}
type iMap Map
//只要底层类型是 slice、map 等支持 range 的类型字面量,新类型仍然可以使用 range 迭代
```

```
func (m iMap) Print() {
    for _, key := range m {
        fmt.Println (key)
    }
}
func main() {
    mp := make (map [string]string, 10)
    mp["hi"]= "tata"
    //mp 与 ma 有相同的底层类型 map [string]string,并且 mp 是未命名类型
    var ma Map = mp
    //im 与 ma 虽然有相同的底层类型,但是二者中没有一个是字面量类型,不能直接赋值,可以强制进行类型转换
    //var im iMap = ma
    var im iMap = (iMap) (ma)
    ma.Print ()
    im.Print()
}
```

（3）x 的类型和 T 都是未命名的指针关型，并且指针指向的类型具有相同的成员类型。

（4）x 的类型和 T 都是整型，或者都是浮点型。

（5）x 的类型和 T 都是复数类型。

（6）x 是整数值或[]byte 类型的值，T 是 string 类型。

（7）x 是一个字符串，T 是[]byte 或[]rune。

字符串和字节切片之间的转换最常见，例如：

```
s:= "hello,世界!"
var a []byte
a = []byte(s)
var b string
b = string(a)
var c [] rune
c= []rune (s)
fmt.Printf("%T\n", a)        //[]uint8 byte 是 int8 的别名
fmt.Printf ("%T\n", b)       //string
fmt.Printf("%T\n", c)        //[]int32 rune 是 int32 的别名
```

在使用类型的强制转换时，需要注意以下两点：

（1）数值类型和 string 类型之间的相互转换可能造成值部分丢失；其他的转换仅是类型的转换，不会造成值的改变。string 和数字之间的转换可使用标准库 strconv。

（2）Go 语言没有语言机制支持指针和 interger 之间的直接转换，可以使用标准库中的 unsafe 包进行处理。

# 7.3  方法

在 Go 语言中，Go 方法是作用在接收者（receiver）上的一个函数，接收者是某种类型的变量。所以，在 Go 语言中，方法是一种特殊类型的函数。

接收者可以是任意类型（接口、指针除外），包括结构体类型、函数类型，可以是 int、bool、string 或数组别名类型。接收者不能是一个接口类型，因为接口是一个抽象定义，但是方法却必须是具体的实现。

接收者也不能是一个指针类型，但需要注意的是它可以是任何其他允许类型的指针。一个类型加上它的方法就像面向对象中的一个类，不同的是，在 Go 语言中，类型的代码与它相关的方法代码可以存在于不同的源文件中，当然它们必须在同一个包中。

## 7.3.1  方法的声明

方法是函数，所以不允许方法的重载，对于一个类型只能有一个给定名称的方法。

方法声明的语法格式如下：

```
func (recv receiver_type) methodName(parameter_list) (return_value_list){…}
```

在方法名之前，func 关键字之后的括号中指定接收者。

如果 recv 是接收者的一个实例，Method1 是接收者类型的一个方法名，那么方法调用遵循传统的选择器符号：recv.Method1()。

如果 recv 是一个指针，Go 语言会自动解析该引用值，如果调用的方法不需要使用 recv 的值，可以用"_"符号替换，例如：

```
func (_receiver_type) methodName(parameter_list) (return_value_list){…}
```

recv 与面向对象语言中的 this 或 self 等类似，但 recv 并不是一个关键字，Go 语言中也没有 this 和 self 这两个关键字，所以，也可以使用 this 或 self 作为接收者的实例化的名字，例如：

```
package main
import "fmt"
type TwoInts struct {
  a int
  b int
}
func main() {
  two1 := new(TwoInts)
  two1.a = 5
  two1.b = 10
  fmt.Printf("和为: %d\n", two1.AddThem())
  fmt.Printf("将它们添加到参数: %d\n", two1.AddToParam(5))
  two2 := TwoInts{8, 5}
  fmt.Printf("和为: %d\n", two2.AddThem())
}
func (tn *TwoInts) AddThem() int {
  return tn.a + tn.b
}
func (tn *TwoInts) AddToParam(param int) int {
  return tn.a + tn.b + param
}
```

运行结果如下：

```
和为: 15
将它们添加到参数: 20
和为: 13
```

函数和方法的区别如下：

函数将变量作为参数：Function(recv)；方法在变量上被调用：recv.Method1()。

当接收者是指针时，方法可以改变接收者的值或状态，这一点函数也可以做到（当参数作为指针传递，即通过引用调用时，函数也可以改变参数的状态）。

接收者必须有一个显式的名字，这个名字必须在方法中被使用。receiver_type 称为"接收者类型"，这个类型必须在和方法同样的包中被声明。

在 Go 语言中，"接收者类型"对应的方法不应该写在类型结构中，就像面向对象语言的类那样，降低耦合性，类型和方法之间的关联由接收者来建立。方法与结构体没有混在一起，独立之后更容易维护，使他人更容易理解。

## 7.3.2　为结构体添加方法

### 1. 面向过程实现方法

面向过程中没有"方法"的概念，只能通过结构体和函数，由使用者使用函数参数和调用关系来形成接近"方法"的概念，例如：

```go
type Bag struct {
    i tems []int
}
//将一个物品放入背包的过程
func Insert (b *Bag,itemid int) {
    b. items = append (b. items, itemid)
}
func main () {
    bag := new (Bag)
    Insert (bag, 1001)
}
```

在以上代码中：

第 1 行，声明 Bag 结构，这个结构体包含一个整型切片类型的 items 的成员。

第 5 行，定义了 Insert()函数，这个函数拥有两个参数，第一个是背包指针（*Bag），第二个是物品 ID（itemid）。

第 6 行，用 append()将 itemid 添加到 Bag 的 items 成员中，模拟往背包添加物品的过程。

第 9 行，创建背包实例 bag。

第 10 行，调用 Insert()函数，第一个参数放入背包，第二个参数放入物品 ID。

Insert()函数将 Bag 参数放在第一位，强调 Insert 会操作*Bag 结构体。但实际使用中，并不是每个人都会习惯将操作对象放在首位。一定程度上让代码失去一些范式和描述性。同时，Insert()函数也与 Bag 没有任何归属概念。随着类似 Insert()的函数越来越多，面向过程的代码描述对象方法概念会越来越麻烦和难以理解。

### 2. Go 语言的结构体方法

使用 Go 语言的结构体为*Bag 创建一个方法，例如：

```go
type Bag struct {
    items [ ] int
}
func (b *Bag) Insert (itemid int) {
    b. items = append (b.items, itemid)
}
func main() {
    b := new (Bag)
    b. Insert (1001)
}
```

在以上代码中：

第 4 行，Insert(itemid int)的写法与函数一致。(b*Bag)表示接收器，即 Insert 作用的对象实例。

第 9 行，在 Insert()转换为方法后，就可以像其他语言一样，用面向对象的方法来调用 b 的 Insert。

## 7.3.3　为类型添加方法

在 Go 语言中，使用 type 关键字可以定义出新的自定义类型。之后就可以为自定义类型添加各种方法。一般习惯使用面向过程的方法判断一个值是否为 0，例如：

```go
if v == 0{
    //v 等于 0
}
```

如果将 v 当作整型对象，那么判断 v 值就可以增加一个 IsZero()方法，通过这个方法就可以判断 v 值是否为 0，例如：

```
if v.IsZero(){
    //v 等于 0
}
```

具体实现如下：

```
package main
import (
    "fmt"
)
//将 int 定义为 MyInt 类型
type MyInt int
//为 MyInt 添加 IsZero()方法
func (m MyInt) IsZero() bool {
    return m == 0
}
//为 MyInt 添加 Add()方法
func (m MyInt) Add(other int) int {
    return other + int (m)
}
func main(){
    var b MyInt
    fmt.Println (b. IsZero())
    b=1
    fmt. Println(b.Add(2) )
}
```

在以上代码中：

第 6 行，使用 type MyInt int 将 int 定义为自定义的 MyInt 类型。

第 8 行，为 MyInt 类型添加 IsZero()方法。该方法使用了(m MyInt)的非指针接收器。

数值类型没有必要使用指针接收器。

第 12 行，为 MyInt 类型添加 Add()方法。

第 13 行，由于 m 的类型是 MyInt 类型，但其本身是 int 类型，因此可以将 m 从 MyInt 类型转换为 int 类型再进行计算。

第 17 行，调用 b 的 IsZero()方法。由于使用非指针接收器，b 的值会被复制进入 IsZero()方法进行判断。

第 19 行，调用 b 的 Add()方法。同样也是非指针接收器，结果直接通过 Add()方法返回。

运行结果如下：

```
true
3
```

Go 语言中的大多数类型都是值语义，并且都可以包含对应的操作方法。在需要的时候，可以给任何类型（包括内置类型）"增加"新方法。而在实现某个接口时，无须从该接口继承（事实上，Go 语言根本就不支持面向对象思想中的继承语法），只需要实现该接口要求的所有方法即可。任何类型都可以被 Any 类型引用，Any 类型就是空接口，即 interface{}。例如：

```
type Integer int
func (a Integer) Less(b Integer) bool {
    return a < b
}
```

在这个例子中，定义了一个新类型 Integer，它和 int 没有本质上的不同，只是它为内置的 int 类型增加了一个新方法 Less()。这样实现了 Integer 后，就可以让整型像普通的类一样使用：

```
func main() {
```

```
    var a Integer = 1
    if a.Less(2){
        fmt.Println(a, "Less 2")
    }
}
```

## 7.3.4　工厂方法创建结构体

在面向对象编程中，可以通过构造子方法实现工厂模式（一般是 new Object 等），但在 Go 语言中并不能这样构造子方法，而是相应地提供了其他方案。以结构体为例，通常会为结构体类型定义一个工厂，按惯例，工厂的名字以 new 或 New 开头。假设定义了如下 File 结构体类型：

```
//不强制使用构造函数,首字母大写
type File struct {
    fd   int               //文件描述符
    name string            //文件名
}
```

下面是这个结构体类型对应的工厂方法，它返回一个指向结构体实例的指针：

```
func NewFile(fd int, name string) *File {
    if fd < 0 {
        return nil
    }
    return &File {fd, name}
}
```

然后就可以这样调用它：

```
f := NewFile(10, "./test. txt")
```

在 Go 语言中常常像上面这样在工厂方法中使用初始化来简便地实现构造函数。

如果 File 是一个结构体类型，那么表达式 new(File) 和 &File{} 是等价的，这可以和大多数面向对象编程语言中笨拙的初始化方式做个比较：File f = new File(…)。

可以说工厂实例化了类型的一个对象，就像在基于类的面向对象语言中那样。如果想知道结构体类型 T 的一个实例占用了多少内存，可以使用：size := unsafe.Sizeof(T{})。

强制使用工厂方法，通过应用可见性规则就可以禁止使用 new 函数，强制用户使用工厂方法，从而使类型变成私有的，就像在面向对象语言中那样：

```
//强制使用构造函数,首字母小写
type file1 struct {
    fd   int
    filename string
}
func NewFile1(fd int, name string) *file1 {
    if fd< 0{
        return nil
    }
return &file1{fd, name}
}
```

在其他包中使用工厂方法时不能通过 new 的方式创建，因为 File1 是私有的，实例化该结构体的唯一方式只能通过 NewFile1 实现。

## 7.3.5　基于指针对象的方法

现在知道了 Go 语言不支持类似其他面向对象语言的传统类，相反，Go 语言使用结构体替代。Go 语言支持在结构体类型上定义方法，这一点非常类似于其他面向对象语言中的传统类方法。

在结构体类型上可以定义两种方法，分别基于指针接收器和基于值接收器。值接收器意味着复制整个值到内存中，内存开销非常大，而基于指针的接收器仅仅需要一个指针大小的内存。

因此，性能决定了哪种方法更值得推崇，recv 最常见的是一个指向 receiver_type 的指针（因为不需要复制整个实例，若是按值调用就会复制整个实例），特别是在接收者类型是结构体时，性能优势就更突出了。

如果想要方法改变接收者的数据，就在接收者的指针类型上定义该方法，否则，就在普通的值类型上定义方法，例如：

```go
package main
import (
    "fmt"
)
type HttpResponse struct {
    status_code int
}
func (r *HttpResponse) validResponse() {
    r.status_code = 200
}
func (r HttpResponse) updateStatus() string {
    return fmt.Sprint(r)
}
func main() {
    var r1 HttpResponse          //r1 是值
    r1.validResponse()
    fmt.Println(r1.updateStatus())
    r2 := new(HttpResponse)      //r2 是指针
    r2.validResponse()
    fmt.Println(r2.updateStatus())
}
```

运行结果如下：

```
{200}
{200}
```

validResponse()接收一个指向 HttpResponse 的指针，并改变它内部的成员；updateStatus()复制 HttpRespose 的值并只输出 HttpResponse 的内容，r1 是值而 r2 是指针。

接着，在 updateStatus()中改变接收者 r 的值，将会看到它可以正常编译，但是开始的 r 值没有被改变。因为指针作为接收者不是必需的。例如，Point 的值仅仅用于计算：

```go
type Point struct { x, y, z float}
//Point 的方法
func (p Point) Abs float {
    return math. Sqrt(p.x*p.x + p.y*p.y + p.z*p.z)
}
```

上面的写法内存占用稍微有点高，因为 Point 是作为值传递给方法的，因此传递的是它的副本，这在 Go 语言中是合法的。

为此，可以把 p 定义为一个指针来减少内存占用：

```go
p := &Point{3,4,5}
```

在后续代码中，都可以使用 p.Abs()来替代之前的(*p).Abs()这种写法。

## 7.3.6　方法值和方法表达式

在一个表达式中执行一个甚至多个方法，如常见的 p.Distance()形式，实际上将其分成两步来执行的。其中，p.Distance 中的小数点称为"选择器"，选择器会返回它前面那个方法（或变量）的"值"并传递给后面那个方法（Point.Distance），Distance 一定是一个绑定到特定接收器变量的函数。这个函数可以不通过指定其接收器即可被调用，调用时不需要指定接收器，只要传入函数的参数即可。

```
p := Point{1, 2}
q:= Point{4, 6}
distanceFromP := p.Distance            //方法值
fmt. Println(distanceFromP(q))          //"5"
var origin Point                        //{0,0}
fmt. Println(distanceFromP(origin))     //"2.23606797749979", sqrt(5)
scaleP := p.ScaleBy                     //方法值
scaleP(2)                               //(2,4)
scaleP(3)                               //(6, 12)
scaleP(10)                              //(60, 120)
```

方法和函数定义语法的区别在于前者实例接收参数，编译器也是以此确定方法所属的类型。上述就是方法值的调用形式，由于方法值是一个函数，所以，它肯定不支持重载，而且参数和 p.Distance 的参数一样。

但是当方法值被赋值给变量或者是作为参数传递时（例如，上面的 distanceFromP 和 scaleP），会立即计算并复制该方法执行所需要的接收器对象，与其绑定，以便在稍后执行时，能隐式传递接收器对象。如果目标方法的接收器是指针类型，那么被复制的仅仅是指针，否则就是复制整个类型值。

因此，当方法或者函数类型相同时，如果需要根据其他外部环境，决定使用某个方法或者函数，那么表达式就非常具有实用性。通过类型引用的方法表达式会被还原成普通函数样式，接收器是第一个参数，调用时必须显式传参。至于类型，只要目标方法存在于该类型方法集中即可。例如：

```
p := Point{1, 2}
q := Point{4, 6}
distance := Point .Distance            //方法表达式
fmt.Println(distance(p, q))             //"5"
fmt. Printf("%T\n", distance)           //"func(Point, point) float64"
scale := (*Point).ScaleBy
scale(&p, 2)
fmt. Println(p)                         //"{24}"
fmt. Printf("%T\n", scale)              //"func(*Point, float64)"
//这个 Distance 实际上是指定了 point 对象为接收器的一个方法 func (p Point) Distance(),
//但通过 Point.Distance 得到的函数需要比实际的 Distance 方法多一个参数,
//即其需要用第一个额外参数指定接收器,后面排列 Distance 方法的参数
```

在上述代码中，方法的表达式看着比方法值多了一个参数，这是因为方法的表达式会把第一个参数作为接收器，后面的参数才是函数的真正参数。

总结一下，现假设 x 的静态类型为 T，M 是 T 的方法集中的一个方法，则 x.M 称为方法值。方法值是一个函数，参数和 x.M 的参数一样。T 可以是接口类型或者非接口类型。

又因为 Go 语言中，一个指针可以调用"值接收器"的非接口方法，所以，pt.M1 等价于(*pt).M1。

一个值可以调用"指针接收器"的非接口方法，所以，s.M2 等价于(&s).M2，它会把这个值的地址作为参数。

因此，对于非接口方法，不管它的接收器是指针类型还是值类型，值对象和指针对象都可以调用。

通过指针调用"值接收器"的方法不会改变指针指向的对象的值，因为它会复制一份值，而不是把自己的值传入方法中：

```
import "fmt"
```

```
type S struct {
  Name string
}
func (s S)M1(){
  s . Name = "value"
}
func (s *S) M2() {
  S . Name = "pointer"
}
func main() {
  var s1 = S {"new"}
  var s2 = &s1
  s1.M2()
  fmt.Printf("%+V, %+V\n", s1,s2)     //{Name:pointer}, &{Name:pointer}
  s1 = S{"new"}
  s2 = &S1
  fmt.Printf("%+V, %+V\n", s1,s2)     //{Name:new}, &{Name:new}
}
```

## 7.3.7　嵌入类型的方法和继承

### 1. 嵌入类型的方法

由于 Go 语言并不是一门传统意义上的面向对象编程语言（Java、PHP 等），所以，Go 语言无法在语言层面上直接实现类的继承，但由于 Go 语言提供了创建匿名结构体的方法，所以，可以把匿名结构体嵌入有名字的结构体内部，这样有名字的结构体也会拥有其内部匿名结构体的那些方法，在效果上等同于面向对象编程中的类的继承。这与 Python、Ruby 等语言中的混入（mixin）相似，例如：

```
package main
import (
    "fmt"
    "math"
)
//一个已知的有名字的结构体
type Point struct {
    x, y float64
}
func (p *Point) Abs() float64 {
    return math.Sqrt(p.x*p.x + p.y*p.y)
}
//NamePoint 结构体内部包含匿名字段 Point
type NamedPoint struct {
    Point
    name string
}
func main() {
    n := &NamedPoint{Point{3, 4}, "Pythongoooo"}
    fmt. Println(n.Abs())     //打印 5
}
```

将一个已存在类型的字段和方法注入另一个类型中即为内嵌，匿名字段上的方法"晋升"成为了外层类型的方法。当然类型可以有只作用于本身实例而不作用于内嵌"父"类型上的方法，可以覆写方法（像字段一样）。

和内嵌类型方法具有相同名字的外层类型的方法，会覆写内嵌类型对应的方法，例如修改代码为

```
func (n *NamedPoint) Abs() float64 {
    return n.Point.Abs() * 100
}
```

现在 fmt.Println(n.Abs())会打印 500。

因为一个结构体可以嵌入多个匿名类型，所以，实际上可以有一个简单版本的多重继承，就像：type Child struct { Father; Mother}。

结构体内嵌和自己在同一个包中的结构体时，可以彼此访问对方所有的字段和方法。

#### 2. 多重继承

多重继承在生活中经常遇见，例如，孩子继承父母的特征，父母是两个父级类。在大部分面向对象语言中，是不允许多重继承的，因为这会导致编译器变得复杂，不过由于 Go 语言并没有类的概念，所谓继承其实是内嵌结构体，通过在类型中嵌入所有必要的父类型，可以很简单地实现多重继承。Go 语言的多重继承不支持多重嵌套（即父级类型内部不允许有匿名结构体字段）。

假设有一个类型 CameraPhone，通过它可以调用 Call()函数，也可以调用 TakeAPicture()函数，但是第一个方法属于类型 Phone，第二个方法属于类型 Camera。

只要嵌入这两个类型就可以解决这个问题，代码如下：

```go
package main
import (
  "fmt"
)
type Camera struct{}
func (C *Camera) TakeAPicture() string {
  return "拍照"
}
type Phone struct{}
func (p *Phone) Call() string {
  return "响铃"
}
type CameraPhone struct {
  Camera
  Phone
}
func main() {
  cp := new(CameraPhone)
  fmt.Println("新款拍照手机有多种功能: ")
  fmt.Println("打开相机: ", cp.TakeAPicture())
  fmt.Println("电话来电: ", cp.Call())
}
```

运行结果如图 7-4 所示。

```
新款拍照手机有多种功能:
打开相机: 拍照
电话来电: 响铃
成功: 进程退出代码 0.
```

图 7-4　多重继承

# 7.4　就业面试技巧与解析

本章主要介绍了 Go 语言的结构体与方法，包括结构体的定义、创建、使用及结构体对成员变量的初始化操作等基础知识；还详细讲解了方法的声明、如何为类型添加方法，以及嵌入类型的方法和继承等重点内容。通过对本章内容的学习，相信读者已经知道了使用关键字 struct 或者通过指定已经存在的类型，可以声明用户定义的类型，而方法则提供了一种给用户定义的类型增加行为的方式。认真学习完本章的内容，才能为之后的 Go 语言程序开发打下坚实的基础。

## 7.4.1　面试技巧与解析（一）

**面试官**：非接口和非接口的任意类型 T()都能够调用*T 的方法吗？反过来呢？

**应聘者**：

一个 T 类型的值可以调用为*T 类型声明的方法，但是仅当此 T 的值是可寻址的情况下。编译器在调用指针主方法前，会自动取此 T 值的地址。因为不是任何 T 值都是可寻址的，所以，并非任何 T 值都能够调用为类型*T 声明的方法。

反过来，一个*T 类型的值可以调用为类型 T 声明的方法，这是因为解引用指针总是合法的。事实上，你可以认为对于每一个为类型 T 声明的方法，编译器都会为类型*T 自动隐式声明一个同名和同签名的方法。每个包首先初始化包作用域的常量和变量（常量优先于变量），然后执行包的 init()函数。同一个包，甚至是同一个源文件可以有多个 init()函数。init()函数没有入参和返回值，不能被其他函数调用，同一个包内多个 init()函数的执行顺序不做保证。

哪些值是不可寻址的呢？

（1）字符串中的字节。

（2）map 对象中的元素（slice 对象中的元素是可寻址的，slice 的底层是数组）。

（3）常量。

（4）包级别的函数等。

举一个例子，定义类型 T，并为类型*T 声明一个方法 hello()，变量 t1 可以调用该方法，但是常量 t2 调用该方法时，会产生编译错误。

```
type T string
func (t *T) hello() {
    fmt.Println("hello")
}
func main() {
    var t1 T = "ABC"
    t1.hello() //hello
    const t2 T = "ABC"
    t2.hello() //error: cannot call pointer method on t
}
```

## 7.4.2　面试技巧与解析（二）

**面试官**：当给内嵌结构体成员命名时，在什么情况下会发生冲突？

**应聘者**：

当两个字段拥有相同的名字（例如继承其他结构体）时会产生冲突，一般情况有两种：

（1）外层字段的名字覆盖内层字段的名字，但是两者的内存空间都会保留，这提供了一种重载字段或方法的方式。

（2）相同的名字在同层次结构体中出现了重复，并且这个字段被程序调用了，这将导致程序错误（字段不被调用不会报错，但有隐患）。这种情况只能由程序员自己修正，例如：

```
type A struct {
    a int
}
type B struct {
    a, b int
}
type C struct {
    A
```

```
    B
}
var c C;
```

在后续的代码中不能使用 c.a 这种方式，因为编译器分不清是 c.A.a 还是 c.B.a，因此会报错。

```
type D struct {
    B;
    b float32
}
var d D;
```

这样，在后续代码中允许使用 d.b 这种写法，因为它的类型是 float32，而不是 B 的 b 类型。如果想要调用内层的 b，可以通过 d.B.b 得到对应的值。

# 第3篇

# 高级应用

本篇将介绍 Go 语言中的高级应用知识，其中包括 Go 语言接口的实现、Go 语言的并发、反射机制和包。通过本篇内容的学习，使读者了解到 Go 语言的使用范围之广，另外，读者将对使用 Go 语言进行编程有更深入的学习和了解，为日后进行软件开发工作积累经验。

- 第 8 章　Go 语言接口的实现
- 第 9 章　Go 语言的并发
- 第 10 章　反射机制
- 第 11 章　包

# 第8章

# Go 语言接口的实现

 **本章概述**

接口在 Go 语言中有着举足轻重的地位，接口是一个编程约定的协议，也是一组方法签名的集合。Go 语言的接口是非侵入式的设计，也就是说，一个具体类型实现接口不需要在语法上显式地声明，只要具体类型的方法集是接口方法集的超集，就代表该类型实现了接口，编译器在编译时会进行方法集的校验。接口是没有具体实现逻辑的，也不能定义字段。

**知识导读**

本章要点（已掌握的在方框中打钩）：
☐ 接口的声明及初始化操作。
☐ 接口方法的调用。
☐ 类型与接口之间的关系。
☐ 类型断言和查询。
☐ 空接口。
☐ 接口的调用过程。

## 8.1　认识接口

接口是双方约定的一种合作协议。接口实现者不需要关心接口会被怎样使用，调用者也不需要关心接口的实现细节。接口是一种类型，也是一种抽象结构，不会暴露所含数据的格式、类型及结构。

### 8.1.1　接口的声明

Go 语言的接口分为接口字面量类型和接口命名类型，接口的声明使用 interface 关键字。

（1）接口字面量类型的声明语法格式如下：

```
interface{
    方法名 1（参数列表 1 ）返回值列表 1
    方法名 2（参数列表 2 ）返回值列表 2
```

```
    ...
}
```

（2）接口命名类型使用 type 关键字声明，语法格式如下：

```
type 接口类型名 interface{
    方法名 1（ 参数列表 1 ） 返回值列表 1
    方法名 2（ 参数列表 2 ） 返回值列表 2
    ...
}
```

接口类型名：使用 type 将接口定义为自定义的类型名。Go 语言的接口在命名时，一般会在单词后面添加 er，如有写操作的接口称为 Writer，有字符串功能的接口称为 Stringer，有关闭功能的接口称为 Closer 等。

方法名：当方法名首字母是大写时，且这个方法类型名首字母也是大写时，这个方法可以被接口所在的包（package）之外的代码访问。

参数列表、返回值列表：参数列表和返回值列表中的参数变量名可以被忽略。

```
type writer interface{
    Write([]byte) error
}
```

使用接口字面量的情况很少，一般只有空接口 interface{}类型变量的声明才会使用。

接口定义大括号内可以是方法声明的集合，也可以嵌入另一个接口类型的匿名字段，还可以是二者的混合。接口支持嵌入匿名接口字段，就是一个接口定义中可以包括其他接口，Go 语言编译器会自动进行展开处理，类似于 C 语言中宏的概念。

常见的接口及写法如下：

```
type Reader interface {
    Read (p []byte) (n int, err error)
}
type Writer interface {
    Write (p []byte) (n int,err error)
}
//以下 3 种声明是等价的,最终的展开模式都是第 3 种格式
type Read Writer interface {
    Reader
    Writer
}
type Readwriter interface {
    Reader
    Write(P []byte) (n int, err error)
}
type ReadWriter interface {
    Read(p []byte) (n int,err error)
    Write(p []byte)(n int, err error)
}
```

声明接口类型的特点有以下几点：

（1）接口的命名一般以“er”结尾。

（2）接口定义的内部方法声明不需要 func 引导。

（3）在接口定义中，只有方法声明，没有方法实现。

## 8.1.2　接口初始化

单纯声明一个接口变量是没有任何意义的，接口只有被初始化为具体的类型时才有意义。接口作为一个抽象层，起到抽象和适配的作用。没有初始化的接口变量，其默认值为 nil，例如：

```
var i io.Reader
fmt.Printf("%T\n",i)    //<nil>
```

接口绑定具体类型的实例的过程称为接口初始化。接口变量支持两种初始化方法，具体方法如下：

### 1. 实例赋值接口

如果具体类型实例的方法集是某个接口的方法集的超集，则称该具体类型实现了接口，可以将该具体类型的实例直接赋值给接口类型的变量，此时编译器会进行静态的类型检查。接口被初始化后，调用接口的方法就相当于调用接口绑定的具体类型的方法，这就是接口调用的语义。

### 2. 接口变量赋值接口变量

已经初始化的接口类型变量 a 直接赋值给另一种接口变量 b，要求 b 的方法集是 a 的方法集的子集。此时 Go 编译器会在编译时进行方法集静态检查。这个过程也是接口初始化的一种方式，此时接口变量 b 绑定的具体实例是接口变量 a 绑定的具体实例的副本，例如：

```
file, _ := os. OpenFile ("notes. txt", os.O_RDWR | os. O_CREATE, 0755)
var rw io. ReadWriter = file
//io. ReadWriter 接口可以直接赋值给 io.Writer 接口变量
var W io.Writer = rw
```

## 8.1.3　接口的方法调用

接口方法调用与普通的函数调用是有区别的。接口方法调用的最终地址是在运行时决定的，将具体类型变量赋值给接口后，会使用具体类型的方法指针初始化接口变量，当调用接口变量的方法时，实际上是间接地调用实例的方法。接口方法调用不是一种直接的调用，有一定的运行时开销。

直接调用未初始化的接口变量的方法会产生 panic，例如：

```
package main
type Printer interface {
   Print ()
}
type S struct{}
func (s S) Print() {
   println("print")
}
func main() {
   var i Printer
   //没有初始化的接口调用其方法会产生 panic
   //panic: runtime error: invalid memory address or nil pointer dereference
   //i. Print ()
   //必须初始化
   i = S{ }
   i.Print ()
}
```

### 1. 接口的方法与实现接口的类型方法格式一致

在类型中添加与接口签名一致的方法就可以实现该方法。签名包括方法中的名称、参数列表、返回参数列表。也就是说，只要实现接口类型中的方法的名称、参数列表、返回参数列表中的任意一项与接口要实现的方法不一致，那么接口的这个方法就不会被实现。

为了抽象数据写入的过程，定义 DataWriter 接口来描述数据写入需要实现的方法，接口中的 WriteData() 方法表示将数据写入，写入方无须关心写到哪里。实现接口的类型实现 WriteData() 方法时，会具体编写将数据写入什么结构中。这里使用 file 结构体实现 DataWriter 接口的 WriteData() 方法，方法内部只是打印一个日志，表示有数据写入，例如：

```
package main
```

```
import (
    "fmt"
)
//定义一个数据写入器
type DataWriter interface {
    WriteData(data interface{}) error
}
//定义文件结构,用于实现 DataWriter
type file struct {
}
//实现 DataWriter 接口的 WriteData 方法
func (d *file) WriteData(data interface{}) error {
    //模拟写入数据
    fmt.Println("WriteData:", data)
    return nil
}
func main() {
    //实例化 file
    f := new(file)
    //声明一个 DataWriter 的接口
    var writer DataWriter
    //将接口赋值 f,也就是*file 类型
    writer = f
    //使用 DataWriter 接口进行数据写入
    writer.WriteData("data")
}
```

运行结果如下:

```
WriteData: data
```

在以上代码中:

第 6 行,定义 DataWriter 接口。这个接口只有一个方法,即 WriteData(),输入一个 interface{}类型的 data,返回一个 error 结构表示可能发生的错误。

第 13 行,file 的 WriteData()方法使用指针接收器。输入一个 interface{}类型的 data,返回 error。

第 20 行,实例化 file 赋值给 f,f 的类型为*file。

第 22 行,声明 DataWriter 类型的 writer 接口变量。

第 24 行,将*file 类型的 f 赋值给 DataWriter 接口的 writer,虽然两个变量类型不一致。但由于 writer 是一个接口,且 f 已经完全实现了 DataWriter()的所有方法,因此赋值是成功的。

第 26 行,DataWriter 接口类型的 writer 使用 WriteData()方法写入一个字符串。

当类型无法实现接口时,编译器会报错,下面列出几种常见的接口无法实现的错误。

(1)函数名不一致导致的错误。在以上代码的基础上尝试修改部分代码,造成编译错误,通过编译器的报错理解如何实现接口的方法。例如,修改 file 结构的 WriteData()方法名,将这个方法签名(第 13 行)修改为

```
func (d *file) WriteDataX(data interface{}) error {
```

编译器报错,如图 8-1 所示。

```
# hello
.\main.go:28:9: cannot use f (type *file) as type DataWriter in assignment:
        *file does not implement DataWriter (missing WriteData method)
错误: 进程退出代码 2.
```

图 8-1 函数名不一致

报错的位置在第 24 行。报错含义如下:不能将 f 变量(类型*file)视为 DataWriter 进行赋值。原因如下:*file 类型未实现 DataWriter 接口(丢失 WriteData()方法)。

WriteDataX()方法的签名本身是合法的，但编译器扫描到第 24 行代码，发现尝试将*file 类型赋值给 DataWriter 时，需要检查*file 类型是否完全实现了 DataWriter 接口。显然，编译器因为没有找到 DataWriter 需要的 WriteData()方法而报错。

（2）实现接口的方法签名不一致导致的报错。将修改的代码恢复后，再尝试修改 WriteData()方法，把 data 参数的类型从 interface{}修改为 int 类型，代码如下：

```
func (d *file) WriteData(data int) error {
```

编译器报错，如图 8-2 所示。

```
# hello
.\main.go:28:9: cannot use f (type *file) as type DataWriter in assignment:
        *file does not implement DataWriter (wrong type for WriteData method)
                have WriteData(int) error
                want WriteData(interface {}) error
错误: 进程退出代码 2.
```

图 8-2　实现接口的方法签名不一致

这次未实现 DataWriter 的理由变为（错误的 WriteData()方法类型）发现 WriteData(int)error，期望 WriteData(interface{})error。

这种方式的报错就是由实现者的方法签名与接口的方法签名不一致导致的。

### 2. 接口中所有方法均被实现

当一个接口中有多个方法时，只有这些方法都被实现了，接口才能被正确编译并使用。

为 DataWriter 添加一个方法，代码如下：

```
//定义一个数据写入器
type DataWriter interface {
    WriteData(data interface{}) error
    //能否写入
    CanWrite() bool
}
```

新增 CanWrite()方法，返回 bool。此时再次编译代码，报错如下：

```
cannot use f (type *file) as type DataWriter in assignment:
        *file does not implement DataWriter (missing CanWrite method)
```

需要在 file 中实现 CanWrite()方法才能正常使用 DataWriter()。

Go 语言的接口实现是隐式的，无须让实现接口的类型写出实现了哪些接口。这个设计被称为非侵入式设计。

实现者在编写方法时，无法预测未来哪些方法会变为接口。一旦某个接口创建出来，要求旧的代码来实现这个接口时，就需要修改旧的代码的派生部分，这一般会导致代码的重新编译。

# 8.2　接口的运算

从接口初始化中我们已经了解到：已经初始化的接口类型变量 a 直接赋值给另一种接口变量 b，要求 b 的方法集是 a 的方法集的子集，如果 b 的方法集不是 a 的方法集的子集，此时如果直接将 a 赋值给接口变量（b=a），则编译器在做静态检查时会报错。此种情况下要想确定接口变量 a 指向的实例是否满足接口变量 b，就需要检查运行时的接口类型。

除了上面这种情景，编程过程中有时需要确认已经初始化的接口变量指向实例的具体类型是什么，也需要检查运行时的接口类型。

Go 语言提供了两种语法结构来支持这两种需求，分别是类型断言和接口类型查询。

## 8.2.1　类型断言

Go 语言中使用类型断言（type assertions）将接口转换成另一个接口，也可以将接口转换为另外的类型。
接口类型断言的语法格式如下：

```
i.(T)
```

（1）i 表示接口变量，如果是具体类型变量，则编译器会报"non-interface type xxx on left"错误。

（2）T 表示一个具体的类型（也可为接口类型）。

### 1. 类型断言的含义

类型断言有如下两种含义：

（1）如果 T 是一个具体类型名，则类型断言用于判断接口变量 i 绑定的实例类型是否就是具体类型 T。

（2）如果 T 是一个接口类型名，则类型断言用于判断接口变量 i 绑定的实例类型是否同时实现了 T 接口。

### 2. 类型断言的语法

类型断言的两种语法表示如下。

（1）直接赋值模式如下：

```
t := i.(T)
```

①T 是具体类型名，此时如果接口 i 绑定的实例类型就是具体类型 T，则变量 t 的类型就是 T，变量 t 的值就是接口绑定的实例值的副本（当然实例可能是指针值，那就是指针值的副本）。

②T 是接口类型名，如果接口 i 绑定的实例类型满足接口类型 T，则变量 t 的类型就是接口类型 T，t 底层绑定的具体类型实例是 i 绑定的实例的副本（当然实例可能是指针值，那就是指针值的副本）。

③如果上述两种情况都不满足，则程序抛出 panic。

例如：

```
package main
import " fmt"
type Inter interface {
    Ping ()
    Pang()
}
type Anter interface {
    Inter
    String()
}
type St struct{
    Name string
}
func (St) Ping() {
    println ("ping")
}
func (*St) Pang() {
    println ("pang")
}
func main() {
    st := &St{"andes"}
    var i interface{}= st
    //判断绑定的实例是否实现了接口类型 Inter
    t := i.(Inter)
    t. Ping()
```

```
        t.Pang()
        //如下语句会引发 panic，因为 i 没有实现接口 Anter
        //p :=i. (Anter)
        //p. String ()
        //判断 i 绑定的实例是否就是具体类型 St
        s :=i. (*St)
        fmt.Printf ("%s", s.Name)
    }
```

（2）comma,ok 表达式模式如下：

```
if t, ok := i.(T); ok{
}
```

①T 是具体类型名，此时如果接口 i 绑定的实例类型就是具体类型 T，则 ok 为 true，变量 t 的类型就是 T，变量 t 的值就是接口绑定的实例值的副本（当然实例可能是指针值，那就是指针值的副本）。

②T 是接口类型名，此时如果接口 i 绑定的实例的类型满足接口类型 T，则 ok 为 true，变量 t 的类型就是接口类型 T，t 底层绑定的具体类型实例是 i 绑定的实例的副本（当然实例可能是指针值，那就是指针值的副本）。

③如果上述两个都不满足，则 ok 为 false，变量 t 是 T 类型的"零值"，此种条件分支下程序逻辑不应该再去引用 t，因为此时的 t 没有意义。

例如：

```
package main
import "fmt"
type Inter interface {
    Ping ()
    Pang ()
}
type Anter interface {
    Inter
    String()
}
type St struct {
    Name string
}
func (St) Ping() {
    println ("ping")
}
func (*St) Pang() {
    println ("pang")
}
func main() {
    st := &St{ "andes"}
    var i interface{} = st
    //判断 i 绑定的实例是否实现了接口类型 Inter
    if t, ok:= i. (Inter) ; ok{
        t.Ping()   //ping
        t. Pang()  //pang
    }
    if p, ok := i. (Anter); ok {
        //i 没有实现接口 Anter,所以程序不会执行到这里
        p.String ()
    }
    //判断 i 绑定的实例是否就是具体类型 st
    if s, ok := i.(*St);ok {
        fmt.Printf("%s", s.Name)    //andes
    }
}
```

运行结果如下:

```
ping
pang
andes
```

## 8.2.2  类型查询

接口类型查询的语法格式如下:

```
switch v := i.(type) {
   case type1:
      ...
   case type2:
      ...
   default:
      ...
}
```

接口类型查询有两层语义:

（1）查询一个接口变量底层绑定的底层变量的具体类型是什么。

（2）查询接口变量绑定的底层变量是否还实现了其他接口。

### 1. i 必须是接口类型

具体类型实例的类型是静态的,在类型声明后就不再变化,所以,具体类型的变量不存在类型查询,类型查询一定是对一个接口变量进行操作。也就是说, i 必须是接口变量,如果 i 是未初始化接口变量,则 v 的值是 nil,例如:

```
var i io.Reader
switch v := i.(type) {       //此处 i 为未初始化的接口变量,所以 v 为 nil
case nil :
   fmt.Printf("%T\n", v)    //<nil>
default :
   fmt.Printf ("default")
}
```

### 2. case 子句后面可以跟非接口类型名,也可以跟接口类型名,匹配是按照 case 子句的顺序进行的

（1）如果 case 后面是一个接口类型名,且接口变量 i 绑定的实例类型实现了该接口类型的方法,则匹配成功,v 的类型是接口类型,v 底层绑定的实例是 i 绑定具体类型实例的副本,例如:

```
f, err := os.OpenFile("notes.txt", os.O_RDWR | os.O_CREATE, 0755)
if err != nil {
   log. Fatal (err)
}
defer f.Close()
var i io.Reader = f
switch V := i.(type) {
   //i 绑定的实例是*osFile 类型,实现了 io.ReadWriter 接口,所以 case 匹配成功 case io.ReadWriter:
   //v 是 io.ReadWriter 接口类型,所以可以调用 Write 方法
   v.Write ([] byte ("io. ReadWriter\n"))
   //由于上一个 case 已经匹配,就算这个 case 也匹配,也不会执行到这里
case *os. File:
   v.Write([]byte("*os. File\n"))
   v.Sync()
default:
   return
}
```

147

（2）如果 case 后面是一个具体类型名，且接口变量 i 绑定的实例类型和该具体类型相同，则匹配成功，此时 v 就是该具体类型变量，v 的值是 i 绑定的实例值的副本，例如：

```
f, err := os .OpenFile ("notes.txt", os.O_RDWR | os.O_CREATE, 0755)
if err != nil {
    log. Fatal (err)
}
defer f.Close()
var i io.Reader = f
switch v := i. (type) {
    //匹配成功,v的类型就是具体类型*os.File
    case *os.File:
        v.Write([] byte("*os.File\n"))
        v.Sync()
        //由于上一个case已经匹配,就算这个case也匹配,也不会执行到这里
    case io.ReadWriter:
        v.Write ( []byte ("io.Readwriter\n") )
    default:
        return
}
```

（3）如果 case 后面跟着多个类型，使用逗号分隔，接口变量 i 绑定的实例类型只要与其中一个类型匹配，则直接使用 o 赋值给 v，相当于 v := o。这个语法有点奇怪，按理说编译器不应该允许这种操作，语言实现者可能想让 type switch 语句和普通的 switch 语句保持一样的语法规则，允许发生这种情况，例如：

```
f, err := os .OpenFile("notes . txt", os.O_RDWR1os.O_CREATE, 0755)
if err !=nil {
    log.Fatal (err)
}
defer f.Close()
var i io.Reader = f
switch v := i. (type) {
    //多个类型,f满足其中任何一个就算匹配
    case *os.File, io.ReadWriter:
        //此时相当于执行v := i, v和i是等价的,使用v没有意义
        if v== i{
            fmt. Println (true)    //true
        }
    default:
        return
}
```

（4）如果所有的 case 子句都不满足，则执行 default 语句，此时执行的仍然是 v := o，最终 v 的值是 o。此时使用 v 没有任何意义。

（5）fallthrough 语句不能在 Type Switch 语句中使用。

Go 语言和很多标准库经常使用如下格式：

```
switch i := i. (type) {
}
```

这种使用方式存在争议：首先，在 switch 语句块内新声明局部变量 i 覆盖原有的同名变量 i 不是一种好的编程方式；其次，如果类型匹配成功，则 i 的类型就发生了变化，如果没有匹配成功，则 i 还是原来的接口类型。除非使用者对这种模糊语义了如指掌，不然很容易出错，所以，不建议使用这种方式。

推荐的方式是将 i.(type)赋值给一个新变量：

```
switch v := i. (type){
}
```

类型查询和类型断言的相同和不同之处如下：

（1）类型查询和类型断言具有相同的语义，只是语法格式不同。二者都能判断接口变量绑定的实例的具体类型，以及判断接口变量绑定的实例是否满足另一个接口类型。

（2）类型查询使用 case 子句一次判断多个类型，类型断言一次只能判断一个类型，当然类型断言也可以使用 if else if 语句达到同样的效果。

## 8.2.3　接口的使用形式和优点

### 1. 接口的使用形式

接口类型是"第一公民"，可以用在任何使用变量的地方，使用灵活，方便解耦，主要使用在如下地方：

（1）作为结构内嵌字段。

（2）作为函数或方法的形参。

（3）作为函数或方法的返回值。

（4）作为其他接口定义的嵌入字段。

### 2. 接口优点

（1）解耦：复杂系统进行垂直和水平的分割是常用的设计手段，在层与层之间使用接口进行抽象和解耦是一种好的编程策略。Go 语言的非侵入式的接口使层与层之间的代码更加干净，具体类型和实现的接口之间不需要显式声明，增加了接口使用的自由度。

（2）实现泛型：由于现阶段 Go 语言还不支持泛型，使用空接口作为函数或方法参数能够用在需要泛型的场景中。

# 8.3　类型与接口

接口的类型包括静态类型和动态类型。类型和接口之间有一对多和多对一的关系。

## 8.3.1　接口类型

### 1. 动态类型

接口绑定的具体实例的类型称为接口的动态类型。接口可以绑定不同类型的实例，所以，接口的动态类型是随着其绑定的不同类型实例而发生变化的。

一个接口类型的变量 varI 中可以包含任何类型的值。必须有一种方式来检测它的动态类型，即运行时在变量中存储的值的实际类型。在执行过程中动态类型可能会有所不同，但它一定是可以分配给接口变量的类型。通常可以使用类型断言（Go 语言内置的一种智能推断类型的功能）来测试在某个时刻 varI 是否包含类型 T 的值。

```
V := varI.(T)
//未经检查的类型断言
```

varI 必须是一个接口变量，否则编译器会报错。

```
invalid type assertion: varI.(T) (n-interface type (type of varI) on left)
```

类型断言可能是无效的，虽然编译器会尽力检查转换是否有效，但是它不可能预见所有的可能性。如果转换在程序运行时失败，则会导致错误发生。更安全的方式是使用以下形式来进行类型断言：

```
if v, ok := varI.(T); ok { //已检查类型断言
    Process(v)
    return
}
//varI 不是类型 T
```

如果转换合法，v 是 varI 转换到类型 T 的值，ok 会是 true；否则 v 是类型 T 的零值，ok 是 false，也没有发生运行时错误。应该使用这种方式来进行类型断言。

在多数情况下，可能只是想在 if 中测试 ok 的值，此时使用以下方法会是最方便的：

```
if _, ok := varI.(T); ok {
}
```

例如：

```
package main
import (
    "fmt"
    "math"
)
type Square struct {
    side float32
}
type Circle struct {
    radius float32
}
type Shaper interface {
    Area() float32
}
func main() {
    var areaIntf Shaper
    sq1 := new(Square)
    sq1.side= 5
    areaIntf= sq1
    //判断 areaIntf 的类型是否是 Square
    if t, ok := areaIntf. (*Square); ok {
        fmt.Printf("areaIntf 的类型是: %T\n",t)
    }
    if u, ok := areaIntf.(*Circle); ok{
        fmt.Printf("areaIntf 的类型是: %T\n", u)
    }else {
        fmt.Println("areaIntf 不含类型为 Circle 的变量")
    }
}
func (sq *Square) Area() float32 {
    return sq.side * sq.side
}
func (ci *Circle) Area() float32 {
    return ci.radius * ci.radius * math. Pi
}
```

运行结果如图 8-3 所示。

```
areaIntf的类型是: *main.Square
areaIntf不含类型为Circle的变量
成功: 进程退出代码 0.
```

**图 8-3　动态类型的判断**

程序行中定义了一个新类型 Circle，它也实现了 Shaper 接口。第一个 if 语句测试 areaIntf 中是否包含一个 Square 类型的变量，返回的 ok 为 true，则表示包含该类型；第二个 if 语句测试它是否包含一个 Circle 类型的变量，返回的 OK 结果为 false，所以不包含该类型。

如果忽略 areaIntf.(*Square)中的*号，会出现编译错误：

```
impossible type assertion: Square does not implement Shaper (Area method has pointer receiver)
```

这是因为 Go 语言编译器无法自动推断类型，Area()方法通过指针接收器传入参数。

### 2. 静态类型

接口被定义时，其类型就已经被确定，这个类型称为接口的静态类型。接口的静态类型在其定义时就被确定，静态类型的本质特征就是接口的方法签名集合。两个接口如果方法签名集合相同（方法的顺序可以不同），则这两个接口在语义上完全等价，它们之间不需要强制类型转换就可以相互赋值。原因是 Go 语言编译器校验接口是否能赋值，是比较二者的方法集，而不是看具体接口类型名。a 接口的法集为 A，b 接口的法集为 B，如果 B 是 A 的子集合，则 a 的接口变量可以直接赋值给 B 的接口变量。反之，则需要用到接口类型断言。

### 3. 类型判断

接口变量的类型可以使用 type-switch 来检测：

```go
package main
import (
    "fmt"
    "math"
)
type Square struct {
    side float32
}
type Circle struct {
    radius float32
}
type Shaper interface {
    Area() float32
}
func main() {
    var areaIntf Shaper
    sq1 := new(Square)
    sq1.side = 5
    areaIntf = sq1
    switch t := areaIntf.(type) {
        case *Square:
            fmt.Printf("Square 类型的%T 值为: %v\n", t, t)
        case *Circle:
            fmt.Printf("Circle 类型的%T 值为: %v\n", t, t)
        case nil:
            fmt.Printf("nil 值: 发生了意外.\n")
        default:
            fmt.Printf("未知类型%T\n", t)
    }
}
func (sq *Square) Area() float32 {
    return sq.side * sq.side
}
func (ci *Circle) Area() float32 {
    return ci.radius * ci.radius * math.Pi
}
```

运行结果如下：

```
Square 类型的*main.Square 值为: &{5}
```

变量 t 得到了 areaIntf 的值和类型，所有 case 语句中列举的类型（nil 除外）都必须实现对应的接口，如果被检测类型没有在 case 语句列举的类型中，就会执行 default 语句。

可以用 type-switch 进行运行时类型分析，但是 type-switch 不允许有 fallthrough。如果仅仅是测试变量的类型，不用它的值，那么就不需要赋值语句，例如：

```
switch areaIntf. (type) {
    case *Square:
    case *Circle:
    …
    default:
}
```

以下代码展示了一个类型分类函数，它有一个可变长度参数。可以是任意类型的数组，它会根据数组元素的实际类型执行不同的动作。

```
func classfier(items … interface{}) {
    for i, x := range items {
        switch x.(type) {
        case bool :
            fmt.Printf("参数#%d 类型是 bool\n", i)
        case float64:
            fmt.Printf("参数#%d 类型是 float64\n", i)
        case int, int64:
            fmt.Printf("参数#%d 类型是 int\n", i)
        case nil:
            fmt.Printf("参数#%d 类型是 nil\n", i)
        case string:
            fmt.Printf("参数#%d 类型是 string\n", i)
        default:
            fmt.Printf("参数#%d 类型未知\n", i)
        }
    }
}
```

可以这样调用此方法：

```
classifier(13, -14.3, "BELGIUM", complex(1,2), nil, false)
```

在处理来自外部的、类型未知的数据时，如解析诸如 JSON 或 XML 编码的数据，类型测试和转换非常有用。

## 8.3.2　类型与接口之间的关系

### 1. 一个类型可以实现多个接口

一个类型可以同时实现多个接口，而接口间彼此独立，不知道对方的实现。

网络上的两个程序通过一个双向的通信连接实现数据的交换，连接的一端称为一个 Socket。Socket 能够同时读取和写入数据，这个特性与文件类似。因此，开发中把文件和 Socket 都具备的读写特性抽象为独立的读写器概念。

Socket 和文件一样，在使用完毕后，也需要对资源进行释放。

例如，把 Socket 能够写入数据和需要关闭的特性使用接口来描述。

```
type Socket struct {
}
func (s *Socket) Write (p []byte) (n int, err error) {
    return 0, nil
}
func (s *Socket) Close () error {
    return nil
}
```

Socket 结构的 Write() 方法实现了 io.Writer 接口：

```
type Writer interface {
    Write (p [] byte) (n int, err error)
}
```

同时，Socket 结构也实现了 io.Closer 接口：

```
type Closer interface {
    Close () error
}
```

使用 Socket 实现的 Writer 接口，无须了解 Writer 接口的实现者是否具备 Closer 接口的特性。同样，使用 Closer 接口也并不知道 Socket 已经实现了 Writer 接口。接口的使用和实现过程如图 8-4 所示。

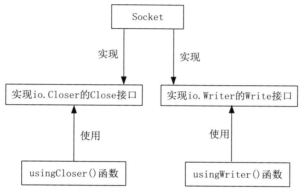

图 8-4　接口的使用和实现过程

在代码中使用 Socket 结构实现的 Writer 接口和 Closer 接口代码如下：

```
//使用 io.Writer 的代码，并不知道 Socket 和 io.Closer 的存在
func usingWriter( writer io.Writer){
    writer.Write( nil )
}
//使用 io.Closer，并不知道 Socket 和 io.Writer 的存在
func usingCloser( closer io.Closer) {
    closer.Close()
}
func main() {
    //实例化 Socket
    s := new(Socket)
    usingWriter(s)
    usingCloser(s)
}
```

usingWriter() 和 usingCloser() 完全独立，互相不知道对方的存在，也不知道自己使用的接口是 Socket 实现的。

### 2. 多个类型可以实现相同的接口

一个接口的方法，不一定需要由一个类型完全实现，接口的方法可以通过在类型中嵌入其他类型或者结构体来实现。也就是说，使用者并不关心某个接口的方法是通过一个类型完全实现的，还是通过多个结构嵌入到一个结构体中拼凑起来共同实现的。

Service 接口定义了两个方法：

（1）开启服务的方法（Start()）。

（2）输出日志的方法（Log()）。

使用 GameService 结构体来实现 Service，GameService 自己的结构只能实现 Start()方法，而 Service 接口中的 Log()方法已经被一个能输出日志的日志器（Logger）实现了，无须再进行 GameService 封装，或者重新实现一遍。所以，选择将 Logger 嵌入到 GameService 能最大限度地避免代码冗余，简化代码结构，例如：

```
//一个服务需要满足能够开启和写日志的功能
type Service interface {
    Start()        //开启服务
    Log(string)    //日志输出
}
//日志器
type Logger struct {
}
//实现 Service 的 Log()方法
func (g *Logger) Log(l string) {
}
//游戏服务
type GameService struct {
    Logger          //嵌入日志器
}
//实现 Service 的 Start()方法
func (g *GameService) Start() {
}
```

在以上代码中：

第 2 行，定义服务接口，一个服务需要实现 Start()方法和日志方法。

第 7 行，定义能输出日志的日志器结构。

第 10 行，为 Logger 添加 Log()方法，同时实现 Service 的 Log()方法。

第 13 行，定义 GameService 结构。

第 14 行，在 GameService 中嵌入 Logger 日志器，以实现日志功能。

第 17 行，GameService 的 Start()方法实现了 Service 的 Start()方法。

此时，实例化 GameService，并将实例赋给 Service，代码如下：

```
var s Service = new(GameService)
s.Start()
s.Log("hello")
```

s 就可以使用 Start()方法和 Log()方法，其中，Start()方法由 GameService 实现，Log()方法由 Logger 实现。

# 8.4　空接口

空接口是接口类型的特殊形式，空接口没有任何方法，因此任何类型都无须实现空接口。从实现的角度看，任何值都满足这个接口的需求。因此，空接口类型可以保存任何值，也可以从空接口中取出原值。

## 8.4.1　什么是空接口

没有任何方法的接口，称为空接口。空接口表示为 interface{}。系统中任何类型都符合空接口的要求，空接口类似于 Java 语言中的 Object。不同之处在于，Go 语言中的基本类型 int、float 和 string 也符合空接口。Go 语言的类型系统中没有类的概念，所有的类型都是一样的身份，没有 Java 中对基本类型的开箱和装箱操作，所有的类型都是统一的。Go 语言的空接口有点像 C 语言中的 void*，只不过 void*是指针，而

Go 语言的空接口内部封装了指针而已。

空接口的内部实现保存了对象的类型和指针。使用空接口保存一个数据的过程会比直接用数据对应类型的变量保存稍慢。因此，在开发中，应在需要的地方使用空接口，而不是在所有地方使用空接口。

使用空接口进行赋值操作，例如：

```
package main
import "fmt"
func main() {
    var any interface{}
    any = 5
    fmt.Println(any)
    any = "apple"
    fmt.Println(any)
    any = true
    fmt.Println(any)
}
```

运行结果如下：

```
5
apple
true
```

在以上代码中：

第 4 行，声明 any 为 interface{}类型的变量。

第 5 行，为 any 赋值一个整型 5。

第 6 行，打印 any 的值，提供给 fmt.Println 的类型依然是 interface{}。

第 7 行，为 any 赋值一个字符串 apple。此时 any 内部保存了一个字符串，但类型依然是 interface{}。

第 9 行，赋值布尔值。

## 8.4.2　空接口和 nil

空接口不是真的为空，接口有类型和值两个概念，例如：

```
package main
import "fmt"
type Inter interface {
    Ping()
    Pang()
}
type St struct{ }
func (St) Ping(){
    println ("ping")
}
func (*St) Pang() {
    println ("pang")
}
func main() {
    var st *St= nil
    var it Inter = st
    fmt. Printf ("%p\n", st)
    fmt.Printf ("%p\n", it)
    if it != nil{
        it. Pang()
        //下面的语句会导致panic
        //方法转换为函数调用,第一个参数是St类型,由于*St是nil,无法获取指针所指的对象值,
```

```
        //所以导致 panic
        //it.Ping()
    }
}
```

运行结果如下：

```
0x0
0x0
pang
```

从以上代码的运行结果可以看出 Go 语言存在的小问题，例如，fmt.Printf ("%p\n", it)的结果是 0x0，但 it != nil 的判断结果却是 true。空接口有两个字段，一个是实例类型，另一个是指向绑定实例的指针，只有当两者都为 nil 时，空接口才为 nil。

## 8.4.3　空接口的使用

### 1. 从空接口获取值

保存到空接口的值，如果直接取出指定类型的值，会发生编译错误，例如：

```
//声明 a 变量,类型 int,初始值为 1
var a int = 1
//声明 i 变量,类型为 interface{},初始值为 a,此时 i 的值变为 1
var i interface {} = a
//声明 b 变量,尝试赋值 i
var b int = i
```

编译器运行报错如图 8-5 所示。

```
# hello
.\main.go:11:6: cannot use i (type interface {}) as type int in assignment: need type assertion
错误: 进程退出代码 2.
```

图 8-5　编译报错

出错的位置在上面的第 6 行代码，错误提示：不能将变量 i 视为 int 类型直接赋值给 b。在代码第 4 行，将 a 的值赋值给 i 时，虽然 i 在赋值完成后的内部值为 int，但 i 还是一个 interface{}类型的变量。

为了让第 6 行的操作能够完成，编译器提示需使用 type assertion，意思就是类型断言。

使用类型断言修改第 6 行代码如下：

```
var b int = i.(int)
```

修改后，代码编译通过，完整代码如下：

```
package main
import "fmt"
func main() {
    //声明 a 变量, 类型 int, 初始值为 1
    var a int = 1
    //声明 i 变量, 类型为 interface{}, 初始值为 a, 此时 i 的值变为 1
    var i interface{} = a
    //声明 b 变量, 尝试赋值 i
    var b int = i.(int)
    fmt.Println(b)
}
```

运行结果如下：

```
1
```

通过运行结果可以看出，修改后 b 可以获得变量 i 保存的变量 a 的值 1。

**2. 空接口的值比较**

空接口在保存不同的值后，可以和其他变量值一样使用 "==" 操作符进行比较操作。空接口的比较有以下两个特性：

（1）类型不同的空接口间的比较结果不相同。保存有类型不同的值的空接口进行比较时，Go 语言会优先比较值的类型。因此，类型不同，比较结果也是不相同的，例如：

```
package main
import "fmt"
func main() {
    //a 保存整型
    var a interface{} = 1
    //b 保存字符串
    var b interface{} = "hello"
    //两个空接口不相等
    fmt.Println(a == b)
}
```

运行结果如下：

```
false
```

（2）不能比较空接口中的动态值。当接口中保存有动态类型的值时，编译运行时将触发错误，例如：

```
package main
import "fmt"
func main() {
    //c 保存包含 10 的整型切片
    var c interface{} = []int{10}
    //d 保存包含 20 的整型切片
    var d interface{} = []int{20}
    //这里会发生崩溃
    fmt.Println(c == d)
}
```

当代码运行到第 9 行时程序发生崩溃，如图 8-6 所示。

```
panic: runtime error: comparing uncomparable type []int

goroutine 1 [running]:
main.main()
        C:/Users/Administrator/go/src/hello/main.go:11 +0x8a
错误: 进程退出代码 2.
```

**图 8-6　程序发生崩溃**

这是一个运行时错误，提示[]int 是不可比较的类型。表 8-1 中列举出了类型及比较的几种情况。

**表 8-1　类型的可比较性**

| 类　　型 | 含　　义 |
| --- | --- |
| map | 宕机错误，不可比较 |
| 切片（[]T） | 宕机错误，不可比较 |
| 通道（channel） | 可比较，必须由同一个 make 生成，也就是同一个通道才会是 true，否则为 false |
| 数组（[容量]T） | 可比较，编译器知道两个数组是否一致 |
| 结构体 | 可比较，可以逐个比较结构体的值 |
| 函数 | 宕机错误，不可比较 |

# 8.5　接口的内部实现

我们知道接口是 Go 语言类型系统的灵魂，那么接口是如何来实现它的底层结构的呢？本节一起来探讨。

## 8.5.1　数据结构

从前面的内容我们了解到，接口变量必须初始化才有意义，没有初始化的接口变量的默认值是 nil，没有任何意义。具体类型实例传递给接口称为接口的实例化。在接口的实例化的过程中，编译器通过特定的数据结构描述这个过程。首先介绍非空接口的内部数据结构，非空接口的底层数据结构是 iface。

非空接口初始化的过程就是初始化一个 iface 类型的结构，例如：

```
type iface struct {
    tab *itab                //itab 存放类型及方法指针信息
    data unsafe.Pointer      //数据信息
}
```

从上面的代码可以看到 iface 的结构非常简单，有两个指针类型字段。

（1）itab：用来存放接口自身类型和绑定的实例类型及实例相关的函数指针。

（2）数据指针 data：指向接口绑定的实例的副本，接口的初始化也是一种值复制。

data 指向具体的实例数据，如果传递给接口的是值类型，则 data 指向的是实例的副本，如果传递给接口的是指针类型，则 data 指向指针的副本。总而言之，无论是接口的转换，还是函数调用，Go 语言都遵循值传递。

接下来看一下 itab 数据结构，itab 是接口内部实现的核心和基础，例如：

```
type itab struct {
    inter *interfacetype     //接口自身的静态类型
    _type *_type             //_type 就是接口存放的具体实例的类型（动态类型）
    //hash 存放具体类型的 Hash 值
    hash uint32          //copy of _type.hash. Used for type switches.
    _ [4]byte
    fun [1]uintptr       //variable sized. fun[0] == 0 means _type does not implement inter.
}
```

itab 有如下 4 个字段：

（1）inter 是指向接口类型元信息的指针。

（2）_type 是指向接口存放的具体类型元信息的指针，iface 中的 data 指针指向的是该类型的值。一个是类型信息，另一个是类型的值。

（3）hash 是具体类型的 Hash 值，_type 中也有 hash，这里冗余存放主要是为了接口断言或类型查询时能快速访问。

（4）fun 是一个函数指针，可以理解为 C++对象模型中的虚拟函数指针，这里虽然只有一个元素，实际上指针数组的大小是可变的，编译器负责填充，运行时使用底层指针进行访问，不会受 struct 类型越界检查的约束，这些指针指向的是具体类型的方法。

itab 这个数据结构是非空接口实现动态调用的基础，itab 的信息被编译器和链接器保存了下来，存放在可执行文件的只读存储段（.rodata）中。itab 存放在静态分配的存储空间中，不受 GC 的限制，其内存不会被回收。

Go 语言是一种强类型的语言，编译器在编译时会做严格的类型校验。所以，Go 语言必然为每种类型维护一个类型的元信息，这个元信息在运行和反射时都会用到，Go 语言的类型元信息的通用结构是_type，其他类型都是以_type 为内嵌字段封装而成的结构体，例如：

```
type _type struct {
    size uintptr            //大小
    ptrdata uintptr         //指向元信息的指针
    hash uint32             //类型 Hash
    tflag tflag             //类型的特征标记
    align uint8             //_type 作为整体变量存放时的对齐字节数
    fieldalign uint8        //当前结构字段的对齐字节数
    kind uint8              //基础类型枚举值和反射中的 Kind 一致,kind 决定了如何解析该类型
    alg *typeAlg            //指向一个函数指针表,该表有两个函数,一个是计算类型 Hash 函数,
                            //另一个是比较两个类型是否相同的 equal 函数
    gcdata *byte            //GC 相关信息
    str nameOff             //str 用来表示类型名称字符串在编译后二进制文件中某个 section 的偏移量
                            //由链接器负责填充
    ptrToThis typeOff       //ptrToThis 用来表示类型元信息的指针在编译后二进制文件中某个
                            //section 的偏移量
                            //由链接器负责填充
}
```

_type 包含所有类型的共同元信息，编译器和运行时可以根据该元信息解析具体类型、类型名存放位置、类型 Hash 值等基本信息。

这里需要说明一下：_type 中的 nameOff 和 typeOff 最终是由链接器负责确定和填充的，它们都是一个偏移量（offset），类型的名称和类型元信息实际上存放在连接后可执行文件的某个段（section）中，这两个值是相对于段内的偏移量，运行时提供两个转换查找函数，例如：

```
//获取_type 的 name
func resolveNameOff (ptrInModule unsafe. Pointer, off nameOff) name {}
//获取_type 的副本
func resolveTypeOff (ptrInModule unsafe.Pointer, off typeOff) *_type {}
```

Go 语言类型元信息最初由编译器负责构建，并以表的形式存放在编译后的对象文件中，再由链接器在链接时进行段合并、符号重定向（填充某些值）。这些类型信息在接口的动态调用和反射中被运行时引用。

接口的类型元信息的数据结构如下：

```
//描述接口的类型
type interfacetype struct {
    typ _type               //类型通用部分
    pkgpath name            //接口所属包的名字信息,name 内存放的不仅有名称,还有描述信息
    mhdr []imethod          //接口的方法
}

//接口方法元信息
type imethod struct {
    name nameOff            //方法名在编译后的 section 中的偏移量
    ityp typeOff            //方法类型在编译后的 section 中的偏移量
}
```

## 8.5.2　接口的调用过程

前面讲解了接口内部的基本数据结构，本节跟踪接口实例化和动态调用过程，使用 Go 源码和反汇编代码相结合的方式进行研究，例如：

```
package main
type Caler interface {
    Add(a,b int) int
    Sub(a,b int) int
```

```
}
type Adder struct{ id int }
func (adder Adder) Add(a, b int) int { return a+b }
func (adder Adder) Sub(a,b int)int{ return a-b }
func main(){
    var m Caler = Adder{id: 1234}
    m.Add(10,32)
}
```

生成汇编代码：

```
go build -gcflags="-S -N -l" iface.go >iface.s 2>&1
```

接下来分析 main 函数的汇编代码：

```
"". main STEXT size=151 args=0x0 locals=0x40
...
0x000f 00015 (src/iface.go:16) SUBQ $64,SP
0x0013 00019 (src/iface.go:16) MOVQ BP, 56 (SP)
0x0018 00024 (src/iface.go:16) LEAQ 56(SP),BP
```

为 main 函数堆栈开辟空间并保存原来的 BP 指针，这是函数调用前编译器的固定动作。var m Caler = Adder{id: 1234}语句汇编代码分析：

```
0x001d 00029 (src/iface.go:17) MOVQ $0, ""..autotmp_1+32 (SP)
0x0026 00038 (src/iface.go:17) MOVQ $1234,""..autotmp_1+32 (SP)
```

在堆栈上初始化局部对象 Adder，先初始化为 0，后初始化为 1234。

```
0x002f 00047 (src/iface.go:17) LEAQ go. itab. "" .Adder, "".Caler(SB),AX
0x0036 00054 (src/iface.go:17) MOVQ AX,(SP)
```

这两条语句非常关键，首先 LEAQ 指令是一个获取地址的指令，go.itab.""".Adder,"" .Caler (SB)是一个全局符号引用，通过该符号能够获取接口初始化时 itab 数据结构的地址。这个标号在链接器链接的过程中会替换为具体的地址。我们知道(SP)中存放的是指向 itab(Caler,Adder)的元信息的地址，这里(SP)是函数调用第一个参数的位置，例如：

```
0x003a 00058 (src/iface .go:17) LEAQ ""..  autotmp_1+32(SP), AX
0x003f 00063 (src/iface.go:17) MOVQ AX,8(SP)
0x0044 008 (src/iface.go:17) PCDATA $0, $0
```

复制刚才的 Adder 类型对象的地址到 8(SP)，8(SP)是函数调用的第二个参数位置，例如：

```
0x0044 00068 (src/iface.go:17) CALL runtime.convT2I64 (SB)
```

runtime.convT2I64 函数是运行时接口动态调用的核心函数。runtime 中有一类这样的函数，看一下 runtime convT2I64 的源码：

```
func convT2I64 (tab *itab, elem unafe.Pointer) (i iface) {
  t := tab._ type
  if raceenabled {
      raceReadObjectPC( t, elem, getcallerpc (unsafe.Pointer(&tab)), funcPC (convT2I64))
  }
  if msanenabled {
      msanread(elem, t.size)
  }
  var x unsafe. Pointer
  if *(*uint64) (elem) == 0{
      x= unsafe. Pointer (&zeroVal [0])
  }else{
      x= mallocgc(8, t, false)
      *(*uint64) (x) = *(*uint64) (elem)
  }
  i.tab = tab
```

```
        i.data = x
        return
    }
```

从上述源码可以清楚看出，runtime convT2I64 的两个参数分别是*itab 和 unsafe.Pointer 类型，这两个参数正是上文传递进去的两个参数值：go.itab.""".Adder,"""".Caler (SB)和指向 Adder 对象复制的指针。runtime.convT2I64 的返回值是一个 iface 数据结构，其意义就是根据 itab 元信息和对象值复制的指针构建和初始化 iface 数据结构，iface 数据结构是实现接口动态调用的关键。至此，已经完成了接口初始化的工作，即完成了 iface 数据结构的构建过程。下一步就是接口方法调用了，例如：

```
0x0049 00073 (src/ iface.go:17) MOVQ 24(SP), AX
0x004e 00078 (src/iface . go:17) MOVQ 16(SP), CX
0x0053 00083 (src/ iface. go:17) MOVQ CX, """. m+40(SP)
0x0058 00088 (src/ iface.go:17) MOVQ AX, """.m+48 (SP)
```

16(SP)和 24(SP)存放的是函数 runtime.convT2I64 的返回值，分别是指向 itab 和 data 的指针，将指向 itab 的指针复制到 40(SP)，将指向对象 data 的指针复制到 48(SP)位置。

m.Add(10, 32)对应的汇编代码如下：

```
0x005d 00093 (src/ iface.go:18) MOVQ "" .m+40(SP), AX
0x0062 00098 (src/ iface.go:18) MOVQ 32 (AX), AX
0x0066 00102 (src/ iface. go:18) MOVQ "" .m+48(SP), CX
0x006b 00107 (src/iface.go:18) MOVQ $10, 8(SP)
0x0074 00116 (src/iface.go:18) MOVQ $32, 16(SP)
0x007d 00125 (src/iface.go:18) MOVQ CX, (SP)
0x0081 00129 (src/iface.go:18) PCDATA $0, $0
0x0081 00129 (src/iface .go:18) CALL AX
```

第 1 条指令是将 itab 的指针（位于 40(SP)）复制到 AX 寄存器。第 2 条指令是 AX 将 itab 的偏移 32 字节的值复制到 AX。再来看一下 itab 的数据结构：

```
type itab struct {
    inter *interfacetype
    _type *_type
    link *titab
    hash uint32        //copy of _type .hash. Used for type switches .
    bad bool           //type does not implement interface
    inhash bool        //has this itab been added to hash?
    unused [2]byte
    fun [1]uintptr     //variable sized
}
```

32(AX)正好是函数指针的位置，即存放 Adder *Add()方法指针的地址（注意：编译器将接收者为值类型的 Add 方法转换为指针的 Add 方法，编译器的这种行为是为了方便调用和优化）。

第 3 条指令和第 6 条指令是将对象指针作为接下来函数调用的第 1 个参数。

第 4 条和第 5 条指令是准备函数的第 2、第 3 个参数。

第 8 条指令是调用 Adder 类型的 Add 方法。

此函数调用时，对象的值的副本作为第 1 个参数，调用格式如下：

```
func (reciver, param1, param2)
```

至此，整个接口的动态调用完成。从中可以清楚地看到，接口的动态调用分为两个阶段：

（1）第一阶段是构建 iface 动态数据结构，这一阶段是在接口实例化的时候完成的，映射到 Go 语句就是 var m Caler = Adder{id: 1234}。

（2）第二阶段是通过函数指针间接调用接口绑定的实例方法的过程，映射到 Go 语句就是 m. Add(10, 32)。

接下来看一下 go.itab. "". Adder, "". Caler (SB)这个符号在哪里。使用 readelf 工具来静态地分析编译后的 ELF 格式的可执行程序。

```
#编译
#go build -gcflags="-N -l" iface.go
#readelf -s -W iface | egrep 'itab'
60: 000000000047b220 0 OBJECT LOCAL DEFAULT 5 runtime . itablink
61: 0000000000476230 0 OBJECT LOCAL DEFAULT 5 runtime.eitablink
88: 00000000004aa100 48 OBJECT GLOBAL DEFAULT 8 go.itab.main.Adder, main.Caler
214: 00000000004aa080 40 OBJECT GLOBAL DEFAULT 8 go. itab. runtime.errorString, error
418: 00000000004095e0 1129 FUNC GLOBAL DEFAULT 1 runtime.getitab
419: 0000000000409a501665 FUNC GLOBAL DEFAULT 1 runtime . additab
420: 000000000040a0e0 257 FUNC GLOBAL DEFAULT 1 runtime . itabsinit
```

可以看到符号表中 go. itab. main.Adder, main.Caler 对应本程序中 itab 的元信息，它被存放在第 8 个段中。来看一下第 8 个段是什么段。

```
#readelf -S -W iface | egrep '\[ 8\] | Nr'
[Nr] Name Type Address Off Size ES Flg LK Inf Al
[ 8] . noptrdata PROGBITS 00000000004aa000 0aa000 000a78 00 WA 0 0 32
```

可以看到这个接口动态转换的数据元信息存放在. noptrdata 段中，它是由链接器负责初始化的。可以进一步使用 dd 工具读取并分析其内容。

### 8.5.3　空接口的数据结构

前面已经了解到空接口 interface{}是没有任何方法集的接口，所以，空接口内部不需要维护和动态内存分配相关的数据结构 itab。空接口只关心存放的具体类型是什么、具体类型的值是什么，所以，空接口的底层数据结构也是很简单的，例如：

```
//空接口
type eface struct{
    _type *_type
    data unsafe.Pointer
}
```

从 eface 的数据结构可以看出，空接口不是真的为空，其保留了具体实例的类型和值副本，即便存放的具体类型是空的，空接口也不是空的。

由于空接口自身没有方法集，所以，空接口变量实例化后的真正用途不是接口方法的动态调用。空接口在 Go 语言中真正的意义是支持多态。以下几种方式使用了空接口（将空接口类型还原）：

（1）通过接口类型断言。

（2）通过接口类型查询。

（3）通过反射。

接口类型断言和接口类型查询在前几节已经介绍过，反射将会在后面的章节进行学习。

## 8.6　就业面试技巧与解析

本章主要介绍了 Go 语言的接口，包括结接口的声明、接口的调用、类型断言、类型查询、类型与接口之间的关系，以及空接口的使用等基础知识，另外，还详细讲解了接口的数据结构、调用过程、调用代价及空接口的数据结构等重点内容。通过对本章的学习，相信读者已经理解了接口的内部实现原理，读者在了解和学习接口内部实现的同时，更应该学习和思考分析过程中的方法和技巧。使用该方法可以继续分析接口断言、接口查询和接口赋值的内部实现机制。

## 8.6.1　面试技巧与解析（一）

**面试官**：在 Go 语言中，两个 interface 可以进行比较吗？

**应聘者**：

在 Go 语言中，interface 的内部实现包含两个字段——类型 T 和值 V，interface 可以使用 "=="操作符或 "!="操作符进行比较。两个 interface 相等的情况有以下两种：

（1）两个 interface 均等于 nil（此时 V 和 T 都处于 unset 状态）。

（2）类型 T 相同，且对应的值 V 相等。

例如：

```
package main
import "fmt"
type Stu struct {
    Name string
}
type StuInt interface{}
func main() {
    var stu1, stu2 StuInt = &Stu{"Tom"}, &Stu{"Tom"}
    var stu3, stu4 StuInt = Stu{"Tom"}, Stu{"Tom"}
    fmt.Println(stu1 == stu2) //false
    fmt.Println(stu3 == stu4) //true
}
```

在以上代码中：

stu1 和 stu2 对应的类型是*Stu，值是 Stu 结构体的地址，两个地址不同，因此结果为 false。

stu3 和 stu4 对应的类型是 Stu，值是 Stu 结构体，且各字段相等，因此结果为 true。

## 8.6.2　面试技巧与解析（二）

**面试官**：两个 nil 是否会不相等？

**应聘者**：

在 Go 语言中，存在两个 nil 不相等的情况。

接口（interface）是对非接口值（如指针、struct 等）的封装，内部实现包含两个字段，即类型 T 和值 V。一个接口等于 nil，当且仅当 T 和 V 处于 unset 状态（T=nil，V is unset）。

两个接口值比较时，会先比较 T，再比较 V。

接口值与非接口值比较时，会先将非接口值尝试转换为接口值，再比较。

例如：

```
package main
import "fmt"
func main() {
    var p *int = nil
    var i interface{} = p
    fmt.Println(i == p)      //true
    fmt.Println(p == nil)    //true
    fmt.Println(i == nil)    //false
}
```

在以上代码中，将一个 nil 非接口值 p 赋值给接口 i，此时，i 的内部字段为（T=*int, V=nil），i 与 p 作比较时，将 p 转换为接口后再比较，因此 i == p，p 与 nil 比较，直接比较值，所以 p == nil。

但是当 i 与 nil 比较时，会将 nil 转换为接口（T=nil, V=nil），与 i（T=*int, V=nil）不相等，因此 i != nil。因此 V 为 nil ，但 T 不为 nil 的接口不等于 nil。

# 第 9 章

## Go 语言的并发

 **本章概述**

并发是指在同一时间内可以执行多个任务。并发编程的含义比较广泛，包含多线程编程、多进程编程及分布式程序等。本章讲解的主要是多线程编程。

Go 语言通过编译器运行时（Runtime），从语言上支持了并发的特性。Go 语言的并发通过 goroutine 特性完成。goroutine 类似于线程，但是可以根据需要创建多个 goroutine 并发工作。goroutine 是由 Go 语言的运行时调度完成的，而线程是由操作系统调度完成的。

Go 语言还提供 channel 在多个 goroutine 间进行通信。goroutine 和 channel 是 Go 语言秉承的 CSP 并发模式的重要实现基础。

**知识导读**

本章要点（已掌握的在方框中打钩）：
- ☐ 并发与并行的区别。
- ☐ goroutine 的创建。
- ☐ 协程间的通信。
- ☐ 通道。
- ☐ 协程的同步与恢复。
- ☐ 并发模型。

## 9.1 并发基础

Go 语言中的并发是指能让某个函数独立于其他函数运行的能力。当一个函数创建为 goroutine 时，Go 语言会将其视为一个独立的工作单元，这个单元会被调度到可用的逻辑处理器上执行。

### 9.1.1 并发与并行

并发是指在同一时间段内执行多个任务。

并行是指在同一时刻执行多个任务。

并行就是在任一粒度的时间内都具备同时执行的能力：最简单的并行就是多机，多台机器并行处理；SMP 表面上看是并行的，但由于是共享内存、线程间的同步等，不可能完全做到并行。

并发是在规定的时间内多个请求都得到执行和处理，强调的是给外界的感觉，实际上内部可能是分时操作的。并发重在避免阻塞，使程序不会因为一个阻塞而停止处理。并发典型的应用场景是分时操作系统。

并行是硬件和操作系统开发者重点考虑的问题，作为应用层的程序员，唯一可以选择的就是充分借助操作系统提供的 API 和程序语言特性，结合实际需求设计出具有良好并发结构的程序，提升程序的并发处理能力。现代操作系统能够提供的最基础的并发模型就是多线程和多进程。

在当前的计算机体系下：并行具有瞬时性，并发具有过程性；并发在于结构，并行在于执行。应用程序具备好的并发结构，操作系统才能更好地利用硬件并行执行，同时避免阻塞等待，合理地进行调度，提升 CPU 利用率。应用层程序员提升程序并发处理能力的一个重要手段，就是为程序设计良好的并发结构。

## 9.1.2  指定使用核心数

Go 语言会默认使用 CPU 的核心数，这些功能都是自动调整的，但是也提供了相应的标准库来指定核心数。使用 **flag** 包可以调整程序运行时调用的 CPU 核心数，例如：

```
var numCores = flag. Int("n", 2, "CPU 核心数")
in main()
flag.Pars()
runtime.GOMAXPROCS(*numCores)
```

协程可以通过调用 **runtime.Goexit()** 来停止，尽管这样做几乎没有必要。

```
package main
import (
   "fmt"
   "time"
)
func main() {
   fmt.printin("这里是 main() 开始的地方")
   go longWait()
   go shortwait()
   fmt.Println("挂起 main()")
   //挂起工作时间以纳秒（ns）为单位
   time.Sleep(10 * 1e9)
   fmt.Println("这里是 main() 结束的地方")
}
func longWait() {
   fmt.Println("开始 longWait()")
   time.Sleep(5 * 1e9)    //等待 5 秒
   fmt.Println("结束 longWait()")
}
func shortWait() {
   fmt.Println("开始 shortWait( )" )
   time.Sleep(2 * 1e9)    //等待 2 秒
   fmt.Println("结束 shortwait()")
}
```

运行结果如图 9-1 所示。

```
这里是main()开始的地方
挂起main()
开始shortWait( )
开始longWait()
结束shortwait()
结束longWait()
这里是main()结束的地方
成功：进程退出代码 0.
```

**图 9-1　协程的停止**

main()、longWait()和 shortWait()3 个函数作为独立的处理单元按顺序启动，然后开始并行运行，每个函数都在运行的开始和结束阶段输出了消息。为了模拟它们运算的时间消耗，使用了 time 包中的 Sleep()函数。Sleep()可以按照指定的时间来暂停函数或协程的执行，这里使用了纳秒（ns）。

程序按照我们期望的顺序打印出了消息，几乎都一样，可是我们明白这是模拟出来的，并且是并行的方式。让 main()函数暂停 10 秒从而确定它会在另外两个协程之后结束。如果不这样（如果让 main()函数停止 4 秒），main()会提前结束，longWait()则无法完成。如果不在 main()中等待，协程会随着程序的结束而消亡。

当 main()函数返回的时候，程序退出：它不会等待任何其他非 main 协程的结束。这就是为什么在服务器程序中，每一个请求都会启动一个协程来处理，server()函数必须保持运行状态。通常使用一个无限循环来达到这样的目的。

另外，协程是独立的处理单元，一旦陆续启动一些协程，就无法确定它们是什么时候真正开始执行的。代码逻辑必须独立于协程调用的顺序。

## 9.1.3　并发与并行的区别

并发和并行的根本区别是任务是否同时执行。

并发不是并行。并行是让不同的代码片段同时在不同的物理处理器上执行。并行的关键是同时做很多事情，而并发是指同时管理很多事情，这些事情可能只做了一半就被暂停去做别的事情。

在很多情况下，并发的效果比并行好，因为操作系统和硬件的总资源一般很少，但能支持系统同时做很多事情。这种"使用较少的资源做更多的事情"的哲学，也是指导 Go 语言设计的哲学。

如果希望让 goroutine 并行，必须使用多于一个逻辑处理器。当有多个逻辑处理器时，调度器会将 goroutine 平等分配到每个逻辑处理器上。这会让 goroutine 在不同的线程上运行。不过要想真的实现并行的效果，用户需要让自己的程序运行在有多个物理处理器的机器上。否则，哪怕 Go 语言运行时使用多个线程，goroutine 依然会在同一个物理处理器上并发运行，达不到并行的效果。

# 9.2　goroutine

Go 语言在语言级别支持轻量级线程，称为 goroutine。Go 语言标准库提供的所有系统调用操作（当然也包括所有同步 I/O 操作），都会出让 CPU 给其他 goroutine（创建协程会自动分配一个合适的 CPU 优先级，不管优先级如何，都会与同级协程竞争 CPU 资源，从外部看来就是出让了部分 CPU 资源）。这让轻量级线程的切换管理不依赖于系统的线程和进程，也不依赖于 CPU 的核心数量，而是交给 Go 语言运行时负责统一调度（当然也允许手动控制）。

那么什么是 goroutine 呢？本节学习 goroutine 的基本知识。

## 9.2.1 什么是 goroutine

Go 语言的并发是通过 goroutine 来实现的，goroutine 类似于线程，可以根据需要创建成千上万个 goroutine 并发工作，但 goroutine 是由 Go 程序运行时（runtime）的调度和管理。Go 程序智能地将 goroutine 中的任务合理地分配给每个 CPU。

goroutine 是 Go 语言并行设计的核心。goroutine 说到底其实就是协程，但是它比线程更小，十几个 goroutine 可能体现在底层也就是五六个线程，Go 语言内部实现了 goroutine 之间的内存共享。执行 goroutine 只需极少的栈内存（4~5KB），当然会根据相应的数据伸缩。也正因为如此，程序可同时运行成千上万个并发任务。goroutine 比线程（thread）更易用、更高效、更轻便。

## 9.2.2 goroutine 的创建

Go 程序从 main 包的 main()函数开始，在程序启动时，Go 程序就会为 main()函数创建一个默认的 goroutine。

使用 go 关键字就可以创建 goroutine，将 go 声明放到一个需调用的函数之前，在相同地址空间调用运行这个函数，这样该函数执行时便会作为一个独立的并发线程，这种线程在 Go 语言中被称为 goroutine。

创建 goroutine 的语法格式如下：

```
go 函数名 ( 参数列表 )
```

（1）函数名：要调用的函数名。

（2）参数列表：调用函数需要传入的参数。

使用 go 关键字创建 goroutine 时，被调用函数的返回值会被忽略。

例如，使用 go 关键字，将 running()函数并发执行，每隔一秒打印一次计数器，而 main 的 goroutine 则等待用户输入，两个行为可以同时进行。

```go
package main
import (
    "fmt"
    "time"
)
func running() {
    var times int
    //构建一个无限循环
    for {
        times++
        fmt.Println("tick", times)
        //延时 1 秒
        time.Sleep(time.Second)
    }
}
func main() {
    //并发执行程序
    go running()
    //接收命令行输入，不做任何事情
    var input string
    fmt.Scanln(&input)
}
```

运行结果如图 9-2 所示。

```
tick 1
tick 2
tick 3
tick 4
tick 5
tick 6
tick 7
tick 8
tick 9
tick 10
```

**图 9-2　每隔一秒打印计数器**

代码执行后，命令行会不断输出 tick，同时可以使用 fmt.Scanln()接收用户输入。两个环节可以同时进行。

在以上代码中：

第 9 行，使用 for 语句形成一个无限循环。

第 10 行，times 变量在循环中不断自增。

第 11 行，输出 times 变量的值。

第 13 行，使用 time.Sleep 暂停 1 秒后继续循环。

第 18 行，使用 go 关键字让 running()函数并发运行。

第 21 行，接收用户输入，直到按 Enter 键时将输入的内容写入 input 变量中并返回，整个程序终止。

在本例中，Go 程序在启动时，运行时（runtime）会默认为 main()函数创建一个 goroutine。在 main()函数的 goroutine 中执行到 go running 语句时，归属于 running()函数的 goroutine 被创建，running()函数开始在自己的 goroutine 中执行。此时，main()函数继续执行，两个 goroutine 通过 Go 程序的调度机制同时运作。

另外，还可以使用匿名函数来创建 goroutine。

使用匿名函数创建 goroutine 的语法格式如下：

```
go func( 参数列表 ){
    函数体
}( 调用参数列表 )
```

（1）参数列表：函数体内的参数变量列表。

（2）函数体：匿名函数的代码。

（3）调用参数列表：启动 goroutine 时，需要向匿名函数传递的调用参数。

例如，在 main()函数中创建一个匿名函数，并为匿名函数启动 goroutine。匿名函数没有参数。

```
package main
import (
    "fmt"
    "time"
)
func main() {
    go func() {
        var times int
        for {
            times++
            fmt.Println("tick", times)
            time.Sleep(time.Second)
        }
    }()
    var input string
    fmt.Scanln(&input)
}
```

在以上代码中：

第 7 行，go 后面接匿名函数，启动 goroutine。

第 8～13 行的逻辑与前面程序的 running()函数一致。

第 14 行的括号的功能是调用匿名函数的参数列表。由于第 7 行的匿名函数没有参数，因此第 14 行的参数列表也是空的。

**注意**：所有 goroutine 在 main()函数结束时会一同结束。goroutine 虽然类似于线程概念，但是从调度性能上没有线程细致，而细致程度取决于 Go 程序的 goroutine 调度器的实现和运行环境。终止 goroutine 的最好方法就是自然返回 goroutine 对应的函数。

## 9.2.3　协程间的通信

关键字 go 的引入使得在 Go 语言中并发编程变得简单而便捷，但同时也应该意识到并发编程的原生复杂性，并时刻对并发中容易出现的问题保持警惕。

事实上，不管是什么平台，什么编程语言，不管在哪里，并发都是一个大话题，话题大小通常也直接对应于问题的大小。并发编程的难度在于协调，而协调就要通过交流，从这个角度来看，并发单元间的通信是最大的问题。

通常有两种最常见的并发通信模型：共享数据和消息。

共享数据是指多个并发单元分别保持对同一个数据的引用，实现对该数据的共享。被共享的数据可能有多种形式，如内存数据块、磁盘文件、网络数据等。在实际工程应用中最常见的是内存，也就是常说的共享内存。

```go
package main
import (
  "fmt"
  "runtime"
  "sync"
)
var counter int = 0
func Count (lock *sync.Mutex) {
  lock. Lock()
  counter++
  fmt.Println(counter)
  lock. Unlock()
}
func main () {
  lock := &sync.Mutex{}
  for i:= 0; i<10; i++ {
    go Count(lock )
  }
  for {
    lock.Lock()
    c := counter
    lock .Unlock()
    runtime . Gosched( )
    if c >= 10 {
      break
    }
  }
}
```

运行结果如图 9-3 所示。

**图 9-3　数据的共享**

在以上代码中，在 10 个 goroutine 中共享了变量 counter。每个 goroutine 执行完成后，将 counter 的值加 1。因为 10 个 goroutine 是并发执行的，所以还引入了锁，也就是代码中的 lock 量。每次对 n 的操作，都要先将锁锁住，操作完成后，再将锁打开。在主函数中，使用 for 循环来不断检查 counter 的值（同时需要加锁）。当其值达到 10 时，说明所有 goroutine 都执行完毕了，这时主函数返回，程序退出。

在以上代码中实现的功能非常简单，但是却使用了很复杂的代码去编写，Go 语言既然以并发编程作为语言的核心优势，当然不至于将这样的问题用这么复杂的方式来解决。Go 语言提供的是另一种通信模型，即以消息机制而非共享内存作为通信方式。

消息机制认为每个并发单元是自包含的、独立的个体，并且都有自己的变量，但在不同并发单元之间这些变量不共享。每个并发单元的输入和输出只有一种，那就是消息。这有点类似于进程的概念，每个进程不会被其他进程打扰，它只做好自己的工作就可以了，不同进程间靠消息来通信，它们不会共享内存。

**注意**：不要通过共享内存来通信，而应该通过通信来共享内存。

Go 语言提供的消息通信机制被称为通道（channel）接下来将详细介绍通道。

# 9.3　通道

通道（channel）是 Go 语言在语言级别提供的 goroutine 间的通信方式。可以使用 channel 在两个或多个 goroutine 之间传递消息。

channel 是进程内的通信方式，因此通过 channel 传递对象的过程和调用函数时的参数传递行为比较一致，也可以传递指针等。如果需要跨进程通信，建议用分布式系统的方法来解决，如使用 Socket 或者 HTTP 等通信协议。Go 语言对于网络方面也有非常完善的支持。

channel 是类型相关的，也就是说，一个 channel 只能传递一种类型的值，这个类型需要在声明 channel 时指定。如果对 UNIX 管道有所了解的话，就不难理解 channel，可以将其认为是一种类型安全的管道。

## 9.3.1　声明通道类型

Go 语言中的通道是一种特殊的类型。在任何时候，同时只能有一个 goroutine 访问通道，进行发送和获取数据。goroutine 间通过通道可以进行通信。

通道本身需要一个类型进行修饰，就像切片类型需要标识元素类型。通道的元素类型就是在其内部传输的数据类型，声明格式如下：

```
var 通道变量 chan 通道类型
```

（1）通道类型：通道内的数据类型。

（2）通道变量：保存通道的变量。

与一般的变量声明不同的地方仅仅是在类型之前加了 chan 关键字。通道类型指定了这个 channel 所能传递的元素类型。

例如，声明一个传递类型为 int 的 channel，代码如下：

```
var ch chan int
```

或者声明一个 map，元素是 bool 型的 channel，代码如下：

```
var m map[string] chan bool
```

chan 类型的空值是 nil，声明后需要配合 make 后才能使用。

## 9.3.2　创建通道

通道是引用类型，需要使用 make 进行创建，语法格式如下：

```
通道实例 := make(chan 数据类型)
```

（1）数据类型：通道内传输的元素类型。

（2）通道实例：通过 make 创建的通道句柄。

例如：

```
ch1 := make(chan int)                  //创建一个整型类型的通道
ch2 := make(chan interface{})          //创建一个空接口类型的通道,可以存放任意格式
type Equip struct{ /*一些字段*/ }
ch2 := make(chan *Equip)               //创建 Equip 指针类型的通道,可以存放*Equip
```

## 9.3.3　通道的作用

通道创建后，可以使用通道进行发送和接收操作。

### 1. 使用通道发送数据

通道的发送，使用特殊的操作符"<-"，将数据通过通道发送的格式如下：

```
通道变量 <- 值
```

（1）通道变量：通过 make 创建好的通道实例。

（2）值：可以是变量、常量、表达式或者函数返回值等。值的类型必须与 ch 通道的元素类型一致。

例如，使用 make 创建一个通道后，就可以使用"<-"向通道发送数据，代码如下：

```
//创建一个空接口通道
ch := make(chan interface{})
//将 0 放入通道中
ch <- 0
//将 hello 字符串放入通道中
ch <- "hello"
```

把数据往通道中发送时，如果接收方一直都没有接收，那么发送操作将持续阻塞。Go 程序运行时能智能地发现一些永远无法发送成功的语句并做出提示，例如：

```
package main
func main() {
    //创建一个整型通道
    ch := make(chan int)
    //尝试将 0 通过通道发送
    ch <- 0
}
```

运行结果如图 9-4 所示。

```
fatal error: all goroutines are asleep - deadlock!

goroutine 1 [chan send]:
main.main()
        C:/Users/Administrator/go/src/hello/main.go:7 +0x31
错误：进程退出代码 2.
```

图 9-4　发送阻塞

运行时发现所有的 goroutine（包括 main）都处于等待 goroutine 状态。也就是说所有 goroutine 中的 channel 并没有形成发送和接收对应的代码。

**2. 使用通道接收数据**

通道接收同样使用 "<-" 操作符，通道接收有如下特性：

①通道的收发操作在两个不同的 goroutine 间进行。

由于通道的数据在没有接收方处理时，数据发送方会持续阻塞，因此通道的接收必定在另外一个 goroutine 中进行。

②接收将持续阻塞，直到发送方发送数据。

如果接收方接收时，通道中没有发送方发送数据，接收方也会发生阻塞，直到发送方发送数据为止。

③每次接收一个元素。

通道一次只能接收一个数据元素。

通道的数据接收有 4 种方式：

（1）阻塞接收数据。

阻塞模式接收数据时，将接收变量作为 "<-" 操作符的左值，格式如下：

```
data := <-ch
```

执行该语句时将会阻塞，直到接收到数据并赋值给 data 变量。

（2）非阻塞接收数据。

使用非阻塞方式从通道接收数据时，语句不会发生阻塞，格式如下：

```
data, ok := <-ch
```

**data**：表示接收到的数据。未接收到数据时，data 为通道类型的零值。

**ok**：表示是否接收到数据。

非阻塞的通道接收方法可能造成高的 CPU 占用，因此使用非常少。如果需要实现接收超时检测，可以配合 select 和计时器 channel（后面会讲到）。

（3）接收任意数据，忽略接收的数据。

阻塞接收数据后，忽略从通道返回的数据，格式如下：

```
<-ch
```

执行该语句时将会发生阻塞，直到接收到数据，但接收到的数据会被忽略。这个方式实际上只是通过通道在 goroutine 间阻塞收发实现并发同步。

例如，使用通道做并发同步，代码如下：

```go
package main
import (
    "fmt"
)
func main() {
    //构建一个通道
    ch := make(chan int)
    //开启一个并发匿名函数
    go func() {
```

```
        fmt.Println("start goroutine")
        //通过通道通知 main 的 goroutine
        ch <- 0
        fmt.Println("exit goroutine")
    }()
    fmt.Println("wait goroutine")
    //等待匿名 goroutine
    <-ch
    fmt.Println("all done")
}
```

运行结果如图 9-5 所示。

在以上代码中：

第 7 行，构建一个同步用的通道。

第 9 行，开启一个匿名函数的并发。

第 12 行，匿名 goroutine 即将结束时，通过通道通知 main 的 goroutine，这一句会一直阻塞，直到 main 的 goroutine 接收为止。

第 17 行，开启 goroutine 后，马上通过通道等待匿名 goroutine 结束。

（4）循环接收。

通道的数据接收可以借用 for range 语句进行多个元素的接收操作，格式如下：

```
for data := range ch {
}
```

通道 ch 是可以进行遍历的，遍历的结果就是接收到的数据。数据类型就是通道的数据类型。通过 for 循环遍历获得的变量只有一个，即上面例子中的 data。

例如：使用 for 循环从通道中接收数据。

```
package main
import (
    "fmt"
    "time"
)
func main() {
    //构建一个通道
    ch := make(chan int)
    //开启一个并发匿名函数
    go func() {
        //从 3 循环到 0
        for i := 3; i >= 0; i-- {
            //发送 3 到 0 的数值
            ch <- i
            //每次发送完时等待
            time.Sleep(time.Second)
        }
    }()
    //遍历接收通道数据
    for data := range ch {
        //打印通道数据
        fmt.Println(data)
        //当遇到数据 0 时，退出接收循环
        if data == 0 {
                break
        }
    }
}
```

图右侧运行结果框：
```
wait goroutine
start goroutine
exit goroutine
all done
成功: 进程退出代码 0.
```

图 9-5 并发同步

运行结果如图 9-6 所示。

在以上代码中：

第 8 行，通过 make 生成一个整型元素的通道。

第 10 行，将匿名函数并发执行。

第 12 行，用循环生成 3 到 0 的数值。

第 14 行，将 3 到 0 的数值依次发送到通道 ch 中。

第 16 行，每次发送后暂停 1 秒。

第 20 行，使用 for 循环从通道中接收数据。

第 22 行，将接收到的数据打印出来。

第 24 行，当接收到数值 0 时，停止接收。如果继续发送，由于接收 goroutine 已经退出，没有 goroutine 发送到通道，因此运行时将会触发宕机报错。

```
3
2
1
0
成功: 进程退出代码 0.
```

图 9-6　使用 for 接收数据

### 9.3.4　select

select 是类 UNIX 系统提供的一个多路复用系统 API，Go 语言借用多路复用的概念，提供了 select 关键字，用于多路监听多个通道。当监听的通道没有状态是可读或可写时，select 是阻塞的；只要监听的通道中有一个状态是可读或可写的，则 select 就不会阻塞，而是进入处理就绪通道的分支流程。如果监听的通道有多个可读或可写的状态，则 select 随机选取一个进行处理。

通过调用 select() 函数来监控一系列的文件句柄，一旦其中一个文件句柄发生了 I/O 动作，该 select() 调用就会被返回。后来该机制也被用于实现高并发的 Socket 服务器程序。Go 语言直接在语言级别支持 select 关键字，用于处理异步 I/O 问题。

select 的用法与 switch 语言非常类似，由 select 开始一个新的选择块，每个选择条件由 case 语句来描述。与 switch 语句可以选择任何可使用相等比较的条件相比，select 有比较多的限制，其中最大的一条限制就是每个 case 语句必须是一个 I/O 操作，大致的结构如下：

```
select {
    case <-chan1:          //如果 chan1 成功读到数据,则进行该 case 处理语句
    case chan2 <- 1:       //如果成功向 chan2 写入数据,则进行该 case 处理语句
    default:               //如果上面都没有成功,则进入 default 处理流程
}
```

可以看出，select 不像 switch，后面并不带判断条件，而是直接去查看 case 语句。每个 case 语句都必须是一个面向 channel 的操作。比如上面的例子中，第一个 case 试图从 chan1 读取一个数据并直接忽略读到的数据，而第二个 case 则试图向 chan2 中写入一个整数 1，如果这两者都没有成功，则执行 default 语句。

基于此功能，可以实现如下程序：

```
package main
import (
  "fmt"
)
func main() {
   ch := make(chan int, 1)
   for {
      select {
      case ch <- 0:
      case ch <- 1:
      }
      i := <-ch
```

```
        fmt.Println("接收到的值为：", i)
    }
}
```

这个程序实现了一个随机向 ch 写入一个 0 或者 1 的过程，但这是一个死循环。

## 9.3.5 缓冲机制

前面创建的都是不带缓冲的 channel，这种做法对于传递单个数据的场景可以接受，但对于需要持续传输大量数据的场景就有些不适合了。接下来介绍如何给 channel 带上缓冲，从而达到消息队列的效果。

Go 语言中有缓冲的通道（buffered channel），其是一种在被接收前能存储一个或者多个值的通道。这种类型的通道并不强制要求 goroutine 之间必须同时完成发送和接收。通道会阻塞发送和接收动作的条件也会不同。只有在通道中没有要接收的值时，接收动作才会阻塞。只有在通道没有可用缓冲区容纳被发送的值时，发送动作才会阻塞。

这导致有缓冲的通道和无缓冲的通道之间有一个很大的不同：无缓冲的通道保证进行发送和接收的 goroutine 会在同一时间进行数据交换；有缓冲的通道没有这种保证。

在无缓冲通道的基础上，为通道增加一个有限大小的存储空间形成带缓冲通道。带缓冲通道在发送时无须等待接收方接收即可完成发送过程，并且不会发生阻塞，只有当存储空间满时才会发生阻塞。同理，如果缓冲通道中有数据，接收时将不会发生阻塞，直到通道中没有数据可读时，通道才会再度阻塞。

创建带缓冲通道的语法格式如下：

```
通道实例 := make(chan 通道类型, 缓冲大小)
```

（1）通道类型：和无缓冲通道用法一致，影响通道发送和接收的数据类型。

（2）缓冲大小：决定通道最多可以保存的元素数量。

（3）通道实例：被创建出的通道实例。

例如：

```
package main
import "fmt"
func main() {
    //创建一个 3 个元素缓冲大小的整型通道
    ch := make(chan int, 3)
    //查看当前通道的大小
    fmt.Println(len(ch))
    //发送 3 个整型元素到通道
    ch <- 1
    ch <- 2
    ch <- 3
    //查看当前通道的大小
    fmt.Println(len(ch))
}
```

运行结果如下：

```
0
3
```

在以上代码中：

第 5 行，创建一个带有 3 个元素缓冲大小的整型类型的通道。

第 7 行，查看当前通道的大小。带缓冲的通道在创建完成时，内部的元素是空的，因此使用 len() 获取到的返回值为 0。

第 9～11 行，发送 3 个整型元素到通道。因为使用了缓冲通道，即便没有 goroutine 接收，发送者也不会发生阻塞。

第 13 行，由于填充了 3 个通道，此时的通道长度变为 3。

带缓冲通道在很多特性上和无缓冲通道是类似的。无缓冲通道可以看作长度永远为 0 的带缓冲通道。因此，根据这个特性，带缓冲通道在以下两种情况下依然会发生阻塞：

（1）带缓冲通道被填满时，尝试再次发送数据时发生阻塞。

（2）带缓冲通道为空时，尝试接收数据时发生阻塞。

为什么 Go 语言对通道要限制长度而不提供无限长度的通道？

我们知道通道是在两个 goroutine 间通信的桥梁。使用 goroutine 的代码必然有一方发送数据，一方接收数据。当发送数据方的数据供给速度大于接收方的数据处理速度时，如果通道不限制长度，那么内存将不断膨胀，直到应用崩溃。因此，限制通道的长度有利于约束数据发送方的供给速度，供给数据量必须在接收方处理量和通道长度的范围内，才能正常地处理数据。

### 9.3.6　通道的传递

在 Go 语言中 channel 本身也是一个原生类型，与 map 的类型地位一样，因此 channel 本身在定义后也可以通过 channel 来传递。

可以使用这个特性来实现 Linux/UNIX 非常常见的管道（Pipe）特性。管道也是使用非常广泛的一种设计模式，例如，在处理数据时，可以采用管道设计，这样比较容易以插件的方式增加数据的处理流程。

利用 channel 可被传递的特性来实现管道。为了简化表达，假设在管道中传递的数据只是一个整型数，在实际的应用场景中通常会是一个数据块。

首先限定基本的数据结构：

```
type PipeData struct {
    value int
    handler func(int) int
    next chan int
}
```

然后写一个常规的处理函数。只要定义一系列 PipeData 的数据结构并一起传递给这个函数，就可以达到流式处理数据的目的：

```
func handle (queue chan *PipeData) {
    for data := range queue {
        data. next <- data.handler (data. value)
    }
}
```

同理，利用 channel 这个可传递的特性，可以实现非常强大、灵活的系统架构。相比之下，在 C++、Java、C#中，要达成这样的效果，通常就意味着要设计一系列接口。

与 Go 语言接口的非入侵时类似，channel 的这些特性也可以大大减少开发时间，用一些比较简单却实用的方式来达成在其他语言中需要使用众多技巧才能达成的效果。

### 9.3.7　单向通道

Go 语言的类型系统提供了单方向的 channel 类型，顾名思义，单向 channel 就是只能用于写入或者只能用于读取数据。当然，channel 本身必然是同时支持读写的，否则根本没法用。

假如一个 channel 真的只能读取数据，那么它肯定只会是空的，因为没有机会往里面写入数据。同理，如果一个 channel 只允许写入数据，即使写进去了，也没有丝毫意义，因为没有办法读取到里面的数据。所谓的单向 channel，其实只是对 channel 的一种使用限制。

在将一个 channel 变量传递到一个函数时，可以通过将其指定为单向 channel 变量，从而限制该函数中可以对此 channel 的操作，例如，只能往这个 channel 中写入数据，或者只能从这个 channel 读取数据。

单向 channel 变量的声明非常简单，只能写入数据的通道类型为 chan<-，只能读取数据的通道类型为 <-chan，语法格式如下：

```
var 通道实例 chan<- 元素类型        //只能写入数据的通道
var 通道实例 <-chan 元素类型        //只能读取数据的通道
```

（1）元素类型：通道包含的元素类型。

（2）通道实例：声明的通道变量。

例如：

```
ch := make(chan int)
//声明一个只能写入数据的通道类型，并赋值为 ch
var chSendOnly chan<- int = ch
//声明一个只能读取数据的通道类型，并赋值为 ch
var chRecvOnly <-chan int = ch
```

在以上代码中，chSendOnly 只能写入数据，如果尝试读取数据，将会出现如下错误：

```
invalid operation: <-chSendOnly (receive from send-only type chan<- int)
```

同理，chRecvOnly 也是不能写入数据的。

当然，使用 make 创建通道时，也可以创建一个只写入或只读取的通道，代码如下：

```
ch := make(<-chan int)
var chReadOnly <-chan int = ch
<-chReadOnly
```

**注意**：一个不能写入数据只能读取的通道是毫无意义的。

time 包中的计时器返回一个 timer 实例，例如：

```
timer := time.NewTimer(time.Second)
```

timer 的 **Timer** 类型定义如下：

```
type Timer struct {
    C <-chan Time
    r runtimeTimer
}
```

第 2 行中 C 通道的类型就是一种只能读取的单向通道。如果此处不进行通道方向约束，一旦外部向通道写入数据，将会造成其他使用到计时器的地方产生逻辑混乱。

因此，单向通道有利于代码接口的严谨性。

## 9.3.8  关闭通道

关闭通道的方法非常简单，直接使用 Go 语言内置的 close()函数即可关闭通道。

```
close(ch)
```

如何判断一个通道是否已经被关闭了？

可以在读取的时候使用多重返回值的方式：

```
x, ok := <- ch
```

这个用法与 map 中的按键获取 value 的过程比较类似，只需要看第二个 bool 的返回值即可，如果返回值为 false，则表示 ch 已经被关闭了。

## 9.3.9　超时和计时器

在之前对 channel 的介绍中，完全没有提到错误处理的问题，而这个问题显然是不能被忽略的。在并发编程的通信过程中，最需要处理的就是超时问题，即向 channel 写数据时发现 channel 已满，或者从 channel 试图读取数据时发现 channel 为空。如果不正确处理这些情况，很可能会导致整个 goroutine 锁死。

虽然 goroutine 是 Go 语言引入的新概念，但通信锁死问题已经存在很长时间了，在之前的 C/C++开发中也存在。操作系统在提供此类系统级通信函数时也会考虑超时的场景，因此这些方法通常都会带一个独立的超时参数。超过设定的时间时，仍然没有处理完任务，则该方法会立即终止并返回对应的超时信息。超时机制本身虽然也会带来一些问题，如在运行比较快的机器或者高速的网络上运行正常的程序，到了慢速的机器或者网络上运行就会出问题，从而出现结果不一致的现象，但从根本上来说，解决死锁问题的价值要远大于所带来的问题。

使用 channel 时需要小心，如对于以下这个用法：

```
i := <-ch
```

不出问题的话一切都正常运行，但如果出现了一个错误情况，即永远都没有人往 ch 中写数据，那么上述这个读取动作也将永远无法从 ch 中读取到数据，导致的结果就是整个 goroutine 永远阻塞并没有挽回的机会。如果 channel 只是被同一个开发者使用，那样出问题的可能性还低一些。如果一旦对外公开，就必须考虑到最差的情况并对程序进行保护。

Go 语言没有提供直接的超时处理机制，但可以利用 select 机制。虽然 select 机制不是专为超时而设计的，却能很方便地解决超时问题，因为 select 的特点是只要其中一个 case 已经完成，程序就会继续往下执行，而不会考虑其他 case 的情况。

基于此特性，来为 channel 实现超时机制：

```
//首先实现并执行一个匿名的超时等待函教
timeout := make(chan bool, 1)
go func() {
    time.Sleep(1e9)    //等待 1 秒
    timeout < - true
    }()
    //然后把 timeout 这个 channel 利用起来
    select {
    case <-ch:
        //从 ch 中读取到数据
    case <-timeout:
        //一直没有从 ch 中读取到数据,但从 timeout 中读取到了数据
}
```

# 9.4　并发的进阶

通过前面的学习我们了解了并发的基础知识，本节开始学习并发的更深层次的内容，包括多核并行化、并发范式、并发模型、协程的同步与恢复等。

## 9.4.1　多核并行化

Go 语言具有支持高并发的特性，可以很方便地实现多线程运算，充分利用多核心 CPU 的性能。
众所周知，服务器的处理器大都是单核频率较低而核心数较多，对于支持高并发的程序语言，可以充

分利用服务器的多核优势，从而降低单核压力，减少性能浪费。

例如，Go 语言实现多核多线程并发运行，代码如下：

```go
package main
import (
    "fmt"
)
func main() {
    for i := 0; i < 5; i++ {
        go AsyncFunc(i)
    }
}
func AsyncFunc(index int) {
    sum := 0
    for i := 0; i < 10000; i++ {
        sum += 1
    }
    fmt.Printf("线程%d, sum 为:%d\n", index, sum)
}
```

运行结果如下：

```
线程 0, sum 为:10000
线程 2, sum 为:10000
线程 3, sum 为:10000
线程 1, sum 为:10000
线程 4, sum 为:10000
```

在执行一些昂贵的计算任务时，我们希望能够尽量利用现代服务器普遍具备的多核特性来尽量将任务并行化，从而达到降低总计算时间的目的。此时需要了解 CPU 核心的数量，并针对性地分解计算任务到多个 goroutine 中去并行运行。

下面模拟一个完全可以并行的计算任务：计算 $N$ 个整型数的总和。可以将所有整型数分成 $M$ 份，$M$ 即 CPU 的个数。让每个 CPU 开始计算分给它的那份计算任务，最后将每个 CPU 的计算结果再做一次累加，这样就可以得到所有 $N$ 个整型数的总和，代码如下：

```go
type Vector []float64
//分配给每个 CPU 的计算任务
func (v Vector) DoSome(i, n int, u Vector, c chan int) {
    for ; i < n; i++ {
        v[i] += u.Op(v[i])
    }
    c <- 1                          //发信号告诉任务管理者,已经计算完成了
}
const NCPU = 16                     //假设总共有 16 核
func (v Vector) DoAll(u Vector) {
    c := make(chan int, NCPU)       //用于接收每个 CPU 的任务完成信号
    for i := 0; i < NCPU; i++ {
        go v.DoSome(i*len(v)/NCPU, (i+1)*len(v)/NCPU, u, c)
    }
    //等待所有 CPU 的任务完成
    for i := 0; i < NCPU; i++ {
        <-c                         //获取一个数据,表示一个 CPU 计算完成了
    }
    //到这里表示所有计算已经结束
}
```

这两个函数看起来设计非常合理，其中 DoAll() 会根据 CPU 核心的数目对任务进行分割，然后开辟多个 goroutine 来并行执行这些计算任务。

是否可以将总的计算时间降到接近原来的 $1/N$ 呢？答案是不一定。如果看秒表，会发现总的执行时间没有明显缩短。再去观察 CPU 运行状态，会发现尽管有 16 个 CPU 核心，但在计算过程中其实只有一个 CPU 核心处于繁忙状态，这是让很多 Go 语言初学者迷惑的问题。

官方给出的答案是，这是因为当前版本的 Go 编译器还不能很智能地去发现和利用多核的优势。虽然确实创建了多个 goroutine，并且从运行状态看这些 goroutine 也都在并行运行，但实际上这些 goroutine 都运行在同一个 CPU 核心上，在一个 goroutine 得到时间片执行时，其他 goroutine 都会处于等待状态。从这一点可以看出，虽然 goroutine 简化了写并行代码的过程，但实际上整体运行效率并不真正高于单线程程序。

Go 语言还不能很好地利用多核心的优势，可以先通过设置环境变量 GOMAXPROCS 的值来控制使用多少个 CPU 核心。具体操作方法是通过直接设置环境变量 GOMAXPROCS 的值，或者在代码中启动 goroutine 之前先调用以下语句以设置使用 16 个 CPU 核心：

```
runtime.GOMAXPROCS(16)
```

到底应该设置多少个 CPU 核心呢？其实 runtime 包中还提供了另外一个 NumCPU() 函数来获取核心数，例如：

```
package main
import (
  "fmt"
  "runtime"
)
func main() {
  cpuNum := runtime.NumCPU()   //获得当前设备的 cpu 核心数
  fmt.Println("cpu 核心数:", cpuNum)
  runtime.GOMAXPROCS(cpuNum)   //设置需要用到的 cpu 数量
}
```

运行结果如下：

```
cpu 核心数: 4
```

没有任何方法的接口，称为空接口。空接口表示为 interface{}。系统中任何类型都符合空接口的要求，空接口有点类似于 Java 语言中的 Object。不同之处在于，Go 语言中的基本类型 int、float 和 string 也符合空接口。Go 语言的类型系统中没有类的概念，所有的类型都是一样的身份，没有 Java 中对基本类型的开箱和装箱操作，所有的类型都是统一的。Go 语言的空接口有点像 C 语言中的 void*，只不过 void*是指针，而 Go 语言的空接口内部封装了指针而已。

空接口的内部实现保存了对象的类型和指针。使用空接口保存一个数据的过程比直接用数据对应类型的变量保存稍慢。因此，在开发中，应在需要的地方使用空接口，而不是在所有地方使用空接口。

使用空接口进行赋值操作，例如：

```
package main
import "fmt"
func main() {
    var any interface{}
    any = 5
    fmt.Println(any)
    any = "apple"
    fmt.Println(any)
    any = true
    fmt.Println(any)
}
```

运行结果如下：

```
5
```

```
apple
true
```

在以上代码中：

第 4 行，声明 any 为 interface{}类型的变量。

第 5 行，为 any 赋值一个整型 5。

第 6 行，打印 any 的值，提供给 fmt.Println 的类型依然是 interface{}。

第 7 行，为 any 赋值一个字符串 apple。此时 any 内部保存了一个字符串，但类型依然是 interface{}。

第 9 行，赋值布尔值。

## 9.4.2　协程的同步

通道可以被关闭，尽管它们和文件不同，不必每次都关闭，只有在需要告诉接收者不会再提供新的值的时候，才需要关闭通道。只有发送者需要关闭通道，接收者永远不会需要，例如：

```
package main
import (
  " fmt"
  "time"
)
func main() {
  ch : make(chan string)
  go sendData(ch)
  go getData(ch)
  time.Sleep(1e9)
}
func sendData(ch chan string) {
  ch <- "纽约"
  ch <- "华盛顿"
  ch <- "伦敦"
  ch <- "北京"
  ch <- "东京"
}
func getData(ch chan string) {
  var input string
  //time.Sleep(1e9)
  for {
    input = <-ch
    fmt .Printf("%s\n" , input)
  }
}
```

运行结果如图 9-7 所示。

```
纽约
华盛顿
伦敦
北京
东京
成功: 进程退出代码 0.
```

图 9-7　运行结果

如何在通道的 sendData()完成时发送一个信号？getData()又如何检测到通道是否关闭或阻塞？

第一种方法可以通过函数 close(ch)来完成：这个将通道标记为无法通过发送操作"<-"接收更多的值；给已经关闭的通道发送或者再次关闭都会导致运行时的 panic。在创建一个通道后，使用 defer 语句是一个不错的办法（类似这种情况）：

```
ch := make(chan float64)
defer close(ch)
```

第二种方法可以使用逗号、ok 操作符：用来检测通道是否被关闭。

```
v, ok := <-ch   //如果 v 接收到一个值,ok 的值则为 true
```

通常和 if 语句一起使用：

```
if v, ok := <-ch; ok{
    process(V)
}
```

或者在 for 循环中接收时，当关闭或者阻塞时使用 break：

```
v, ok := <-ch
if !ok {
    break
}
process(v)
```

可以通过 _ = ch <-v 来实现非阻塞发送，因为空标识符获取到了发送给 ch 的所有内容。
实现非阻塞通道的读取，需要使用 select：

```
package main
import " fmt"
func main() {
    ch := make(chan string)
    go sendData(ch)
    getData(ch)
}
func sendData(ch chan string) {
    ch <- "纽约"
    ch <- "华盛顿"
    ch <- "伦敦"
    ch <- "北京"
    ch <- "东京"
    close(ch)
}
func getData(ch chan string) {
    for {
        input, open := <-ch
        if !open {
            break
        }
        fmt.Printf( "%s", input)
    }
}
```

改变了以下代码：
（1）现在只有 sendData()是协程，getData()和 main()在同一个线程中。

```
go sendData(ch)
getData(ch)
```

（2）在 sendData()函数的最后，关闭了通道，代码如下：

```go
func sendData(ch chan string) {
    ch <- "纽约"
    ch <- "华盛顿"
    ch <- "伦敦"
    ch <- "北京"
    ch <- "东京"
    close(ch)
}
```

（3）在 for 循环的 getData()中，每次接收通道的数据之前都使用 if !open 来检测，代码如下：

```go
for {
    input, open := <-ch
    if !open {
        break
    }
    fmt.Printf("%s ", input)
}
```

使用 for-range 语句来读取通道是更好的办法，因为这会自动检测通道是否关闭，代码如下：

```go
for input := range ch{
    process(input)
}
```

阻塞和生产者—消费者模式：在通道迭代器中，两个协程经常是一个阻塞另外一个。

如果程序工作在多核的机器上，大部分时间只用到一个处理器。可以通过使用带缓冲（缓冲空间大于0）的通道来改善。例如，缓冲大小为 100，迭代器在阻塞之前，至少可以从容器获得 100 个元素。如果消费者协程在独立的内核运行，就有可能让协程不会出现阻塞。

由于容器中元素的数量通常是已知的，需要让通道有足够的容量放置所有的元素，这样，迭代器就不会阻塞（尽管消费者协程仍然可能阻塞）。然后，这样有效地提高了迭代容器的内存使用量，所以，通道的容量需要限制最大值。记录运行时间和性能测试可以帮助找到最小的缓存容量，从而使送代器发挥出自身最好的性能。

## 9.4.3　协程与恢复

在以下代码中，如果 do(work)发生 panic，错误会被记录且协程会退出并释放，而其他协程不受影响：停掉了服务器内部一个失败的协程而不影响其他协程的工作。

```go
func server (workChan <-chan *Work) {
    for work := range workChan {
        go safelyDo(work)      //goroutine 开始工作
    }
}
func safelyDo(work *Work) {
    defer func {
        if err := recover(); err != nil {
            log. Printf("%s 在%v 中执行失败", err, work)
        }
    }()
    do( work)
}
```

由于 recover 总是返回 nil，因此可以在 defer 修饰的函数中调用 recover，defer 修饰的代码可以调用那些自身可以使用 panic 和 recover 避免失败的库函数。

例如，safelyD()中 deffer 修饰的函数可能在调用 recover 之前就调用了一个 logging 函数，panicking 状态不会影响 logging 代码的运行。

因为加入了恢复模式，函数 do（以及它调用的任何对象）可以通过调用 panic 来摆脱不好的情况。但是恢复是在 panic 的协程内部，它不能被另外一个协程恢复。

## 9.4.4　生成器

在应用系统编程中，常见的应用场景就是调用一个统一的全局的生成器服务，用于生成全局事务号、订单号、序列号和随机数等。Go 语言对这种场景的支持非常简单。下面以一个随机数生成器为例来说明。

（1）最简单的带缓冲的生成器，代码如下：

```
package main
import (
    "fmt"
    "math/ rand"
)
func GenerateIntA()chan int {
    ch := make (chan int,10)
    //启动一个goroutine,用于生成随机数,函数返回一个通道,用于获取随机数
    go func() {
    for {
        ch<-rand. Int()
    }
    } ()
    return ch
}
func main () {
    ch := GenerateIntA()
    fmt. Println(<-ch)
    fmt. Println(<-ch)
}
```

（2）多个 goroutine 增强型生成器，代码如下：

```
package main
import (
    "fmt"
    "math/ rand"
)
func GenerateIntA() chan int {
    ch := make(chan int, 10)
    go func() {
        for {
            ch <- rand.Int()
        }
    } ()
    return ch
}
func GenerateIntB() chan int {
    ch := make (chan int, 10)
    go func() {
```

```
        for {
            ch <- rand. Int()
        }
    } ()
    return ch
}
func GenerateInt() chan int {
    ch := make(chan int, 20)
    go func() {
        for {
            //使用 select 的增加生成的随机源
            select {
            case ch <- <- GenerateIntA():
            case ch <- <- GenerateIntB():
            }
        } ()
        return ch
}
func main() {
    ch := GenerateInt ()
    for i := 0; i<100; i++{
        fmt. Println(<-ch)
    }
}
```

（3）有时希望生成器能够自动退出，可以借助 Go 通道的退出机制实现，代码如下：

```
package main
import (
    "fmt"
    "math/ rand"
)
func GenerateIntA (done chan struct{}) chan int {
    ch := make (chan int)
    go func() {
    Lable:
        for {
            //通过 select 监听一个信号 chan 来确定是否停止生成
            select {
            case ch <- rand.Int() :
            case <-done:
                break Lable
            }
        }
        close (ch)
    } ()
    return ch
}
func main() {
    done := make (chan struct{})
    ch := GenerateIntA (done)
    fmt. Println(<-ch)
    fmt. Println(<-ch)
    //不再需要生成器,通过 close chan 发送一个通知给生成器
    close (done)
    for v:= range ch {
```

```
        fmt. Println (v)
    }
}
```

（4）一个融合了并发、缓冲、退出通知等多重特性的生成器，代码如下：

```
package main
import (
    "fmt"
    "math/ rand"
)
//done 接收通知退出信号
func GenerateIntA (done chan struct{}) chan int {
    ch := make(chan int, 5)
    go func(){
    Lable:
        for {
            select {
            case ch <- rand.Int():
            case < -done:
                break Lable
            }
        }
        close (ch)
    } ()
    return ch
}
//done 接收通知退出信号
func GenerateIntB (done chan struct{}) chan int {
    ch : make(chan int, 10)
    go func() {
    Lable:
        for {
            select {
            case ch<- rand.Int():
            case <-done:
                break Lable
            }
        }
        close (ch)
    } ()
    return ch
}
//通过 select 执行操作
func GenerateInt (done chan struct{}) chan int {
    ch := make (chan int)
    send := make (chan struct{})
    go func() {
    Lable:
        for {
            select {
            case ch <- < - GenerateIntA (send) :
            case ch <- < - GenerateIntB (send) :
            case <- done:
                send <- struct{} {}
                send <- struct{}{}
```

```
                    break Lable
                }
            }
        close (ch)
    } ()
return ch
}
func main() {
    //创建一个作为接收退出信号的 chan
done := make (chan struct{} )
    //启动生成器
ch:= GenerateInt (done)
    //获取生成器资源
for i := 0; i<10; i ++{
    fmt. Println(<-ch)
    }
    //通知生产者停止生产
    done<- struct{}{}
    fmt. Println ("stop gernarate")
}
```

## 9.4.5　并发模型

CPU 执行指令的速度是非常快的。在 3.0GHz 主频的单颗 CPU 核心上，大部分简单指令的执行仅需要 1 个时钟周期，1 个时钟周期也就是三分之一纳秒。也就是说，1s 可以执行 30 亿条简单指令（仅考虑执行，不考虑读取数据耗时），这个速度是极快的。CPU 慢在对外部数据的读/写上。外部 I/O 的速度慢和阻塞是导致 CPU 使用效率不高的最大原因。在大部分真实系统中，CPU 都不是瓶颈，CPU 的大部分时间被白白浪费了，增加 CPU 的有效吞吐量是工程师的重要目标。

所谓增加 CPU 的有效吞吐量，就是让 CPU 尽量多干活，而不是在空跑或等待。理想状态是机器的每个 CPU 核心都有事情做，而且尽可能快地做事情。

（1）尽可能让每个 CPU 核心都有事情做。这就要求工作的线程要大于 CPU 的核心数，单进程的程序最多使用一个 CPU 干活，是没有办法有效利用机器资源的。由于 CPU 要和外部设备通信，单个线程经常会被阻塞，包括 I/O 等待、缺页中断、等待网络等。所以，CPU 和线程的比例是 1∶1，大部分情况下也不能充分发挥 CPU 的威力。应该依据程序的特性（CPU 密集型还是 I/O 密集型），合理地调整 CPU 和线程的关系，一般情况下，线程数要大于 CPU 的个数，才能发挥机器的价值。

（2）尽可能提高每个 CPU 核心做事情的效率。现代操作系统虽然能够进行并行调度，但是当进程数大于 CPU 核心时，就存在进程切换的问题。切换需要保存上下行，恢复堆栈。频繁地切换也很耗时，我们的目标是尽量让程序减少阻塞和切换，尽量让进程跑满操作系统分配的时间片（分时系统）。

上述是从整个系统的角度来看程序的运行效率问题，具体到应用程序又有所不同。应用程序的并发模型是多样的，总体为以下 3 种：

### 1．多进程模型

进程都能被多核 CPU 并发调度，其优点是每个进程都有自己独立的内存空间，隔离性好、健壮性高；缺点是进程比较重，进程的切换消耗较大，进程间的通信需要多次在内核区和用户区之间复制数据。

### 2．多线程模型

这里的多线程是指启动多个内核线程进行处理，线程的优点是通过共享内存进行通信更快捷，切换代价小；缺点是多个线程共享内存空间，极易导致数据访问混乱，某个线程误操作内存挂掉可能危及整个线程组，健壮性不高。

### 3. 用户级多线程模型

用户级多线程又分两种情况，一种是 $M:1$ 的方式，$M$ 个用户线程对应一个内核进程，这种情况很容易因为一个系统阻塞，其他用户线程都会被阻塞，不能利用机器多核的优势。还有一种模式就是 $M:N$ 的方式，$M$ 个用户线程对应 $N$ 个内核线程，这种模式一般需要语言运行时或库的支持，效率最高。

程序并发出现的要求越来越高，但是不能无限制地增加系统线程数，线程数过多会导致操作系统的调度开销变大，单个线程的单位时间内被分配的运行时间片减少，单个线程的运行速度降低，单靠增加系统线程数不能满足要求。为了不让系统线程无限膨胀，于是就有了协程的概念。协程是一种用户态的轻量级线程，协程的调度完全由用户态程序控制，协程拥有自己的寄存器上下文和栈。协程调度切换时，将寄存器上下文和栈保存到其他地方，在切回来时，恢复先前保存的寄存器上下文和栈，每个内核线程可以对应多个用户协程，当一个协程执行体阻塞时，调度器会调度另一个协程执行，最大效率地利用操作系统分给系统线程的时间片。前面提到的用户级多线程模型就是一种协程模型，尤其以 $M:N$ 模型最为高效。

这样的好处如下：

（1）控制了系统线程数，保证每个线程的运行时间片充足。

（2）调度层能进行用户态的切换，不会导致单个协程阻塞整个程序的情况，尽量减少上下文切换，提升运行效率。

由此可见，协程是一种非常高效、理想的执行模型。Go 语言的并发执行模型就是一种另类的协程模型。

## 9.5　就业面试技巧与解析

本章主要介绍了 Go 语言的并发，包括并发与并行的区别、goroutine 的创建、协程间的通信、创建通道（channel）、缓冲机制、单向和关闭通道等基础知识，另外，还详细讲解了并发更深层次的内容，如多核并行化、协程的同步与恢复、生成器、并发模型等重点内容。通过对本章内容的学习，相信读者已经理解了并行的实现过程，学完不等于学会，读者要多复习巩固本章的内容。

### 9.5.1　面试技巧与解析（一）

**面试官**：怎样区分进程、线程和协程？

**应聘者**：

#### 1. 进程

进程是具有一定独立功能的程序关于某个数据集合上的一次运行活动，进程是系统进行资源分配和调度的一个独立单位。每个进程都有自己的独立内存空间，不同进程通过进程间通信来通信。由于进程比较重要，占据独立的内存，所以，上下文进程间的切换开销（栈、寄存器、虚拟内存、文件句柄等）比较大，但相对比较稳定安全。

#### 2. 线程

线程是进程的一个实体，是 CPU 调度和分派的基本单位，它是比进程更小的能独立运行的基本单位。线程基本上不拥有系统资源，只拥有一点在运行中必不可少的资源（如程序计数器，以及一组寄存器和栈），但是它可与同属一个进程的其他线程共享进程所拥有的全部资源。线程间通信主要通过共享内存，上下文切换很快，资源开销较少，但相比进程不够稳定，容易丢失数据。

### 3．协程

协程是一种用户态的轻量级线程，协程的调度完全由用户控制。协程拥有自己的寄存器上下文和栈。协程调度切换时，将寄存器上下文和栈保存到其他地方，在切换回来的时候，恢复先前保存的寄存器上下文和栈，直接操作栈则基本没有内核切换的开销，可以不加锁地访问全局变量，所以，上下文的切换非常快。

## 9.5.2　面试技巧与解析（二）

**面试官：** 简单说说 Go 语言的 channel 特性。

**应聘者：**

（1）给一个 nil channel 发送数据，会造成永远阻塞。

（2）从一个 nil channel 接收数据，会造成永远阻塞。

（3）给一个已经关闭的 channel 发送数据，会引起 panic。

（4）从一个已经关闭的 channel 接收数据，如果缓冲区中为空，则返回一个零值。

（5）无缓冲的 channel 是同步的，而有缓冲的 channel 是非同步的。

# 第10章

## 反射机制

 **本章概述**

反射是指在程序运行期对程序本身进行访问和修改的能力。程序在编译时，变量被转换为内存地址，变量名不会被编译器写入可执行部分。在运行程序时，程序无法获取自身的信息。

支持反射的语言可以在程序编译期将变量的反射信息，如字段名称、类型信息、结构体信息等整合到可执行文件中，并给程序提供接口访问反射信息，这样就可以在程序运行期获取类型的反射信息，并且有能力修改它们。

Go 语言程序在运行期使用 reflect 包访问程序的反射信息。

 **知识导读**

本章要点（已掌握的在方框中打钩）：

☐ 反射的类型与种类。
☐ 反射的值对象。
☐ 反射 API。
☐ 依赖注入和控制反转。
☐ inject 的原理分析。

## 10.1 反射的类型对象

反射是用程序检查代码中所拥有的结构的一种能力，这是元编程的一种形式。反射可以在运行时检查类型和变量，例如，它的大小、方法和动态调用这些方法。这对于没有源代码的包是非常有用的。

Go 语言的反射基础是接口和类型系统。Go 语言的反射巧妙地借助了实例到接口的转换所使用的数据结构，首先将实例传递给内部的空接口，实际上是将一个实例类型转换为接口可以表述的数据结构，反射基于转换后的数据结构来访问和操作实例的值和类型。

Go 语言中的反射是由 reflect 包提供支持的，它定义了两个重要的类型 Type 和 Value 任意接口值，在反射中都可以理解为由 reflect.Type 和 reflect.Value 两部分组成，并且 reflect 包提供了 reflect.TypeOf 和 reflect.ValueOf 两个函数来获取任意对象的 Value 和 Type。

在 Go 语言程序中，使用 reflect.TypeOf()函数可以获得任意值的类型对象（reflect.Type），程序通过类型对象可以访问任意值的类型信息，例如：

```
package main
import (
    "fmt"
    "reflect"
)
func main() {
    var m string
    typeOfA := reflect.TypeOf(m)
    fmt.Println(typeOfA.Name(), typeOfA.Kind())
}
```

运行结果如下：

```
string string
```

在以上代码中：

第 7 行，定义一个 string 类型的变量。

第 8 行，通过 reflect.TypeOf()取得变量 m 的类型对象 typeOfA，类型为 reflect.Type()。

第 9 行中，通过 typeOfA 类型对象的成员函数，可以分别获取 typeOfA 变量的类型名为 string，种类（Kind）为 string。

## 10.1.1 反射的类型（Type）与种类（Kind）

在使用反射时，需要首先理解类型（Type）和种类（Kind）的区别。在编程中，使用最多的是类型，但在反射中，当需要区分一个大品种的类型时，就会用到种类。例如，需要统一判断类型中的指针时，使用种类信息就较为方便。

### 1. 反射种类的定义

Go 语言程序中的类型指的是系统原生数据类型，如 int、string、bool、float32 等类型，以及使用 type 关键字定义的类型，这些类型的名称就是其类型本身的名称。例如，使用 type A struct{}定义结构体时，A 就是 struct{}的类型。

种类指的是对象归属的品种，在 reflect 包中有如下定义：

```
type Kind uint
const (
    Invalid Kind = iota    //非法类型
    Bool                   //布尔型
    Int                    //有符号整型
    Int8                   //有符号 8 位整型
    Int16                  //有符号 16 位整型
    Int32                  //有符号 32 位整型
    Int64                  //有符号 64 位整型
    Uint                   //无符号整型
    Uint8                  //无符号 8 位整型
    Uint16                 //无符号 16 位整型
    Uint32                 //无符号 32 位整型
    Uint64                 //无符号 64 位整型
    Uintptr                //指针
    Float32                //单精度浮点数
    Float64                //双精度浮点数
    Complex64              //64 位复数类型
    Complex128             //128 位复数类型
    Array                  //数组
```

```
    Chan                    //通道
    Func                    //函数
    Interface               //接口
    Map                     //映射
    Ptr                     //指针
    Slice                   //切片
    String                  //字符串
    Struct                  //结构体
    UnsafePointer           //底层指针
)
```

Map、Slice、Chan 属于引用类型，使用起来类似于指针，但是在种类常量定义中仍然属于独立的种类，不属于 Ptr。type A struct{}定义的结构体属于 Struct 种类，*A 属于 Ptr。

**2. 从类型对象中获取类型名称和种类**

Go 语言中的类型名称对应的反射获取方法是 reflect.Type 中的 Name()方法，返回表示类型名称的字符串；类型归属的种类使用的是 reflect.Type 中的 Kind()方法，返回 reflect.Kind 类型的常量。

例如，对常量和结构体进行类型信息获取，代码如下：

```
package main
import (
    "fmt"
    "reflect"
)
//定义一个 ch 类型
type ch int
const (
    Zero ch = 0
)
func main() {
    //声明一个空结构体
    type stu struct {
    }
    //获取结构体实例的反射类型对象
    typeOfCat := reflect.TypeOf(stu{})
    //显示反射类型对象的名称和种类
    fmt.Println(typeOfCat.Name(), typeOfCat.Kind())
    //获取 Zero 常量的反射类型对象
    typeOfA := reflect.TypeOf(Zero)
    //显示反射类型对象的名称和种类
    fmt.Println(typeOfA.Name(), typeOfA.Kind())
}
```

运行结果如图 10-1 所示。

```
stu struct
ch int
成功: 进程退出代码 0.
```

**图 10-1 获取常量和结构体的类型**

在以上代码中：

第 13 行，声明结构体类型 stu。

第 16 行，将 stu 实例化，并且使用 reflect.TypeOf()获取被实例化后的 stu 的反射类型对象。

第 22 行，输出 stu 的类型名称和种类，类型名称就是 stu，而 stu 属于一种结构体种类，因此种类为 struct。

第 20 行，Zero 是一个 ch 类型的常量。这个 ch 类型在第 7 行声明，第 9 行声明了常量。如没有常量，也不能创建实例，通过 reflect.TypeOf()直接获取反射类型对象。

第 22 行，输出 Zero 对应的类型对象的类型名和种类。

## 10.1.2　指针与指针指向的元素

Go 语言程序中对指针获取反射对象时，可以通过 reflect.Elem()方法获取这个指针指向的元素类型，这个获取过程称为取元素，等同于对指针类型变量做了一个"*"操作，例如：

```
package main
import (
    "fmt"
    "reflect"
)
func main() {
    //声明一个空结构体
    type stu struct {
    }
    //创建 stu 的实例
    ins := &stu{}
    //获取结构体实例的反射类型对象
    typeOfCat := reflect.TypeOf(ins)
    //显示反射类型对象的名称和种类
    fmt.Printf("name:'%v' kind:'%v'\n", typeOfCat.Name(), typeOfCat.Kind())
    //取类型的元素
    typeOfCat = typeOfCat.Elem()
    //显示反射类型对象的名称和种类
    fmt.Printf("element name: '%v', element kind: '%v'\n", typeOfCat.Name(), typeOfCat.Kind())
}
```

运行结果如图 10-2 所示。

```
name:'' kind:'ptr'
element name: 'stu', element kind: 'struct'
成功: 进程退出代码 0.
```

图 10-2　获取指针指向的元素类型

在以上代码中：

第 11 行，创建了 stu 结构体的实例，ins 是一个*stu 类型的指针变量。

第 13 行，对指针变量获取反射类型信息。

第 15 行，输出指针变量的类型名称和种类。Go 语言的反射中对所有指针变量的种类都是 Ptr，但需要注意的是，指针变量的类型名称是空，不是*stu。

第 17 行，取指针类型的元素类型，也就是 stu 类型。这个操作不可逆，不可以通过一个非指针类型获取它的指针类型。

第 19 行，输出指针变量指向元素的类型名称和种类，得到了 stu 的类型名称（stu）和种类（struct）。

## 10.1.3　使用反射获取结构体的成员类型

任意值通过 reflect.TypeOf()获得反射对象信息后，如果它的类型是结构体，可以通过反射值对象 reflect.Type 的 NumField()和 Field()方法获得结构体成员的详细信息。

与成员获取相关的 reflect.Type 的方法如表 10-1 所示。

表 10-1　结构体成员访问的方法列表

| 方　　法 | 说　　明 |
| --- | --- |
| Field(i int) StructField | 根据索引返回索引对应的结构体字段的信息，当值不是结构体或索引超界时发生宕机 |

| 方　　法 | 说　　明 |
|---|---|
| NumField() int | 返回结构体成员字段数量，当类型不是结构体或索引超界时发生宕机 |
| FieldByName(name string) (StructField, bool) | 根据给定字符串返回字符串对应的结构体字段的信息，没有找到时 bool 返回 false，当类型不是结构体或索引超界时发生宕机 |
| FieldByIndex(index []int) StructField | 多层成员访问时，根据[]int 提供的每个结构体的字段索引，返回字段的信息，没有找到时返回零值。当类型不是结构体或索引超界时发生宕机 |
| FieldByNameFunc(match func(string) bool) (StructField, bool) | 根据匹配函数匹配需要的字段，当值不是结构体或索引超界时发生宕机 |

### 1. 结构体字段类型

reflect.Type 的 Field()方法返回 StructField 结构，这个结构描述结构体的成员信息，通过这个信息可以获取成员与结构体的关系，如偏移、索引、是否为匿名字段、结构体标签（StructTag）等，还可以通过 StructField 的 Type 字段进一步获取结构体成员的类型信息。

StructField 的结构如下：

```
type StructField struct {
    Name string            //字段名
    PkgPath string         //字段路径
    Type     Type          //字段反射类型对象
    Tag      StructTag      //字段的结构体标签
    Offset   uintptr        //字段在结构体中的相对偏移
    Index    []int          //Type.FieldByIndex 中返回的索引值
    Anonymous bool          //是否为匿名字段
}
```

（1）Name：表示字段名称。

（2）PkgPath：表示字段在结构体中的路径。

（3）Type：表示字段本身的反射类型对象，类型为 reflect.Type，可以进一步获取字段的类型信息。

（4）Tag：表示结构体标签，为结构体字段标签的额外信息，可以单独提取。

（5）Index：表示 FieldByIndex 中的索引顺序。

（6）Anonymous：表示该字段是否为匿名字段。

### 2. 获取成员反射信息

实例化一个结构体并遍历其结构体成员，再通过 reflect.Type 的 FieldByName()方法查找结构体中指定名称的字段，直接获取其类型信息。

反射访问结构体成员类型及信息，代码如下：

```
package main
import (
    "fmt"
    "reflect"
)
func main() {
    //声明一个空结构体
    type stu struct {
        Name string
        //带有结构体 tag 的字段
        Type int `json:"type" id:"100"`
    }
    //创建 stu 的实例
    ins := stu{Name: "mimi", Type: 1}
```

```
    //获取结构体实例的反射类型对象
    typeOfCat := reflect.TypeOf(ins)
    //遍历结构体所有成员
    for i := 0; i < typeOfCat.NumField(); i++ {
        //获取每个成员的结构体字段类型
        fieldType := typeOfCat.Field(i)
        //输出成员名和 tag
        fmt.Printf("name: %v  tag: '%v'\n", fieldType.Name, fieldType.Tag)
    }
    //通过字段名，找到字段类型信息
    if catType, ok := typeOfCat.FieldByName("Type"); ok {
        //从 tag 中取出需要的 tag
        fmt.Println(catType.Tag.Get("json"), catType.Tag.Get("id"))
    }
}
```

运行结果如图 10-3 所示。

```
name: Name  tag: ''
name: Type  tag: 'json:"type" id:"100"'
type 100
成功: 进程退出代码 0.
```

图 10-3　获取成员信息

在以上代码中：

第 8 行，声明了带有两个成员的 stu 结构体。

第 11 行，Type 是 stu 的一个成员，这个成员类型后面带有一个以 ` 开始和结尾的字符串。这个字符串在 Go 语言中被称为 Tag（标签）。一般用于给字段添加自定义信息，方便其他模块根据信息进行不同功能的处理。

第 14 行，创建 stu 实例，并对两个字段赋值。结构体标签属于类型信息，无须且不能赋值。

第 16 行，获取实例的反射类型对象。

第 18 行，使用 reflect.Type 类型的 NumField()方法获得一个结构体类型共有多少个字段。如果类型不是结构体，将会触发宕机错误。

第 20 行，reflect.Type 中的 Field()方法和 NumField()一般都是配对使用的，用来实现结构体成员的遍历操作。

第 22 行，使用 reflect.Type 的 Field()方法返回的结构不再是 reflect.Type，而是 StructField 结构体。

第 25 行，使用 reflect.Type 的 FieldByName()根据字段名查找结构体字段信息，catType 表示返回的结构体字段信息，类型为 StructField，ok 表示是否找到结构体字段的信息。

第 27 行中，使用 StructField 中 Tag 的 Get()方法，根据 Tag 中的名字进行信息获取。

## 10.1.4　结构体标签

通过 reflect.Type 获取结构体成员信息 reflect.StructField 结构中的 Tag 被称为结构体标签（StructTag）。结构体标签是对结构体字段的额外信息标签。

JSON、BSON 等格式进行序列化及对象关系映射（Object Relational Mapping，ORM）系统都会用到结构体标签，这些系统使用标签设定字段在处理时应该具备的特殊属性和可能发生的行为。这些信息都是静态的，无须实例化结构体，可以通过反射获取到。

### 1. 结构体标签的格式

Tag 在结构体字段后方书写的格式如下：

```
`key1:"value1" key2:"value2"`
```

结构体标签由一个或多个键值对组成；键与值使用冒号分隔，值用双引号括起来；键值对之间使用一个空格分隔。

### 2. 从结构体标签中获取值

StructTag 拥有一些方法，可以进行 Tag 信息的解析和提取，例如：

```
func (tag StructTag) Get(key string) string
```

根据 Tag 中的键获取对应的值，例如，key1:"value1" key2:"value2"`的 Tag 中，可以传入"key1"获得"value1"。

```
func (tag StructTag) Lookup(key string) (value string, ok bool)
```

根据 Tag 中的键，查询值是否存在。

### 3. 结构体标签格式错误导致的问题

编写 Tag 时，必须严格遵守键值对的规则。结构体标签的解析代码的容错能力很差，一旦格式写错，编译和运行时都不会提示任何错误，例如：

```
package main
import (
    "fmt"
    "reflect"
)
func main() {
    type cat struct {
        Name string
        Type int `json: "type" id:"100"`
    }
    typeOfCat := reflect.TypeOf(cat{})
    if catType, ok := typeOfCat.FieldByName("Type"); ok {
        fmt.Println(catType.Tag.Get("json"))
    }
}
```

运行上面的代码会输出一个空字符串，并不会输出期望的 type。

第 9 行代码中，在 json:和"type"之间增加了一个空格，这种写法没有遵守结构体标签的规则，因此无法通过 Tag.Get 获取正确的 json 对应的值。这个错误在开发中非常容易被疏忽，造成难以察觉的错误。所以，将代码修改为下面的样子，则可以正常打印。

```
type cat struct {
    Name string
    Type int `json:"type" id:"100"`
}
```

运行结果如下：

```
type
```

# 10.2　反射的值对象

当将一个接口值传递给一个 reflect.ValueOf 函数调用时，此调用返回的是代表着此接口动态值的一个 reflect.Value 值。必须通过间接的途径获得一个代表接口值的 reflect.Value 值。

反射不仅可以获取值的类型信息，还可以动态地获取或者设置变量的值。Go 语言中使用 reflect.Value

获取和设置变量的值。

## 10.2.1　使用反射值对象包装任意值

Go 语言中，使用 reflect.ValueOf()函数获得值的反射值对象（reflect.Value），语法格式如下：

```
value := reflect.ValueOf(rawValue)
```

reflect.ValueOf 返回 reflect.Value 类型，包含有 rawValue 的值信息。reflect.Value 与原值间可以通过值包装和值获取的方式互相转化。reflect.Value 是一些反射操作的重要类型，如反射调用函数。

## 10.2.2　从反射值对象获取被包装的值

Go 语言中可以通过 reflect.Value 重新获得原始值。

### 1. 从反射值对象（reflect.Value）中获取值的方法

可以通过表 10-2 所示的几种方法从反射值对象 reflect.Value 中获取原值。

表 10-2　反射值获取原始值的方法

| 方 法 名 | 说 明 |
| --- | --- |
| Interface() interface {} | 将值以 interface{}类型返回，可以通过类型断言转换为指定类型 |
| Int() int64 | 将值以 int 类型返回，所有有符号整型均可以此方式返回 |
| Uint() uint64 | 将值以 uint 类型返回，所有无符号整型均可以此方式返回 |
| Float() float64 | 将值以双精度类型返回，所有浮点数（float32、float64）均可以此方式返回 |
| Bool() bool | 将值以 bool 类型返回 |
| Bytes() []bytes | 将值以字节数组[]bytes 类型返回 |
| String() string | 将值以字符串类型返回 |

### 2. 从反射值对象（reflect.Value）中获取值

将整型变量中的值使用 reflect.Value 获取反射值对象（reflect.Value），再通过 reflect.Value 的 Interface()方法获得 interface{}类型的原值，通过 int 类型对应的 reflect.Value 的 Int()方法获得整型值。

```go
package main
import (
    "fmt"
    "reflect"
)
func main() {
    //声明整型变量m并赋初值
    var m int = 2021
    //获取变量m的反射值对象
    valueOfA := reflect.ValueOf(m)
    //获取interface{}类型的值，通过类型断言转换
    var getA int = valueOfA.Interface().(int)
    //获取 64 位的值，强制类型转换为 int 类型
    var getA2 int = int(valueOfA.Int())
    fmt.Println(getA, getA2)
}
```

运行结果如下：

```
2021 2021
```

在以上代码中：

第 8 行，声明一个变量，类型为 int，设置初值为 2021。

第 10 行，获取变量 m 的反射值对象，类型为 reflect.Value，这个过程和 reflect.TypeOf()类似。

第 12 行，将 valueOfA 反射值对象以 interface{}类型取出，通过类型断言转换为 int 类型并赋值给 getA。

第 14 行，将 valueOfA 反射值对象通过 Int 方法，以 int64 类型取出，通过强制类型转换，转换为原本的 int 类型。

## 10.2.3　使用反射访问结构体的成员字段的值

反射值对象（reflect.Value）提供对结构体访问的方法，通过这些方法可以完成对结构体任意值的访问，如表 10-3 所示。

表 10-3　反射值对象的成员访问方法

| 方　　法 | 说　　明 |
| --- | --- |
| Field(i int) Value | 根据索引，返回索引对应的结构体成员字段的反射值对象。当值不是结构体或索引超界时发生宕机 |
| NumField() int | 返回结构体成员字段数量，当值不是结构体或索引超界时发生宕机 |
| FieldByName(name string) Value | 根据给定字符串返回字符串对应的结构体字段，没有找到时返回零值，当值不是结构体或索引超界时发生宕机 |
| FieldByIndex(index []int) Value | 多层成员访问时，根据[]int 提供的每个结构体的字段索引，返回字段的值，没有找到时返回零值。当值不是结构体或索引超界时发生宕机 |
| FieldByNameFunc(match func(string) bool) Value | 根据匹配函数匹配需要的字段，找到时返回零值，当值不是结构体或索引超界时发生宕机 |

例如，构造一个结构体包含不同类型的成员。通过 reflect.Value 提供的成员访问函数，可以获得结构体值的各种数据。

反射访问结构体成员值，代码如下：

```go
package main
import (
    "fmt"
    "reflect"
)
//定义结构体
type stu struct {
    a int
    b string
    //嵌入字段
    float32
    bool
    next * stu
}
func main() {
    //值包装结构体
    d := reflect.ValueOf(stu {
        next: & stu {},
    })
    //获取字段数量
    fmt.Println("NumField", d.NumField())
    //获取索引为 2 的字段(float32 字段)
    floatField := d.Field(2)
```

```
    //输出字段类型
    fmt.Println("Field", floatField.Type())
    //根据名字查找字段
    fmt.Println("FieldByName(\"b\").Type", d.FieldByName("b").Type())
    //根据索引查找值中, next 字段的 int 字段的值
    fmt.Println("FieldByIndex([]int{4, 0}).Type()", d.FieldByIndex([]int{4, 0}).Type())
}
```

运行结果如图 10-4 所示。

```
NumField 5
Field float32
FieldByName("b").Type string
FieldByIndex([]int{4, 0}).Type() int
成功: 进程退出代码 0.
```

图 10-4  反射访问结构体成员的值

在以上代码中：

第 7 行，定义结构体，结构体的每个字段的类型都不一样。

第 17 行，实例化结构体并包装为 reflect.Value 类型，成员中包含一个 *stu 的实例。

第 21 行，获取结构体的字段数量。

第 23 和 25 行，获取索引为 2 的字段值（float32 字段），并且打印类型。

第 27 行，根据 b 字符串，查找到 b 字段的类型。

第 29 行，[]int{4,0} 中的 4 表示在 stu 结构中索引值为 4 的成员，也就是 next。next 的类型为 stu，也是一个结构体，因此，使用 []int{4,0} 中的 0 继续 next 值的基础上索引，结构为 stu 中索引值为 0 的 a 字段，类型为 int。

## 10.2.4  反射对象的空和有效性判断

反射值对象（reflect.Value）提供一系列方法进行零值和空判定，如表 10-4 所示。

表 10-4  反射值对象的零值和有效性判断方法

| 方　　法 | 说　　明 |
|---|---|
| IsNil() bool | 返回值是否为 nil。如果值类型不是通道（channel）、函数、接口、map、指针或切片时发生 panic，类似于语言层的 v==nil 操作 |
| IsValid() bool | 判断值是否有效。当值本身非法时，返回 false，如 reflect Value 不包含任何值、值为 nil 等 |

例如，对各种方式的空指针进行 IsNil() 和 IsValid() 的返回值判定检测。同时对结构体成员及方法查找 map 键值对的返回值进行 IsValid() 判定。

反射值对象的零值和有效性判断，代码如下：

```
package main
import (
    "fmt"
    "reflect"
)
func main() {
    //*int 的空指针
    var a *int
    fmt.Println("var a *int:", reflect.ValueOf(a).IsNil())
    //nil 值
    fmt.Println("nil:", reflect.ValueOf(nil).IsValid())
    //*int 类型的空指针
```

```
fmt.Println("(*int)(nil):", reflect.ValueOf((*int)(nil)).Elem().IsValid())
//实例化一个结构体
s := struct{}{}
//尝试从结构体中查找一个不存在的字段
fmt.Println("不存在的结构体成员:", reflect.ValueOf(s).FieldByName("").IsValid())
//尝试从结构体中查找一个不存在的方法
fmt.Println("不存在的结构体方法:", reflect.ValueOf(s).MethodByName("").IsValid())
//实例化一个 map
m := map[int]int{}
//尝试从 map 中查找一个不存在的键
fmt.Println("不存在的键: ", reflect.ValueOf(m).MapIndex(reflect.ValueOf(3)).IsValid())
}
```

运行结果如图 10-5 所示。

```
var a *int: true
nil: false
(*int)(nil): false
不存在的结构体成员: false
不存在的结构体方法: false
不存在的键,  false
成功: 进程退出代码 0.
```

**图 10-5　反射值对象的零值和有效性判断**

在以上代码中：

第 8 行，声明一个*int 类型的指针，初始值为 nil。

第 9 行，将变量 a 包装为 reflect.Value 并且判断是否为空，此时变量 a 为空指针，因此返回 true。

第 11 行，对 nil 进行 IsValid()判定（有效性判定），返回 false。

第 13 行，(*int)(nil)的含义是将 nil 转换为*int，也就是*int 类型的空指针。此行将 nil 转换为*int 类型，并取指针指向元素。由于 nil 不指向任何元素，*int 类型的 nil 也不能指向任何元素，值不是有效的。因此这个反射值使用 Isvalid()判断时返回 false。

第 15 行，实例化一个结构体。

第 17 行，通过 FieldByName 查找 s 结构体中一个空字符串的成员，如成员不存在，则 IsValid()返回 false。

第 19 行，通过 MethodByName 查找 s 结构体中一个空字符串的方法，如方法不存在，则 IsValid()返回 false。

第 21 行，实例化一个 map，这种写法与 make 方式创建的 map 等效。

第 23 行，MapIndex()方法能根据给定的 reflect.Value 类型的值查找 map，并且返回查找到的结果。

**注意**：IsNil()常被用于判断指针是否为空；IsValid()常被用于判定返回值是否有效。

## 10.2.5　使用反射值对象修改变量的值

使用 reflect.Value 对包装的值进行修改时，需要遵循一些规则。如果没有按照规则进行代码设计和编写，轻则无法修改对象值，重则程序在运行时会发生宕机。

### 1. 判定及获取元素的相关方法

使用 reflect.Value 取元素、取地址及修改值的属性方法如表 10-5 所示。

**表 10-5　反射值对象的判定及获取元素的方法**

| 方　法　名 | 说　　明 |
| --- | --- |
| Elem() Value | 取值指向的元素值，类似于语言层*操作。当值类型不是指针或接口时发生宕机，空指针时返回 nil 的 Value |
| Addr() Value | 对可寻址的值返回其地址，类似于语言层&操作。当值不可寻址时发生宕机 |

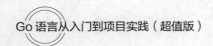

续表

| 方 法 名 | 说 明 |
|---|---|
| CanAddr() bool | 表示值是否可寻址 |
| CanSet() bool | 返回值能否被修改。要求值可寻址且是导出的字段 |

### 2. 值修改相关方法

使用 reflect.Value 修改值的相关方法如表 10-6 所示。

表 10-6　反射值对象修改值的方法

| Set(x Value) | 将值设置为传入的反射值对象的值 |
|---|---|
| SetInt(x int64) | 使用 int64 设置值。当值的类型不是 int、int8、int16、int32、int64 时会发生宕机 |
| SetUint(x uint64) | 使用 uint64 设置值。当值的类型不是 uint、uint8、uint16、uint32、uint64 时会发生宕机 |
| SetFloat(x float64) | 使用 float64 设置值。当值的类型不是 float32、float64 时会发生宕机 |
| SetBool(x bool) | 使用 bool 设置值。当值的类型不是 bool 时会发生宕机 |
| SetBytes(x []byte) | 设置字节数组[]bytes 值。当值的类型不是[]byte 时会发生宕机 |
| SetString(x string) | 设置字符串值。当值的类型不是 string 时会发生宕机 |

以上方法，在 reflect.Value 的 CanSet 返回 false 仍然修改值时会发生宕机。

在已知值的类型时，应尽量使用值对应类型的反射设置值。

### 3. 值可修改条件之一：可被寻址

通过反射修改变量值的前提条件之一是这个值必须可以被寻址。简单来说，就是这个变量必须能被修改，例如：

```go
package main
import (
    "reflect"
)
func main() {
    //声明整型变量 a 并赋初值
    var a int = 1024
    //获取变量 a 的反射值对象
    valueOfA := reflect.ValueOf(a)
    //尝试将 a 修改为 1(此处会发生崩溃)
    valueOfA.SetInt(1)
}
```

程序运行崩溃，打印错误：

```
panic: reflect: reflect.Value.SetInt using unaddressable value
```

报错意思是 SetInt 正在使用一个不能被寻址的值。从 reflect.ValueOf 传入的是 a 的值，而不是 a 的地址，这个 reflect.Value 当然是不能被寻址的。将代码修改为

```go
package main
import (
    "fmt"
    "reflect"
)
func main() {
    //声明整型变量 a 并赋初值
    var a int = 1024
    //获取变量 a 的反射值对象(a 的地址)
```

```
valueOfA := reflect.ValueOf(&a)
//取出 a 地址的元素(a 的值)
valueOfA = valueOfA.Elem()
//修改 a 的值为 1
valueOfA.SetInt(1)
//打印 a 的值
fmt.Println(valueOfA.Int())
}
```

运行结果如下：

```
1
```

在以上代码中：

第 10 行，将变量 a 取值后传给 reflect.ValueOf()。此时 reflect.ValueOf()返回的 valueOfA 持有变量 a 的地址。

第 12 行，使用 reflect.Value 类型的 Elem()方法获取 a 地址的元素，也就是 a 的值。reflect.Value 的 Elem()方法返回的值类型也是 reflect.Value。

第 14 行，此时 valueOfA 表示的是 a 的值且可以寻址。使用 SetInt()方法设置值时不再发生崩溃。

第 16 行，正确打印修改的值。

**注意**：当 reflect.Value 不可寻址时，使用 Addr()方法也是无法取到值的地址的，同时会发生宕机。虽然 reflect.Value 的 Addr()方法类似于语言层的&操作，Elem()方法类似于语言层的*操作，但并不代表这些方法与语言层操作等效。

### 4. 值可修改条件之一：被导出

结构体成员中，如果字段没有被导出，即便不使用反射也可以被访问，但不能通过反射修改，例如：

```
package main
import (
    "reflect"
)
func main() {
    type dog struct {
        legCount int
    }
    //获取 dog 实例的反射值对象
    valueOfDog := reflect.ValueOf(dog{})
    //获取 legCount 字段的值
    vLegCount := valueOfDog.FieldByName("legCount")
    //尝试设置 legCount 的值(这里会发生崩溃)
    vLegCount.SetInt(4)
}
```

程序发生崩溃，报错：

```
panic: reflect: reflect.Value.SetInt using value obtained using unexported field
```

报错的意思是 SetInt()使用的值来自一个未导出的字段。

为了能修改这个值，需要将该字段导出。将 dog 中的 legCount 的成员首字母大写，导出 LegCount 让反射可以访问，修改后的代码如下：

```
type dog struct {
    LegCount int
}
```

然后根据字段名获取字段的值时，将字符串的字段首字母大写，修改后的代码如下：

```
vLegCount := valueOfDog.FieldByName("LegCount")
```

再次运行程序，发现仍然报错：

```
panic: reflect: reflect.Value.SetInt using unaddressable value
```

这个错误表示第 10 行构造的 valueOfDog 这个结构体实例不能被寻址，因此其字段也不能被修改。修改代码，取结构体的指针，再通过 reflect.Value 的 Elem() 方法取到值的反射值对象。修改后的完整代码如下：

```
package main
import (
    "reflect"
    "fmt"
)
func main() {
    type dog struct {
        LegCount int
    }
    //获取 dog 实例地址的反射值对象
    valueOfDog := reflect.ValueOf(&dog{})
    //取出 dog 实例地址的元素
    valueOfDog = valueOfDog.Elem()
    //获取 legCount 字段的值
    vLegCount := valueOfDog.FieldByName("LegCount")
    //尝试设置 legCount 的值(这里会发生崩溃)
    vLegCount.SetInt(4)
    fmt.Println(vLegCount.Int())
}
```

运行结果如下：

```
4
```

在以上代码中：

第 8 行，将 LegCount 首字母大写导出该字段。

第 11 行，获取 dog 实例指针的反射值对象。

第 13 行，取 dog 实例的指针元素，也就是 dog 的实例。

第 15 行，取 dog 结构体中 LegCount 字段的成员值。

第 17 行，修改该成员值。

第 18 行，打印该成员值。

值的修改从表面意义上称为可寻址，换一种说法就是值必须"可被设置"。修改变量值的一般步骤如下：

（1）取这个变量的地址或者这个变量所在的结构体已经是指针类型。

（2）使用 reflect.ValueOf 进行值包装。

（3）通过 Value.Elem() 获得指针值指向的元素值对象（Value），因为值对象（Value）内部对象为指针时，使用 set 设置会报出宕机错误。

（4）使用 Value.Set 设置值。

## 10.2.6  通过类型创建类型

当已知 reflect.Type 时，可以动态地创建这个类型的实例，实例的类型为指针。例如，当 reflect.Type 的类型为 int 时，创建 int 的指针，即*int。

```
package main
import (
    "fmt"
```

```
    "reflect"
)
func main() {
    var a int
    //取变量a的反射类型对象
    typeOfA := reflect.TypeOf(a)
    //根据反射类型对象创建类型实例
    aIns := reflect.New(typeOfA)
    //输出Value的类型和种类
    fmt.Println(aIns.Type(), aIns.Kind())
}
```

运行结果如下：

```
*int ptr
```

在以上代码中：

第 9 行，获取变量 a 的反射类型对象。

第 11 行，使用 reflect.New()函数传入变量 a 的反射类型对象，创建这个类型的实例值，值以 reflect.Value 类型返回。这步操作等效于 new(int)，因此，返回的是*int 类型的实例。

第 13 行，打印 aIns 的类型为*int，种类为指针。

## 10.2.7　使用反射调用函数

当反射值对象（reflect.Value）中值的类型为函数时，可以通过 reflect.Value 调用该函数。使用反射调用函数时，需要将参数使用反射值对象的切片[]reflect.Value 构造后传入 Call()方法中，调用完成时，函数的返回值通过[]reflect.Value 返回。

例如，声明一个加法函数，传入两个整型值，返回两个整型值的和。将函数保存到反射值对象（reflect.Value）中，然后将两个整型值构造为反射值对象的切片（[]reflect.Value），使用 Call()方法进行调用。

反射调用函数：

```
package main
import (
    "fmt"
    "reflect"
)
//普通函数
func add(a, b int) int {
    return a + b
}
func main() {
    //将函数包装为反射值对象
    funcValue := reflect.ValueOf(add)
    //构造函数参数，传入两个整型值
    paramList := []reflect.Value{reflect.ValueOf(10), reflect.ValueOf(20)}
    //反射调用函数
    retList := funcValue.Call(paramList)
    //获取第一个返回值，取整数值
    fmt.Println(retList[0].Int())
}
```

运行结果如下：

```
30
```

在以上代码中：

第 7～9 行，定义一个普通的加法函数。

第 12 行，将 add 函数包装为反射值对象。

第 14 行，将 10 和 20 两个整型值使用 reflect.ValueOf 包装为 reflect.Value，再将反射值对象的切片 []reflect.Value 作为函数的参数。

第 16 行，使用 funcValue 函数值对象的 Call()方法，传入参数列表 paramList，调用 add()函数。

第 18 行，调用成功后，通过 retList[0]取返回值的第一个参数，使用 Int 取返回值的整数值。

**注意**：反射调用函数的过程需要构造大量的 reflect.Value 和中间变量，对函数参数值进行逐一检查，还需要将调用参数复制到调用函数的参数内存中。调用完毕，还需要将返回值转换为 reflect.Value，用户还需要从中取出调用值。因此，反射调用函数的性能问题尤为突出，不建议大量使用反射函数调用。

# 10.3　反射的规则

前面讲解了反射的类型对象（reflect.Type）和值对象（reflect.Value），本节重点讲解 Value、Type 及类型实例之间的相互转化。

## 10.3.1　反射 API

反射 API 的分类如下：

### 1. 从实例到 Value

通过实例获取 Value 对象，直接使用 reflect.ValueOf()函数，例如：

```
func ValueOf (i interface{}) Value
```

### 2. 从实例到 Type

通过实例获取反射对象的 Type，直接使用 reflect.TypeOf()函数，例如：

```
func TypeOf (i interface{}) Type
```

### 3. 从 Type 到 Value

Type 中只有类型信息，所以，直接从一个 Type 接口变量中是无法获得实例的 Value 的，但可以通过该 Type 构建一个新实例的 Value。reflect 包提供了如下两种方法：

```
//New 返回的是一个 Value,该 value 的 type 为 PtrTo(typ),即 Value 的 Type 是指定 typ 的指针类型
func New(typ Type) Value
//Zero 返回的是一个 typ 类型的零值,注意返回的 Value 不能寻址,值不可改变
func Zero(typ Type) Value
```

如果知道一个类型值的底层存放地址，则还有一个函数是可以依据 type 和该地址值恢复出 Value 的，例如：

```
func NewAt (typ Type,p unsafe. Pointer) Value
```

### 4. 从 Value 到 Type

从反射对象 Value 到 Type 可以直接调用 Value 的方法，因为 Value 内部存放着到 Type 类型的指针，例如：

```
func (v Value) Type() Type
```

### 5. 从 Value 到实例

Value 本身就包含类型和值信息，reflect 提供了丰富的方法来实现从 Value 到实例的转换，例如：

```
//该方法最通用,用来将 Value 转换为空接口,该空接口内部存放具体类型实例
//可以使用接口类型查查询去还原为具体的类型
func (v Value) Interface() (i interface{})
//Value 自身也提供丰富的方法,直接将 Value 转换为简单类型实例,如果类型不匹配,则直接引起 panic
func (v Value) Bool() bool
func (v Value) Float() float64
func (v Value) Int() int64
func (v Value) Uint() uint64
```

### 6. 从 Value 的指针到值

从一个指针类型的 Value 获得值类型 Value 有两种方法,例如:

```
//如果 v 类型是接口,则 Elem() 返回接口绑定的实例的 Value,如果 v 类型是指针,则返回指针值的 value,
//否则引起 panic
func (v Value) Elem() Value
//如果 v 是指针,则返回指针值的 Value,否则返回 v 自身,该函数不会引起 panic
func Indirect (v Value) Value
```

### 7. Type 指针和值的相互转换

（1）指针类型 Type 到值类型 Type,例如:

```
//t 必须是 Array、Chan、Map、Ptr、Slice,否则会引起 panic
//Elem 返回的是其内部元素的 Type
t. Elem() Type
```

（2）值类型 Type 到指针类型 Type,例如:

```
//PtrTo 返回的是指向 t 的指针型 Type
func PtrTo(t Type) Type
```

### 8. Value 值的可修改性

Value 值的修改可以使用以下方法:

```
//通过 CanSet 判断是否能修改
func (v Value) CanSet() bool
//通过 Set 进行修改
func (v Value) Set(x Value)
```

Value 值在什么情况下可以修改？我们知道实例对象传递给接口的是一个完全的值副本,如果调用反射的方法 reflect.ValueOf()传进去的是一个值类型变量,则获得的 Value 实际上是原对象的一个副本,这个 Value 是无论如何也不能被修改的。如果传进去的是一个指针,虽然接口内部转换的也是指针的副本,但通过指针还是可以访问到最原始的对象,所以,此种情况获得的 Value 是可以修改的,例如:

```
package main
import(
  "fmt"
  "reflect"
)
type User struct {
  Id int
  Name string
  Age int
}
func main() {
  u := User { Id: 1, Name: "andes", Age: 20}
  va := reflect.ValueOf (u)
  vb := reflect.ValueOf (&u)
  //值类型是可修改的
  fmt.Println (va .CanSet(), va.FieldByName ("Name").CanSet())  //false  false
  //指针类型是可修改的
  fmt. Println (vb .CanSet(), vb.Elem() . FieldByName ("Name") .CanSet()) //false  true
```

```
    fmt. Printf ("%v\n", vb)
    name := "shine"
    vc := reflect .ValueOf (name)
    //通过 Set 函数修改变量的值
    vb.Elem().FieldByName ("Name").Set (vc)
    fmt.Printf("%v\n", vb)
}
```

运行结果如图 10-6 所示。

```
false false
false true
&{1 andes 20}
&{1 shine 20}
成功: 进程退出代码 0.
```

图 10-6　修改 Value 的值

## 10.3.2　反射三定律

总结如下：

（1）反射可以从接口值得到反射对象。

（2）反射可以从反射对象获得接口值。

（3）若要修改一个反射对象，则其值必须可以修改。

# 10.4　inject 库

inject 借助反射提供了对两种类型实体的注入：函数和结构。

## 10.4.1　依赖注入和控制反转

在介绍 inject 之前先简单介绍"依赖注入"和"控制反转"的概念。正常情况下，对函数或方法的调用是调用方的主动直接行为，调用方清楚地知道被调用的函数名是什么、参数有哪些类型，直接主动地调用；包括对象的初始化也是显式地直接初始化。所谓"控制反转"，就是将这种主动行为变成间接的行为，主调方不是直接调用函数或对象，而是借助框架代码进行间接的调用和初始化，这种行为称为"控制反转"。控制反转可以解耦调用方和被调方。

"库"和"框架"能很好地解释"控制反转"的概念。一般情况下，使用库的程序是程序主动地调用库的功能，但使用框架的程序常常由框架驱动整个程序，在框架下写的业务代码是被框架驱动的，这种模式就是"控制反转"。

"依赖注入"是实现"控制反转"的一种方法，如果说"控制反转"是一种设计思想，那么"依赖注入"就是这种思想的一种实现，通过注入的参数或实例的方式实现控制反转。如果没有特殊说明，我们通常说的"依赖注入"和"控制反转"是一回事。

读者可能会疑惑，为什么不直接光明正大地调用，而非要拐弯抹角地进行间接调用，控制反转的价值在哪里呢？一句话"解耦"，有了控制反转就不需要调用者将代码写死，可以让控制反转的框架代码读取配置，动态地构建对象，这一点在 Java 的 Spring 框架中体现得尤为突出。

控制反转是解决复杂问题一种方法，特别是在 Web 框架中为路由和中间件的灵活注入提供了很好的方法。当问题足够复杂时，应该考虑的是服务拆分，而不是把复杂的逻辑用一个"大盒子"装起来，看起来干净了，但也只是看起来干净，实现还是很复杂，这也是使用框架带来的副作用。

## 10.4.2　inject

inject 是依赖注入的 Go 语言实现，它能在运行时注入参数、调用方法，是 Martini 框架（Go 语言中著名的 Web 框架）的基础核心。

在介绍具体实现之前，先来想一个问题：如何通过一个字符串类型的函数名来调用函数？Go 语言没有 Java 中的 Class.forName 方法可以通过类名直接构造对象，所以，这种方法是行不通的，能想到的方法就是使用 map 实现一个字符串到函数的映射，例如：

```
func f1() {
    println ("f1")
}
func f2 () {
    println ("f2")
}
funcs := make(map[string] func ())
funcs ["f1"] = f1
funcs ["f2"] = f1
funcs ["f1"]()
funcs ["f2"]()
```

但是这有一个缺陷，就是 map 的 Value 类型被写成 func()，不同参数和返回值的类型的函数并不能通用。将 map 的 Value 定义为 interface{}空接口类型即可解决该问题，但需要借助类型断言或反射来实现，通过类型断言实现等于又绕回去了，反射是一种可行的办法。

inject 包借助反射实现函数的注入调用，下面通过一个示例进行介绍。

```
package main
import (
    "fmt"
    "github.com/codegangsta/inject"
)
type S1 interface{}
type S2 interface{}
func Format(name string, company S1, level S2, age int) {
    fmt.Printf("name = %s, company=%s, level=%s, age = %d!\n", name, company, level, age)
}
func main() {
    //控制实例的创建
    inj := inject.New()
    //实参注入
    inj.Map("tom")
    inj.MapTo("tencent", (*S1)(nil))
    inj.MapTo("T4", (*S2)(nil))
    inj.Map(23)
    //函数反转调用
    inj.Invoke(Format)
}
```

运行结果如下：

```
name = tom, company=tencent, level=T4, age = 23!
```

可见，inject 提供了一种注入参数调用函数的通用功能，inject.New()相当于创建了一个控制实例，由其来实现对函数的注入调用。inject 包不但提供了对函数的注入，还实现了对 struct 类型的注入，例如：

```
package main
import (
    "fmt"
    "github.com/codegangsta/inject"
)
```

```
type S1 interface{}
type S2 interface{}
type Staff struct {
    Name    string `inject`
    Company S1     `inject`
    Level   S2     `inject`
    Age     int    `inject`
}
func main() {
    //创建被注入实例
    s := Staff{}
    //控制实例的创建
    inj := inject.New()
    //初始化注入值
    inj.Map("tom")
    inj.MapTo("tencent", (*S1)(nil))
    inj.MapTo("T4", (*S2)(nil))
    inj.Map(23)
    //实现对 struct 注入
    inj.Apply(&s)
    //打印结果
    fmt.Printf("s = %v\n", s)
```

运行结果如下：

```
s = {tom tencent T4 23}
```

可以看到，inject 提供了一种对结构类型的通用注入方法。至此，仅从宏观层面了解 inject 能做什么，下面从源码实现角度来分析 inject。

## 10.4.3  inject 的原理分析

inject 包中只有两个文件，分别是 inject.go 文件和 inject_test.go 文件，这里只需要关注 inject.go 文件即可。inject.go 文件包括注释和空行在内才 157 行代码，代码中定义了 4 个接口，包括 1 个父接口和 3 个子接口。

### 1. 入口函数 New

inject.New()函数构建了一个具体类型 injector 实例作为内部注入引擎，返回的是一个 Injector 类型的接口。这里也体现了一种面向接口的设计思想：对外暴露接口方法，对内隐藏内部实现，例如：

```
func New () Injector {
    return & injector {
        values: make (map [ reflect.Type ]reflect.Value),
    }
}
```

### 2. 接口设计

Injector 按照类型接口设计的原则，拆分为 3 个接口：

```
type Injector interface {
    //抽象生成注入结构实例的接口
    Applicator
    //抽象函数调用的接口
    Invoker
    //抽象注入参数的接口
    TypeMapper
    //实现一个注入实例链,下游的能覆盖上游的类型
    SetParent(Injector)
```

```
    }
    type Applicator interface {
        Apply(interface{}) error
    }
    type Invoker interface {
        Invoke(interface{}) ([]reflect.Value, error)
    }
    type TypeMapper interface {
        Map(interface{}) TypeMapper
        MapTo(interface{}, interface{}) TypeMapper
        Get(reflect.Type) reflect.Value
    }
```

Injector 接口是 Applicator、Invoker、TypeMapper 接口的父接口，所以，如果实现了 Injector 接口的类型，也必然实现了 Applicator、Invoker 和 TypeMapper 接口。

（1）Applicator 接口只规定了 Apply 成员，它用于注入 struct。

（2）Invoker 接口只规定了 Invoke 成员，它用于执行被调用者。

（3）TypeMapper 接口规定了 3 个成员，Map 和 MapTo 都用于注入参数，但它们有不同的用法，Get 用于调用时获取被注入的参数。

另外，Injector 还规定了 SetParent 行为，它用于设置父 Injector，其实它相当于查找继承。也即通过 Get 方法在获取被注入参数时会一直追溯到 parent，这是一个递归过程，直到查找到参数或为 nil 终止。

```
    type injector struct {
        values map[reflect.Type]reflect.Value
        parent Injector
    }
    func InterfaceOf(value interface{}) reflect.Type {
        t := reflect.TypeOf(value)
        for t.Kind() == reflect.Ptr {
            t = t.Elem()
        }
        if t.Kind() != reflect.Interface {
            panic("Called inject.InterfaceOf with a value that is not a pointer to an interface.
(*MyInterface)(nil)")
        }
        return t
    }
    func New() Injector {
        return &injector{
            values: make(map[reflect.Type]reflect.Value),
        }
    }
```

injector 是 inject 包中唯一定义的 struct，所有的操作都是基于 injector struct 来进行的，它有两个成员 values 和 parent。values 用于保存注入的参数，是一个用 reflect.Type 当键、reflect.Value 为值的 map。

New 方法用于初始化 injector struct，并返回一个指向 injector struct 的指针，但是这个返回值被 Injector 接口包装了。

InterfaceOf 方法虽然只有几句实现代码，但它是 Injector 的核心。InterfaceOf 方法的参数必须是一个接口类型的指针，如果不是则引发 panic。InterfaceOf 方法的返回类型是 reflect.Type，injector 的成员 values 就是一个 reflect.Type 类型当键的 map。这个方法的作用其实只是获取参数的类型，而不关心它的值，例如：

```
    package main
    import (
        "fmt"
        "github.com/codegangsta/inject"
    )
```

```
type SpecialString interface{}
func main() {
    fmt.Println(inject.InterfaceOf((*interface{})(nil)))
    fmt.Println(inject.InterfaceOf((*SpecialString)(nil)))
}
```

运行结果如下：

```
interface {}
main.SpecialString
```

InterfaceOf 方法就是用来得到参数类型的，而不关心它具体存储的是什么值。

```
func (i *injector) Map(val interface{}) TypeMapper {
    i.values[reflect.TypeOf(val)] = reflect.ValueOf(val)
    return i
}
func (i *injector) MapTo(val interface{}, ifacePtr interface{}) TypeMapper {
    i.values[InterfaceOf(ifacePtr)] = reflect.ValueOf(val)
    return i
}
func (i *injector) Get(t reflect.Type) reflect.Value {
    val := i.values[t]
    if !val.IsValid() && i.parent != nil {
        val = i.parent.Get(t)
    }
    return val
}
func (i *injector) SetParent(parent Injector) {
    i.parent = parent
}
```

Map 和 MapTo 方法都用于注入参数，保存于 injector 的成员 values 中。这两个方法的功能完全相同，唯一的区别就是 Map 方法用参数值本身的类型当键，而 MapTo 方法有一个额外的参数可以指定特定的类型当键。但是 MapTo 方法的第二个参数 ifacePtr 必须是接口指针类型，因为最终 ifacePtr 会作为 InterfaceOf 方法的参数。

为什么需要有 MapTo 方法？因为注入的参数是存储在一个以类型为键的 map 中，可想而知，当一个函数中有一个以上的参数类型是一样的时，后执行 Map 进行注入的参数将会覆盖前一个通过 Map 注入的参数。

SetParent 方法用于给某个 Injector 指定父 Injector。Get 方法通过 reflect.Type 从 injector 的 values 成员中取出对应的值，它可能会检查是否设置了 parent，直到找到或返回无效的值，最后 Get 方法的返回值会经过 IsValid 方法的校验，例如：

```
package main
import (
    "fmt"
    "reflect"
    "github.com/codegangsta/inject"
)
type SpecialString interface{}
func main() {
    inj := inject.New()
    inj.Map("Go 语言 ")
    inj.MapTo("Golang", (*SpecialString)(nil))
    inj.Map(20)
    fmt.Println("字符串是否有效? ", inj.Get(reflect.TypeOf("Go 语言从入门到项目实践")).IsValid())
    fmt.Println("特殊字符串是否有效? ", inj.Get(inject.InterfaceOf((*SpecialString)(nil))).IsValid())
    fmt.Println("int 是否有效? ", inj.Get(reflect.TypeOf(18)).IsValid())
    fmt.Println("[]byte 是否有效? ", inj.Get(reflect.TypeOf([]byte("Golang"))).IsValid())
    inj2 := inject.New()
```

```
    inj2.Map([]byte("test"))
    inj.SetParent(inj2)
    fmt.Println("[]byte 是否有效? ", inj.Get(reflect.TypeOf([]byte("Golang"))).IsValid())
}
```

运行结果如下:

```
字符串是否有效? true
特殊字符串是否有效? true
int 是否有效? true
[]byte 是否有效? false
[]byte 是否有效? true
```

通过以上例子可以知道 SetParent 是什么样的行为,是不是很像面向对象中的查找链?

```
func (inj *injector) Invoke(f interface{}) ([]reflect.Value, error) {
    t := reflect.TypeOf(f)
    var in = make([]reflect.Value, t.NumIn()) //Panic if t is not kind of Func
    for i := 0; i < t.NumIn(); i++ {
        argType := t.In(i)
        val := inj.Get(argType)
        if !val.IsValid() {
            return nil, fmt.Errorf("Value not found for type %v", argType)
        }
        in[i] = val
    }
    return reflect.ValueOf(f).Call(in), nil
}
```

Invoke 方法用于动态执行函数,当然执行前可以通过 Map 或 MapTo 来注入参数,因为通过 Invoke 执行的函数会取出已注入的参数,然后通过 reflect 包中的 Call 方法来调用。Invoke 接收的参数 f 是一个接口类型,但是 f 的底层类型必须为 func,否则会 panic。

```
package main
import (
    "fmt"
    "github.com/codegangsta/inject"
)
type SpecialString interface{}
func Say(name string, gender SpecialString, age int) {
    fmt.Printf("My name is %s, gender is %s, age is %d!\n", name, gender, age)
}
func main() {
    inj := inject.New()
    inj.Map("小张")
    inj.MapTo("男", (*SpecialString)(nil))
    inj2 := inject.New()
    inj2.Map(30)
    inj.SetParent(inj2)
    inj.Invoke(Say)
}
```

运行结果如下:

```
My name is 小张, gender is 男, age is 30!
```

上面的例子如果没有定义 SpecialString 接口作为 gender 参数的类型,而把 name 和 gender 都定义为 string 类型,那么 gender 会覆盖 name 的值。

```
func (inj *injector) Apply(val interface{}) error {
    v := reflect.ValueOf(val)
    for v.Kind() == reflect.Ptr {
        v = v.Elem()
```

```
        }
        if v.Kind() != reflect.Struct {
            return nil
        }
        t := v.Type()
        for i := 0; i < v.NumField(); i++ {
            f := v.Field(i)
            structField := t.Field(i)
            if f.CanSet() && structField.Tag == "inject" {
                ft := f.Type()
                v := inj.Get(ft)
                if !v.IsValid() {
                    return fmt.Errorf("Value not found for type %v", ft)
                }
                f.Set(v)
            }
        }
        return nil
}
```

Apply 方法是用于对 struct 的字段进行注入，参数为指向底层类型为结构体的指针。可注入的前提是字段必须是导出的（也即字段名以大写字母开头），并且此字段的 tag 设置为`inject`，例如：

```
package main
import (
    "fmt"
    "github.com/codegangsta/inject"
)
type SpecialString interface{}
type TestStruct struct {
    Name    string `inject`
    Nick    []byte
    Gender  SpecialString `inject`
    uid     int           `inject`
    Age     int           `inject`
}
func main() {
    s := TestStruct{}
    inj := inject.New()
    inj.Map("小王")
    inj.MapTo("女", (*SpecialString)(nil))
    inj2 := inject.New()
    inj2.Map(20)
    inj.SetParent(inj2)
    inj.Apply(&s)
    fmt.Println("s.Name =", s.Name)
    fmt.Println("s.Gender =", s.Gender)
    fmt.Println("s.Age =", s.Age)
}
```

运行结果如下：

```
s.Name = 小王
s.Gender = 女
s.Age = 20
```

# 10.5 反射的优点和缺点

### 1. 反射的优点

（1）通用性。特别是一些类库和框架代码需要一种通用的处理模式，而不是针对每一种场景做编码处理，此时借助反射可以极大地简化设计。

（2）灵活性。反射提供了一种程序了解自己和改变自己的能力，这为一些测试工具的开发提供了有力的支持。

### 2. 反射的缺点

（1）反射是脆弱的。由于反射可以在程序运行时修改程序的状态，这种修改没有经过编译器的严格检查，不正确的修改很容易导致程序的崩溃。

（2）反射是很难懂的。语言的反射接口由于涉及语言的运行时，没有具体的类型系统的约束，接口的抽象级别高但实现细节比较复杂，导致使用反射的代码难以理解。

（3）反射有部分性能丢失。反射提供动态修改程序状态的能力，必然不是直接的地址引用，而是要借助运行时构造一个抽象层，这种间接访问会有性能的丢失。

### 3. 反射的最佳使用方法

（1）在库或框架内部使用反射，而不是把反射接口暴露给调用者，复杂性留在内部，简单性放到接口。

（2）框架代码才考虑使用反射，一般的业务代码没有必要抽象到反射的层次，这种过渡设计会提升代码的复杂度，使得代码难以维护。

（3）除非没有其他办法，否则不要使用反射技术。

# 10.6 就业面试技巧与解析

本章主要介绍了 Go 语言的反射机制，包括反射的类型对象、反射的值对象、反射规则、反射的优缺点及 inject 库等重点内容。学习完本章内容，意味着我们把 Go 语言的基础知识都熟悉了一遍，读者不可忽视本章内容的重要性。

## 10.6.1 面试技巧与解析（一）

**面试官：** Type 与 Kind 的区别是什么？

**应聘者：**

Type 是类型，Kind 是类别，它们之间的关系为 Type 是 Kind 的子集。

如果变量是基本类型，那么 Type 与 Kind 得到的结果是一致的，如变量为 int 类型，Type 与 Kind 的值相等，都为 int，例如：

```
func main() {
    var emp Employee
    emp = Employee{
        Name: "naonao",
        Age:  99,
    }
    rVal := reflect.ValueOf(emp)
    log.Printf("Kind is %v ,Type is %v",
        rVal.Kind(),
```

```
     rVal.Type())
    //Kind is struct ,Type is main.Employee
}
```

从以上代码中可以看到，Kind 的值是 struct，而 Type 的值是包名.Employee。

## 10.6.2 面试技巧与解析（二）

**面试官**：反射如何在变量与 reflect.Value 之间切换？

**应聘者**：

在反射中，变量、interface{}、reflect.Value 是可以相互转换的。在实际开发中，这种应用的场景也是最多的。通常的使用方式如下：interface{}作为参数的函数，如 reflectTest。

```
var stu Student
var n int
func reflectTest(i interface{})  {
   ReVal := reflect.ValueOf(i)
   iValue := ReVal.interface()
   v := iVal.(Student)
}
```

这个函数既可以指向普通的 int 类型变量，也可以指向复杂的自定义 struct 结构体类型变量。因此，可以在 reflectTest 内部使用 reflect.ValueOf ()函数将 interface {}转换成 reflect.Value 类型。

```
interface{} —— reflect.Value
```

使用的方法如下：

```
ReVal := reflect.ValueOf(i)
```

本方法返回 v 当前持有的值：

```
iVal := ReVal.interface()
```

针对返回的这个 interface，可以使用类型断言，切实地指向一个具体的数据类型。

```
interface {} ——原有的变量类型
v := iVal.(Student)              //可将 v 转为 结构体 Student 类型
v := iVal.(int)                  //可将 v 转为 基础 int 类型
```

在反射中，变量、interface {}、reflect.Value 类型之间遵循如下转换关系：变量——传参 interface——ValueOf()——reflect.Value——调用 Interface()函数——interface ()——断言——变量。

# 第 11 章

包

**本章概述**

　　Go 语言的源码复用建立在包（package）基础之上。Go 语言的入口 main() 函数所在的包（package）称为 main，main 包想要引用别的代码，必须同样以包的方式进行引用。Go 语言的包与文件夹一一对应，所有与包相关的操作，必须依赖于工作目录（GOPATH）。本章将详细讲解如何导出包的内容及如何导入其他包。

**知识导读**

本章要点（已掌握的在方框中打钩）：
- [ ] 包的使用。
- [ ] 包的工作目录。
- [ ] 导出保内标识符。
- [ ] 自定义包。
- [ ] 互斥锁与读写锁。

## 11.1　包的概念

　　在前面的章节中，几乎每个例子都使用到了 Go 语言包，像 fmt、os 这样具有常用功能的内置包在 Go 语言中有 100 多个，我们习惯称之为标准包（标准库），这些标准包大部分内置到 Go 语言本身。

### 11.1.1　什么是包

　　在大部分编程语言中都存在"包"的概念，任何一种包设计的目的都是为了简化大型软件设计和维护的工作，实际上包是函数和数据的集合，通过把一组有关特性的函数和数据放进一个单元中，方便使用和更新相应的模块。这种包系统的设计使得每一个模块（包）都与程序、其他单元（其他包）保持一定的独立性，这使得每一个模块（包）可以被应用到不同的程序部分中，当然也包括其他程序中，甚至可以通过社区分发渠道流通到世界各地的项目中被不断重复利用，不仅降低了项目模块之间的耦合度，也提高了整体的开发效率。

在编写代码的过程中，不同模块（包）之间为了实现某一个类似的功能，可能会采用相同的名字去命名一个函数，如果一个软件开发过程中需要同时使用两个模块（包），就会在调用函数时产生歧义。为了解决这个问题，Go 语言引入了命名空间的概念，让每个包都定义一个命名空间，用于内部标识符的访问。因为每个命名空间关联一个特定的包，这使得我们在调用类型、函数时有了独一无二的简短明了的名字，避免在使用它们的时候产生命名冲突。

为了提高包的独立性及安全性，Go 语言的包可以通过控制包内名字的可见性来实现包的封装，通过限制包成员的可见性、隐藏具体的实现过程，可以极大地提高软件的安全性，同时开发人员调用时也不必关心其实现过程，直接使用包的 API 即可，另一方面也允许包的维护者在不影响包的用户使用的前提下调整包的内部实现。通过限定包内函数与变量的可见性来约束用户操作，只允许用户通过特定的函数来访问和控制包内部的变量，这样不仅可以提高安全性（变量一致性），还可以保持并发操作时的互斥约束。

与大部分编译语言类似，在 Go 语言中，当改动了一个源文件时，就必须重新编译该源文件，以及它对应的包和所有依赖该包的其他包。即使是从头构建，Go 语言编译器的编译速度也明显快于绝大部分编译语言。如此优异的编译速度主要得益于其包设计的 3 个特性：

（1）显式声明。所有导入的包必须在每个文件的开头显式声明，这样编译器就没有必要读取和分析整个源文件来判断包的依赖关系。

（2）无环依赖。禁止包的环状依赖，因为没有循环依赖，包的依赖关系形成一个有向无环图，每个包可以被独立编译，而且很可能是并发编译。

（3）无须遍历。编译后包的目标文件不仅记录包本身的导出信息，同时还记录了包的依赖关系。因此，在编译一个包的时候，编译器只需要读取每个直接导入包的目标文件，而不需要遍历所有依赖的文件，毕竟很多都是重复的间接依赖。

## 11.1.2　包的结构

Go 语言的编译工具对源码目录有很严格的要求，每个工作空间必须由 bin、pkg、src 三个目录组成。bin 目录主要存放可执行文件；pkg 目录存放编译好的库文件，主要是*.a 文件；src 目录主要存放 Go 语言的源文件。

### 1. 工作空间

因为 Go 语言采用了工作空间这种方式来管理本地代码，这与大部分编程语言不一样，因此，这里解释一下 GOROOT 和 GOPATH 之间的关系。首先，显而易见的一点就是，GOROOT 是一个全局并且唯一的变量，用于指定存放 Go 语言本身的目录路径（安装路径）；而 GOPATH 是一个工作空间的变量，它可以有很多个（用;号分隔），用于指定工作空间的目录路径，例如：

```
GOPATH=$HOME/workspace/ golib:$HOME/projects/go
```

通常 go get 会使用第一个工作空间保存下载的第三方库（包），在开发时不管是哪一个工作空间下载的包，都可以在任意工作空间使用。需要注意的一点就是，尽量不要把 GOROOT 和 GOPATH 设置为同一个路径。

包的源代码书写与正常的 Go 语言没有区别，文件必须是 UTF-8 格式，编写规范与本书强调的编程规范一致。

### 2. 包的源文件

包的代码必须全部放在包中，并且源文件头部都必须一致使用 packge <name>的语句进行声明。Go 语言包可以由多个文件组成，所以，文件名不需要与包名一致，包名建议使用小写字符。包名类似于命名空间（namespace），与包所在的目录、编译文件名无关，目录名尽量不要使用保留名称（main、all、std），对于可执行文件必须包含 package main 及入口函数 main。

Go 语言使用名称的首字母大小写来判断一个对象（全局变量、全局常量、类型、结构、字段、函数、方法）的访问权限，对于包而言同样如此。包中成员名称首字母大小写决定了该成员的访问权限。首字母大写，可被包外访问，即为 public（公开的）；首字母小写，则仅允许包内成员访问，即为 internal（内部的）。

与大部分现代编程语言一样，Go 语言同样支持使用 UTF-8 字符来命名对象，因此关于"大写"这个概念不限于 US ASCII，它被发展到了所有大小写字母表（包括拉丁文、希腊文、斯拉夫文、亚美尼亚文和埃及古文等）。汉字没有大小写的概念（除了汉字数字），因此，如果使用汉字作为一个函教的名称，则该函数默认是私有的，在汉字前面加上一个大写字母才能使其变为公有函数。

### 3. 包的声明

上面提到每一个包内源文件都需要在开头声明所在包，这其实就是包的声明。包的声明对于包内而言，主要用于源文件编译时为编译器指明哪些是包的源代码；对于包外而言，在导入包的时候可以使用"包名.函数名"的方式使用包内函数。

对于包名相同的情况，如 math/rand 包和 crypto/rand 包的包名都是 rand，Go 语言也有相应的办法解决。

关于包的声明有一个例外，那就是当包编译后是一个可执行程序时，会使用 package main 的方式声明 main 包，这时 main 包本身的导入路径是无关紧要的，这个名字实际是给 go build 构建命令一个信息，这个包编译完之后必须调用连接器，生成一个可执行程序。

## 11.1.3　常用内置包

标准的 Go 语言代码库中包含了大量的包，并且在安装 Go 的时候多数会自动安装到系统中，可以在 $GOROOT/src/pkg 目录中查看这些包。下面简单介绍一些开发中常用的包。

### 1. fmt 包

fmt 包实现了格式化的标准输入输出，这与 C 语言中的 printf 和 scanf 类似。其中的 fmt.Printf()和 fmt.Println()是开发者使用最为频繁的函数。

格式化短语派生于 C 语言，一些短语（%-序列）的用法如下：

（1）%v：默认格式的值。当打印结构时，加号（%+v）会增加字段名。

（2）%#v：Go 样式的值表达。

（3）%T：带有类型的 Go 样式的值表达。

### 2. io 包

io 包提供了原始的 I/O 操作界面。它的主要任务是对 os 包这样的原始 I/O 进行封装，使其具有抽象功能，用在公共的接口上。

### 3. bufio 包

bufio 包通过对 io 包的封装，提供了数据缓冲功能，能够在一定程度减少大块数据读/写带来的开销。

在 bufio 各个组件内部都维护了一个缓冲区，数据读/写操作都直接通过缓存区进行。当发起一次读/写操作时，首先会尝试从缓冲区获取数据，只有当缓冲区没有数据时，才会从数据源获取数据更新缓冲。

### 4. sort 包

sort 包提供了用于对切片和用户定义的集合进行排序的功能。

### 5. strconv 包

strconv 包提供了将字符串转换成基本数据类型，或者从基本数据类型转换为字符串的功能。

### 6. os 包

os 包提供了不依赖平台的操作系统函数接口，设计像 UNIX 风格，但错误处理是 Go 语言风格，当 os 包使用时，如果失败，会返回错误类型而不是错误数量。

### 7. sync 包

sync 包实现多线程中锁机制及其他同步互斥机制。

### 8. flag 包

flag 包提供命令行参数的规则定义和传入参数解析的功能。绝大部分命令行程序都需要用到这个包。

### 9. encoding/json 包

JSON 目前广泛用作网络程序中的通信格式。encoding/json 包提供了对 JSON 的基本支持，如从一个对象序列化为 JSON 字符串，或者从 JSON 字符串反序列化出一个具体的对象等。

### 10. html/template 包

html/template 包主要实现了 Web 开发中生成 html 的 template 的一些函数。

### 11. net/http 包

net/http 包提供 http 相关服务，主要包括 http 请求、响应和 URL 的解析，以及基本的 http 客户端和扩展的 http 服务。

通过 net/http 包，只需要数行代码，即可实现一个爬虫或者一个 Web 服务器，这在传统语言中是无法想象的。

### 12. reflect 包

reflect 包实现了运行时反射，允许程序通过抽象类型操作对象。通常用于处理静态类型 interface{}的值，并且通过 Typeof 解析出其动态类型信息，通常会返回一个有接口类型 Type 的对象。

### 13. os/exec 包

os/exec 包提供了执行自定义 Linux 命令的相关实现。

### 14. strings 包

strings 包主要是处理字符串的一些函数集合，包括合并、查找、分割、比较、后缀检查、索引、大小写处理等。

strings 包与 bytes 包的函数接口功能基本一致。

### 15. bytes 包

bytes 包提供了对字节切片进行读/写操作的一系列函数。字节切片处理的函数比较多，分为基本处理函数、比较函数、后缀检查函数、索引函数、分割函数、大小写处理函数和子切片处理函数等。

### 16. log 包

log 包主要用于在程序中输出日志。

log 包中提供了 3 类日志输出接口：Print、Fatal 和 Panic。

（1）Print 是普通输出。

（2）Fatal 是在执行完 Print 后执行 os.Exit(1)。

（3）Panic 是在执行完 Print 后调用 panic()方法。

## 11.1.4 包的导入

如前所述，使用包成员之前需要先导入包。导入包的关键字是 import，因为 Go 语言包不能形成环形依赖，如果遇到导入包循环依赖的情况，Go 语言的构建工具将返回错误。一般而言，对于直接从分发渠道下载回来的包都不会轻易产生依赖环：

```
import "相对目录/包主文件名"
```

相对目录是指从/pkg/开始的子目录，以标准库为例：

```
import "fmt" //对应/usr/local/ go/ pkg/fmt.a
import "os/exec" //对应/usr/local/ go/ pkg/os/exec.a
```

除了一行一个包的方式导入，还可以使用一条语句导入多个包的写法：

```
import (
    "fmt"
    "os/exec"
)
```

### 1. 导入声明

在上一节中有一个问题没有解决，就是同名包导入时会有冲突。虽然包的命名空间解决了函数重名的情况，但是没有避免包重名的情况，因此，Go 语言在导入包时可以对包名做重定向，以解决包名冲突的情况，例如：

```
import "crypto/rand"      //默认模式: rand. Function
import R "crypto/rand"    //包重命名: R.Function
import . "crypto/rand"    //简便模式: Function
import _" crypto/rand"    //匿名导入: 仅让该包执行初始化函数
```

另一种写法如下：

```
import (
    "crypto/rand"
    mrand "math/rand"      //包重命名
)
```

**注意：**

（1）Go 语言不允许导入包却又不使用，如果导入的包并未使用，在编译时会被视为错误（不包括"import_"）。

（2）包的重命名不仅可以用于解决包名冲突，还可以解决包名过长、避免与变量或常量名称冲突等情况。

除了以上比较常见的包导入方式，还有子包导入方式和自定义路径导入包方式。其中对于当前目录下的子包，除使用默认完整导入路径外，还可以使用相对路径的方式。

例如，在 **main.go** 文件中使用下面的方式导入 test2 包：

```
import "test/test2"       //一般使用这种方式导入
import "./test2"          //也可以使用相对目录,但这种方式导入的包仅对 Go 语言有效
```

如果在一个文件中导入的包比较多，为了管理源代码中导入的包，还可以为导入的包分组。分组是通过空行来分隔的，例如：

```
import (
    "fmt"
```

```
    "html/template"
    "'os "

    "golang. org/ x/net/html"
    "golang. org/x/net/ipv4"
)
```

Go 语言编译的时候会格式化代码，因此导入包的顺序并不需要我们调整，编译时会自动按字母排序。可以调整的只有包分组，同样每一个分组内的包在编译时会被格式化为按字母排序。

### 2. 导入路径

当前 Go 语言的规范并没有强制包的导入路径字符串的格式，导入路径由构建工具来解释。但如果打算分享或发布自己编写的包，那么最好使用全球唯一的导入路径。

这主要是为了避免导入路径冲突，因此有一个约定俗成的路径格式：所有非标准库包的导入路径以所在组织的互联网域名为前缀。这样一来就有了一个独无二的路径，另一方面也有利于包的检索。

例如，下面导入的包中就有两个使用了互联网域名为前缀。

```
import (
    "fmt"
    "math/ rand"
    "encoding/json"
    "golang. org/ x/net/html"
    "github. com/go-sq1 -driver/mysq1"
)
```

### 3. 自定义路径

在上一节中使用了一种域名为前缀的导入路径，对于编译器来说，只有较为流行的代码托管站点才可以直接使用这种路径。对于一些个人站点（例如，企业自己搭建的私有 GitLab 库），为了可以更方便地使用这种方式导入，需要告诉编译器这是一个包代码链接。

有 3 种方式可以实现这个功能，下面进行介绍。

（1）直接在包链接中加上 VCS 格式，目前支持的格式有如下几种：

```
Bazaar .bzr
Git .git
Mercurial .hg
Subversion .svn
```

例如：

```
import "example. org/user/ foo. git"
```

（2）针对没有提供版本控制符的链接，go get 甚至不知道应该如何下载代码的情况，例如下面这种链接：

```
example. org/repo/ foo
```

这时就需要在网页中加入一句标签：

```
<meta name="go-import" content=" import-prefix vcs repo-root">
```

然后就可以使用链接导入：

```
import "example. org/ pkg/ foo"
```

（3）重定向网页链接，例如，下面的情况，go get 访问链接时会被重定向到 example.org/p/exproj：

```
<meta name=''go- import" content="example .org git https://example .org/r/p/exproj">
```

如果没有服务器，还可以使用 Go 语言搭建一个简单的本地服务器：

```
package main
import (
```

```
    "fmt"
    "net/http"
)
func handler(w http. ResponseWriter, r *http. Request) {
    fmt. Fprint(w, `<meta name=" go- import"
    content="example. com/ zuolan/test git https://github. com/ zuolan/test">` )
}
func main() {
    http. HandleFunc(" /zuolan/test",handler)
    http. ListenAndServe(" :80",nil)
}
```

保存为 server.go，然后编译执行，就可以实现把 example. com/zuolan/test 重定向到 github.com/zuolan/test。

### 4. 匿名导入

如果只是导入一个包而并不使用导入的包，将会导致一个编译错误。但是有时我们只是想利用导入包而产生的副作用：它会计算包级变量的初始化表达式和执行导入包的 init 初始化函数。这时需要抑制 unused import 编译错误，可以用下画线来重命名导入的包。像往常一样，下画线为空白标识符，并不能被访问：

```
import _"image/png" //PNG 解码器
```

这个被称为包的匿名导入，通常用来实现一个编译时机制，然后通过在 main 主程序入口选择性地导入附加的包。首先介绍如何使用该特性，然后介绍它是如何工作的。

标准库的 image 图像包含一个 Decode 函数，用于从 io. Reader 接口读取数据并解码图像，它调用底层注册的图像解码器来完成任务，然后返回 image Image 类型的图像。使用 image.Decode 很容易编写一个图像格式的转换工具，读取一种格式的图像，然后编码为另一种图像格式。

```
//jpeg 包从标准输入读取 PNG 图像,并将其作为 JPEG 图像写入标准输出
package main
import (
    "fmt"
    "image"
    " image/jpeg"
    _ "image/png" //PNG 解码器
    "io"
    "os"
)
func main() {
    if err := toJPEG(os.Stdin, os.Stdout); err !=nil {
        fmt.Fprintf(os.Stderr, "jpeg: %v\n", err)
        os. Exit(1)
    }
}
func toJPEG(in io. Reader, out io. Writer) error {
    img, kind, err := image. Decode(in)
    if err != nil{
        return err
    }
    fmt. Fprintln(os. stderr, "Input format =", kind)
    return jpeg. Encode(out, ing, &jpeg .Options{Quality: 95})
}
```

如果导入一个程序的标准输入，它将解码输入的 PNG 格式图像，然后转换为 JPEG 格式的图像输出：

```
$ go build gopl. io/ ch3/mandelbrot
$ go build gopl. io/ch10/jpeg
$ ./mandelbrot | ./jpeg >mandelbrot.ipg
Input format = png
```

要注意 image/png 包的匿名导入语句，如果没有这一行语句，程序依然可以编译和运行，但是它将不能正确识别和解码 PNG 格式的图像。

```
$ go build gopl. io/ch10/jpeg
$./mandelbrot . /jpeg >mandelbrot.jpg
jpeg: image: unknown format
```

上面的代码演示了它的工作机制，标准库还提供了 GIF、PNG 和 JPEG 等格式图像的解码器，用户也可以提供自己的解码器，但是为了保持程序体积较小，很多解码器并没有被全部包含，除非是明确需要支持的格式。

image.Decode 函数在解码时会依次查询支持的格式列表。每个格式驱动列表的每个入口指定了如下4 件事情：

（1）格式的名称。

（2）一个用于描述这种图像数据开头部分模式的字符串，用于解码器检测识别。

（3）一个 Decode 函数用于完成解码图像工作。

（4）一个 DecodeConfig 函数用于解码图像的大小和颜色空间的信息。

每个驱动入口是通过调用 image. RegisterFormat 函数注册的，一般是在每个格式包的 init 初始化函数中调用的，例如，image/png 包是这样注册的：

```
package png    //image/png
func Decode(r io.Reader) (image . Image, error)
func DecodeConfig(r io.Reader) (image.Config, error)
func init(){
    const pngHeader = "\x89PNG\r\n\x1a\n"
    image. RegisterFormat("png", pngHeader , Decode, DecodeConfig)
}
```

最终的效果是，主程序只需要匿名导入特定图像驱动包就可以用 image.Decode 解码对应格式的图像。

数据库包 datbase/sqsl 也是采用了类似的技术，让用户可以根据自己的需要选择导入必要的数据库驱动，例如：

```
import (
    "database/sq1"
    _"github. com/lib/pq"                    //启用对 Postgres 的支持
    _"github. com/ go-sql-driver/mysq1"      //启用对 MySQL 的支持
)
db, err = sql.Open("postgres", dbname)       //OK
db, err= sql. Open("mysq1", dbname)           //0K
db, err= sql.Open("sqlite3", dbname)         //返回错误: unknown driver "sqlite3"
```

## 11.1.5　包的使用

为了更好地理解包导入的细节，本节将创建一个包，这个包很简单，首先在工作空间建立一个项目 test：

```
mkdir $GOPATH/src/test
```

在 src/test 中新建一个文件如下：

```
package test
//公开函数
func Even(i int) bool {
    return i %2 == 0
}
//私有函数
func odd (i int) bool {
```

```
    return i%2== 1
}
```

然后保存为 **test.go** 文件,最后使用 **go build** 和 **go install** 命令编译和安装这个包。现在有了一个包,接下来看如何导入刚才建立的包,应用于新的程序中。

新建一个文件,名为 **main.go**(也可以命名为其他名字):

```
package main
//下面导入了本地包 test 和官方标准包 fmt
import (
    "test"
    "fmt"
)
//调用 test 包中的 Even 函数,访问一个包中的函数的语法是 package.Function()
func main() {
    i:= 5
    fmt. Printf("Is %d even? %v\n", i, test.Even(i))
}
```

在上面的例子中,如果使用了 **odd** 函数,在编译时就会报错,因为在 **test** 包中定义了 **odd** 函数为私有函数,不能被外部访问。

## 11.1.6　Go 语言工具箱

Go 语言的工具箱集成了一系列命令集,一方面它是一个强大的包管理器,可以用于包的查询、计算包的依赖关系、从远程版本控制系统下载包等任务;另一方面,它也是一个构建系统,计算依赖、构建程序,类似于 **make** 命令。除此之外,Go 语言的工具箱还是一个测试驱动程序。

### 1. 包文档

根据编程规范,每个包都应该有包注释,一般是在 **package** 前的一个注释块。对于多文件包,包注释只需要出现在任意一个文件前即可。包注释应当对包进行介绍,并提供关于包的整体信息,这会出现在 go doc 生成的关于包的页面上,并且相关的细节会一并显示。

包中每个导出的成员和包声明前都应该包含目的和用法说明的注释。下面是来自 **fmt** 包的例子:

```
//Printf formats according to a format specifier and writes to standard
//output. It returns the number of bytes written and any write error
//encountered.
func Printf(format string, a···interface) (n int, err error)
```

为了更好地管理文档(注释),Go 语言提供了两个工具。首先是 **go doc** 命令,该命令打印包的声明和每个成员的文档注释,例如:

```
$ go doc test
package test    //导入"test"包
这是一个简单的演示包,一般写上这个包的简单介绍
可导出的函数、变量成员等的解释
```

查看某个具体包成员的注释文档:

```
$ go doc test. TestFunc
```

该命令并不需要输入完整的包导入路径或正确的大小写。例如,查看 encoding/json 包的(*json.Decoder).Decode 方法:

```
$ go doc json. decode
```

第二个工具的名字为 **godoc**,它提供可以相互交叉引用的 HTML 页面,输出的信息会比 go doc 多一些。

godoc 有一个在线服务网址为 https://godoc.org，它包含成千上万的开源包的文档检索。也可以在自己的工作区目录来运行 godoc 服务，运行下面的命令，然后在浏览器中查看 https://localhost:8000/pkg 页面。

```
$ godoc -http :8000
```

其-analysis=type 和-analysis=pointer 命令行标志参数用于打开文档和代码中关于静态分析的结果。

### 2. 内部包

原则上 Go 语言的封装只有两个特性，一个是私有的不可导出的成员，另一个是公开的可导出的成员。但有些时候需要一种中间状态——对一些包公开，对一些包不可见。这就引入了一个概念——内部包，在 Go 语言中，构建工具会对导入路径包含 internal 关键字的包进行特殊处理。一个 internal 包只能被和 internal 目录有同一个父目录的包导入。

例如，net/http/internal/chunked 内部包只能被 net/http/httputil 或 net/http 包导入，但是不能被 net/url 包导入。不过 net/url 包却可以导入 net/http/httputil 包：

```
net/http
net/http/ internal/ chunked
net/http/httputil
net/url
```

### 3. 查询包

go list 命令可以查询可用包的信息，其最简单的形式可以测试包是否在工作区并打印它的导入路径：

```
$ go list github. com/ go- sql-driver/mysql
github. com/ go-sql-driver/mysql
```

go list 命令的参数还可以用 "…" 表示匹配任意包的导入路径，可以用它列出工作区中的所有包：

```
$ go list…
```

或者是特定子目录下的所有包：

```
$ go list gopl.io/ch3/…
gopl. io/ch3/basename1
gopl. io/ ch3/basename2
```

或者是和某个主题相关的所有包：

```
$ go list … xm1…
encoding/ xml
gopl.io/ ch7/xmlselect
```

go list 命令还可以获取每个包完整的元数据，而不仅仅是导入路径，这些元数据以不同格式提供给用户。其中，-json 命令行参数表示用 JSON 格式打印每个包的元数据。

```
$ go list -json hash
{
    "Dir": "/home/ gopher/go/src/hash",
    "ImportPath": "hash",
    "Name": "hash",
    "Doc": "Package hash provides interfaces for hash functions. ",
    "Target":"/home/ gopher/ go/ pkg/ darwin _amd64/hash.a" ,
    "Goroot": true,
    "Standard": true,
    "Root": "/home/ gopher/go",
    "GoFiles": [
        "hash. go"
    ],
    "Imports": [
        "io"
    ],
    "Deps": [
```

```
        "errors",
        "io",
        "runtime",
        "sync",
        "sync/atomic",
        "unsafe"
    ]
}
```

查询时同样可以使用 Go template 格式化输出元数据。

## 11.2   包的工作目录（GOPATH）

GOPATH 是 Go 语言中使用的一个环境变量，它使用绝对路径提供项目的工作目录。

工作目录是一个工程开发的相对参考目录，例如，当你要在公司编写一套服务器代码，你的工位所包含的桌面、计算机及椅子就是你的工作区。工作区的概念与工作目录的概念也是类似的。如果不使用工作目录的概念，在多人开发时，每个人有一套自己的目录结构，读取配置文件的位置不统一，输出的二进制运行文件也不统一，这样会导致开发的标准不统一，影响开发效率。

GOPATH 适合处理大量 Go 语言源码、多个包组合而成的复杂工程。

### 11.2.1   如何查看 GOPATH

在本书的开始已经介绍过 Go 语言的安装方法。在安装过 Go 开发包的操作系统中，可以使用命令行查看 Go 开发包的环境变量配置信息，从这些配置信息中可以查看到当前的 GOPATH 路径设置情况。在命令行中运行 go env 命令后，命令行将提示图 11-1 所示的信息。

图 11-1   使用命令行查看 GOPATH 信息

命令行说明如下：

第 1 行，执行 go env 指令，将输出当前 Go 开发包的环境变量状态。

第 3 行，GOARCH 表示目标处理器架构。

第 4 行，GOBIN 表示编译器和链接器的安装位置。

第 16 行，GOOS 表示目标操作系统。

第 17 行，GOPATH 表示当前工作目录。

第 20 行，GOROOT 表示 Go 开发包的安装目录。

从命令行输出中可以看到，GOPATH 设定的路径为 F:\go。

在 Go 1.8 版本之前，GOPATH 环境变量默认是空的。从 Go 1.8 版本开始，Go 开发包在安装完成后，将 GOPATH 赋予了一个默认的目录，如表 11-1 所示。

表 11-1　GOPATH 在不同平台上的安装路径

| 平　　　台 | GOPATH 默认值 | 举　　　例 |
|---|---|---|
| Windows 平台 | %USERPROFILE%/go | C:\Users\用户名\go |
| UNIX 平台 | $HOME/go | /home/用户名/go |

## 11.2.2　GOPATH 的工程结构

在 GOPATH 指定的工作目录下，代码总是会保存在$GOPATH/src 目录下。在工程经过 go build、go install 或 go get 等指令后，会将产生的二进制可执行文件放在$GOPATH/bin 目录下，生成的中间缓存文件会被保存在$GOPATH/pkg 下。

如果需要将整个源码添加到版本管理工具（Version Control System，VCS）中，只需要添加$GOPATH/src 目录的源码即可。bin 和 pkg 目录的内容都可以由 src 目录生成。

## 11.2.3　设置和使用 GOPATH

本节以 Linux 为演示平台，演示使用 GOPATH 的方法。

### 1. 设置当前目录为 GOPATH

选择一个目录，在目录的命令行中执行下面的指令：

```
export GOPATH=`pwd`
```

该指令中的 pwd 将输出当前的目录，使用反引号 "`" 将 pwd 指令括起来表示命令行替换，也就是说，使用`pwd`将获得 pwd 返回的当前目录的值。例如，假设当前目录是 "/home/davy/go"，那么使用`pwd`将获得返回值 "/home/davy/go"。

使用 export 指令可以将当前目录的值设置到环境变量 GOPATH 中。

### 2. 建立 GOPATH 中的源码目录

使用下面的指令创建 GOPATH 中的 src 目录，在 src 目录下还有一个 hello 目录，该目录用于保存源码。

```
mkdir -p src/hello
```

mkdir 指令的-p 可以连续创建一个路径。

### 3. 添加 main.go 源码文件

使用编辑器将下面的源码保存为 main.go 并保存到$GOPATH/src/hello 目录下。

```
package main
import "fmt"
func main(){
    fmt.Println("hello")
}
```

**4. 编译源码并运行**

此时已经设定了 GOPATH，因此，在 Go 语言中可以通过 GOPATH 找到工程的位置。

在命令行中执行如下指令编译源码：

```
go install hello
```

编译完成的可执行文件会保存在$GOPATH/bin 目录下。

在 bin 目录中执行./hello，命令行输出如下：

```
hello world
```

## 11.2.4　在多项目工程中使用 GOPATH

在很多与 Go 语言相关的书籍、文章中描述的 GOPATH 都是通过修改系统全局的环境变量来实现的。然而，根据笔者多年的 Go 语言使用和实践经验及周边朋友、同事的反馈，这种设置全局 GOPATH 的方法可能会导致当前项目错误引用了其他目录的 Go 源码文件，从而造成编译输出错误的版本或编译报出一些无法理解的错误提示。

例如，将某项目代码保存在/home/davy/projectA 目录下，将该目录设置为 GOPATH。随着开发的进行，需要再次获取一份工程项目的源码,此时源码保存在/home/davy/projectB 目录下,如果此时需要编译 projectB 目录的项目，但开发者忘记设置 GOPATH 而直接使用命令行编译，则当前的 GOPATH 指向的是/home/davy/projectA 目录，而不是开发者编译时期望的 projectB 目录。编译完成后，开发者就会将错误的工程版本发布到外网。

因此，建议大家无论是使用命令行还是使用集成开发环境编译 Go 源码，GOPATH 都随项目设定。在 Jetbrains 公司的 GoLand 集成开发环境（IDE）中的 GOPATH 设置分为全局 GOPATH 和项目 GOPATH，如图 11-2 所示。

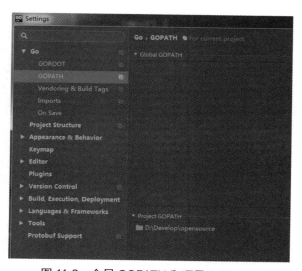

**图 11-2　全局 GOPATH 和项目 GOPATH**

图 11-2 中的 Global GOPATH 代表全局 GOPATH，一般来源于系统环境变量中的 GOPATH；Project

GOPATH 代表项目所使用的 GOPATH，该设置会被保存在工作目录的.idea 目录下，不会被设置到环境变量的 GOPATH 中，但会在编译时使用到这个目录。建议在开发时只填写项目 GOPATH，每个项目尽量只设置一个 GOPATH，不使用多个 GOPATH 和全局的 GOPATH。

# 11.3　创建包

包（package）是多个 Go 语言源码的集合，是一种高级的代码复用方案，像 fmt、os、io 包等，开发者可以根据自己的需要创建自己的包。

包要求在同一个目录下的所有文件的第一行添加如下代码，以标记该文件归属的包：

```
package 包名
```

包的特性如下：

（1）一个目录下的同级文件归属一个包。

（2）包名可以与其目录不同名。

（3）包名为 main 的包为应用程序的入口包，当编译源码没有 main 包时，将无法编译输出可执行的文件。

# 11.4　导出标识符

在 Go 语言中，如果想在一个包中引用另外一个包中的标识符（如类型、变量、常量等），必须首先将被引用的标识符导出，将要导出的标识符的首字母大写就可以让引用者访问这些标识符了。

## 11.4.1　导出包内标识符

下面的代码中包含一系列未导出标识符，它们的首字母都为小写，这些标识符可以在包内自由使用，但是包外无法访问它们。

```
package mypkg
var myVar = 100
const myConst = "hello"
type myStruct struct {
}
```

将 myStruct 和 myConst 首字母大写，导出这些标识符，修改后代码如下：

```
package mypkg
var myVar = 100
const MyConst = "hello"
type MyStruct struct {
}
```

此时，MyConst 和 MyStruct 可以被外部访问，而 myVar 由于首字母是小写，因此只能在 mypkg 包内使用，不能被外部包引用。

## 11.4.2　导出结构体及接口成员

在被导出的结构体或接口中，如果它们的字段或方法首字母是大写，外部可以访问这些字段和方法，代码如下：

```
type MyStruct struct {
    //包外可以访问的字段
    ExportedField int
    //仅限包内访问的字段
    privateField int
}
type MyInterface interface {
    //包外可以访问的方法
    ExportedMethod()
    //仅限包内访问的方法
    privateMethod()
}
```

在代码中，MyStruct 的 ExportedField 和 MyInterface 的 ExportedMethod()可以被包外访问。

# 11.5　自定义包

在前面提到的包的使用中，曾简单介绍了如何新建一个包并导入到项目中。标准包为大多数的程序提供了必要的基础构件。在 Go 语言的社区，有很多成熟的包被设计、共享、重用和改进。目前互联网上发布了很多 Go 语言开源包，它们可以通过 http://godoc.org 检索。本章将演示如何使用已有的包和创建新的包。

到目前为止，所有的例子都只在单个 main 包中。对于任何包，可以将它的代码分隔到多个文件中，只要这些文件在相同的目录中。例如，使用单个 main 包，由多个单独的文件组成，并且在每个文件的第一条语句为 package main。

对于大型的应用程序，可能想要将应用程序的功能按照逻辑单元划分成不同的包。同样，创建的包会被多个相似的应用程序使用。单个应用程序使用的包和跨应用程序使用的包没有什么差别，但是，可以创建一个隐式的差别，将单个应用程序专用包放到应用程序的子目录下，而多个程序共享包可以放到 GOPATH 的 src 目录。在 GOPATH 下的每一个目录都应该包含一个 src 目录，这是 Go 语言规定的。

程序的源代码和包都应该放在 GOPATH/src 目录下的子目录中，打包之后还可以直接将自定义的包安装到 GOROOT 目录下。

## 11.5.1　包的制作

创建自定义包最好是在 GOPATH/src 目录下（或者 GOPATHITe 下的其中一个子目录）。单个应用程序专用包可以在应用程序的目录中创建，而分享类型的包应当直接在 GOPATH/src 目录中创建。

按照约定，一个包的源代码放在和包名称相同的目录中。我们按自己喜欢的方式，将源代码划分到多个文件中，这些文件的名字可以是任意的（只要它们以.go 结尾即可）。

如果在项目目录中执行 go build 命令，将获得一个可执行文件（名字为包名的可执行文件）。可是，如果想在 GOPATH/bin 目录中生成可执行文件，或者想让其他应用程序也可以使用这个包，必须使用 go install 安装。

当使用 go install 编译 Go 语言程序时，它将创建两个目录（如果不存在）：GOPATH/bin 创建对应可执行程序文件，GOPATH/pkg/linux _amd64/创建包含了静态的包的二进制库文件（以 Linux 64 位为例）。

安装之后的包可以通过在 Go 语言程序中使用 import "example/src 导入，这里给定的是完整的路径，除了 GOPATH/src 部分，实际上，GOPATH 下的任何程序或者包都可以使用这种导入，因为 Go 语言不会区分应用程序专用的包和共享的包。

## 11.5.2　特定平台的代码

在某些情况下，需要不同平台的代码。例如，在类 UNIX 系统的 shell 中可以使用通配符，所以，命令行中的* .txt 可以在程序中接受，如["README txt, "INSTALL txt"]保存在 os.Args[1:] slice 中。但是在 Windows 系统中，程序仅获得["*.txt"]，因此可以在 Windows 上使用 filepath.Glob()函数实现同样的通配符功能。

在程序运行时决定是否使用 filepath.Glob()的解决方案是通过 runtime.GOOS=="Windows"来判断当前运行的操作系统是否为 Windows。另一个解决方案是不同平台的代码放到对应的文件中，不同平台的文件可以定义名字相同但功能不同的函数。

当使用 go build 编译包时，在 Linux 的机器上会编译 Linux 平台的代码，而其他平台的文件将会被忽略。

## 11.5.3　godoc 生成文档

Go 语言的包，特别是对于打算分享的包，都需要一份规范的文档。Go 语言提供了一个文档工具 godoc，它可以用来在控制台显示包的文档和函数，或者作为一个 Web 服务器，使得文档以网页的形式显示。

如果这个包在 GOPATH 下，godoc 将自动找到它，并且在网页的左侧提供一个到这个包的链接。如果这个包没有在 GOPATH 下，可以运行 godoc -path 选项，将包的路径赋值给它。

在默认情况下，godoc 只显示导出的 types、classes、constants 及 variables，所有这些都应该被文档化，文档是直接写在源文件中的。

对于一个包，在 package 语句之前添加整个包的描述，而第一句话是整个包的摘要：

```
//Map is a key-ordered map.
//The zero value is an invalid map! Use one of the construction functions
//(e.g., New()), to create a map for a specific key type.
type Map struct {
```

这个文档用于导出的类型，必须写在 type 语句之前，并且指明这个类型的零值是否有效：

```
//New returns an empty Map that uses the given less than function to
//compare keys. For example:
//   type Point{ X,Y int }
//   pointMap := omap. New(func(a, b interface{}) bool {
//       a,β := a.(Point),b. (Point)
//       if a.X!=β.X{
//           return a.X < β.X
//       }
//       return a.Y < β.Y
//   })
func New(less fun(interface{}, interface{} bool) *Map {
```

这段文档用于函数和方法，它们必须写在函数的第一条语句之前，注释中的缩进最终会渲染为 HTML 的代码。

下面展示了一个便利的构造函数的文档。

```
//Insert inserts a new key-value into the Map and returns true; or
//replaces an existing key-value pair's value if the keys are equal and returns false. For example:
//inserted := myMap. Insert(key, value).
func (m *Map) Insert(key, value interface{}) (inserted bool) {
```

上面是 Insert()方法的文档。需要注意的是，在 Go 语言中有一个约定：函数和方法的文档，都是以这个函数或者方法的名称开始的，并且不能加圆括号。

## 11.5.4　包的打包与发布

此处的打包发布不仅指 Go 语言包项目在本地编译和安装，还包括分发到其他设备系统中的打包方法。在前面的内容中，Go 语言包的编译安装其实就是一个打包过程（go install 命令），但这个过程仅针对本地而言，面向的是开发者们的打包发布方式。对于一些企业级用户而言，应该尽量把分发部署操作简化，最理想的状态就是把整个项目打包成一个文件，拿到这个文件的人直接执行就可以完成部署了。

目前 Go 语言的确能够实现这种高度集成的发布方式，而且还不止一种方式。目前社区中比较主流的处理方式有 3 种，一是使用 go.rice，二是使用 statik，三是比较老旧但接口丰富的 go-bindata，这 3 个项目的地址如下：

```
https://github.com/GeertJohan/go.rice
https://github.com/rakyll/statik
https://github.com/jteeuwen/go-bindata
```

安装这 3 个包的方式都是使用 go get 获取的：

```
go get github.com/rakyll/statik
go get github.com/GeertJohan/go.rice !
go get github.com/GeertJohan/go.rice/rice #此处 rice 是一个单独的工具
go get github.com/jteeuwen/go-bindata
```

### 1. go.rice

rice 项目需要在 main.go 中导入如下包：

```
import "github.com/GeertJohan/go.rice"
```

go.rice 相比其他几个项目不同的是，它不仅是一个打包工具，还是一个静态文件操作库，自带文件访问服务。rice 会把一个目录当作一个 rice.Box 来操作。

```
import
    "fmt"
    "html/template"
    "github.com/GeertJohan/go.rice"
func main() {
    //这里写相对于执行文件的地址
    box, err := rice.FindBox( "theme/default")
    if err != nil{
        println(err.Error())
        return
    }
    //从目录 Box 读取文件
    str, err := box.String("post.html")
    if err != nil {
        println(err.Error())
        return
    }
    t,err := template..New("tpl").Parse(str)
    fmt.Println(t, err)
}
```

go.rice 的打包命令是 rice，在有使用 go.rice 操作的 Go 代码目录中，直接执行 rice embed-go 即可。

```
rice embed-go
rice -i "github.com/xxx/ooo" embed-go # -i 处理指定包里的 go.rice 操作
```

它会生成当前包名下的、嵌入了文件的代码文件 rice-box.go。但是，它不递归处理 import，它会分析当前目录下的 Go 代码中 go.rice 的使用，找到对应的需要嵌入的文件夹。但是子目录下和 import 包中的 go.rice 使用情况则不会分析，需要开发者手动进入相应文件夹执行命令，或者使用-i 指定要处理的包。这样非常不友好，所以也是 rice 的一大缺憾。

不过 rice 是直接支持 http. FileSystem 接口的，可以实现类似于 Nginx 静态资源访问的页面：

```
//MustFindBox 出错直接 panic
http.Handle("/", http.FileServer(rice.MustFindBox("theme") .HTTPBox()))
http.listenAndserve(" :1234",nil)
```

但是 rice.FindBox(dir)只能加载一个目录，因此，如果遇到多个目录的场景，可以这样写：

```
http.Handle("/img", http. FileServer(rice .MustFindBox("static/img") .HTTPBox()))
http.Handle("/css", http. FileServer(rice .MustFindBox("static/css") .HTTPBox()))
http.Handle("/js", http.FileServer(rice.MustFindBox("static/js").HTTPBox()))
http. ListenAndServe(":1234", nil)
```

### 2. statik

根据上述命令进行安装之后即可使用，假设要把 assets 目录中的静态资源文件 demo.txt 嵌入到执行文件中，首先要导入 statik 这个包：

```
import (
    "fmt "
    "io/ioutil"
    "os"
    _"testProject/static "    //自动生成的目录
    "github . com/rakyll/statik/fs"
)
//开始构建之前先执行 go generate
func main() {
    statikFS, err := fs.New()
    if err != nil{
        fmt.Printf("err: %v\n", err)
        os. Exit(1)
    }
        //导入的目录路径和上述 rice 的用法一样
    file, err := statikFS.Open(" /assets/ demo.txt")
    if err!= nil{
        fmt. Printf("err: %v\n", err)
        os.Exit(1)
    }
    //读取文件内容并输出
    content, err := ioutil.ReadAll(file)
    if err != nil{
        fmt.Printf("err: %v\n", err)
        os. Exit(1)
    }
    fmt. Printf(" content: %s\n", content)
}
```

然后执行 statik –src=assets && go generate，这段代码的功能是从 statikFS 提供的文件系统接口获取/assets/demo.txt 这个文件的内容并输出，可以看到操作起来和操作普通文件的方法基本一致。

上述命令会生成一个 statik 目录，里面存放的是自动生成的 Go 文件，所有 assets 下的文件变成一个压缩后的字符串，放在这个文件中，并且在程序启动时会解析这个字符串，构造一个 http.FileSystem 对象，之后就可以使用对文件系统类似的操作来获取文件内容。

statik 同样也实现了标准库中的 http.FileSystem 接口，所以也可以直接使用 http 包提供静态资源的访问服务，关键部分代码如下：

```
import (
    "github. com/rakyll/statik/fs"
    _"testProject/ statik/ statik"
)
...
```

```
    statikFS, err := fs . New( )
    if err !=nil{
        log. Fatal(err)
    }
http.Handle("/assets/", http.StripPrefix("/assets/", http.FileServer(statikFS)))
http. ListenAndServe(" :8080",nil)
```

编译执行之后，可以在 http://localhost:8080/assets/ 中看到打包后的那些文件。

### 3. go-bindata

安装 go-bindata 的命令如下：

```
go get github.com/jteeuwen/go-bindata/…
```

注意 go get 地址最后有 3 个点，这样安装时会分析所有子目录并下载依赖编译子目录内容。go-bindata 的命令工具在子目录中（上面的 rice 项目也可以使用类似的方式安装而不用输入两次 go get 命令）。

最简单的用法就是 go-bindata data/，它会在当前工作目录中生成一个 bindata.go 文件，并打包 data 目录中的所有资源文件（如果要递归子文件夹，应该加上 3 个点，即 go-bindatadata/…）。

```
go-bindata -o=data/asset . go -pkg=data source/ … theme/… doc/src/… doc/images/…
```

上面是一个稍微复杂的用法，其中-**o** 表示输出文件到 data/asset.go，包名为-**pkg** data，然后是需要打包的目录，3 个点包括所有子目录。这样就可以把所有相关文件打包到 asset.go 中，包名为 package data，保持和目录一致。

接下来是释放静态文件的代码：

```
dirs := []string{"source", "theme" ,"doc"} //设置需要释放的目录
for_ , dir := range dirs {
    //解压 dir 目录到当前目录
    if err := asset. RestoreAssets("./", dir); err != nil {
        isSuccess = false
        break
    }
}
if !isSuccess {
    for_, dir := range dirs {
        os. RemoveAll(filepath.Join("./", dir))
    }
}
```

asset.go 内的静态内容根据实际的目录位置索引，所以，可以直接通过目录或者文件地址去操作。

go-bindata 支持开发模式，即不嵌入静态内容，只生成操作方法到输出的 Go 代码中，在命令后面加上 -debug 即可。

-debug 参数生成的代码会直接将静态文件读取到内存，而不是编码到代码中。这使得代码文件更小，可以更快速地编写业务逻辑，等到一切正常再一次性打包，不必每次花费时间在打包上。

```
//-pkg=asset,打包的包名是 asset
bytes, err := asset.Asset("theme/default/post.html")        //根据地址获取对应内容
if err !=nil{
    fmt . Println(err)
    return
}
t, err := template .New("tpl").Parse(string(bytes))         //比如用于模板处理
fmt.Println(t, err)
```

使用-ignore 参数可以忽略某些文件夹，除此之外，go-bindata 的第三方包 go-bindata- assetfs 还实现了 HTTP 静态文件服务接口，支持 HTTP 访问静态文件目录。

扩展包地址为 https:/github.com/elazarl/go-bindata assetfs。

以上面编译好的 **asset.go** 为例，代码如下：

```
import (
    "net/http"
    "github. com/elazar1/go-bindata aetfs
    "demo/data/asset"    //测试项目
)
func main() {
    fs := assetfs. AssetFS{
        Asset: asset. Asset,
        AssetDir: asset. AssetDir,
        AssetInfo: asset. AssetInfo,
    }
    http . Handle("/", http. FileServer(&fs))
    http. ListenAndServe(":1234", nil)
}
```

访问 http://localhost:1234，就可以看到嵌入的 source、theme、doc 三个目录的列表页面，和 Nginx 查看静态文件目录是类似的。

## 11.5.5　自定义包的导入

自定义包的导入，Go 语言允许对导入的包使用别名来标识，这使得开发者可以在不同应用场景下切换导入的包而不改变应用原有的业务代码。例如，开发中的项目有一个专门提供 API 的模块被打包为一个模块包，api 包含有多个版本（如 api _v1、api _v2 等），但在实际业务代码中，只需把 api 包导入并命名为 api（如 import api "api _v1"），此后切换版本只需改动 api v1 为 api v2 即可（即为 import api "api v2"）。

以上都基于一个前提，那便是 api v1 和 api v2 的 API 必须是兼容的，这样其余所有的代码都不需要做任何改动。对于导入的第三方包，不要使用标准库的包名作为别名，也不要对标准库的包使用自定义的别名，避免造成误会。

当导入一个包时，它所有的 init 函数就会被执行。有时并非真的需要使用这些包，仅仅是希望它的 init 函数被执行而已。

下面的例子中（Docker 日志驱动的初始化代码）导入了不少项目模块的包，但并不意味着这个文件的代码会用到这些包中的某些函数。

```
package daemon //其他文件导入 import "daemon".
import (
    //在这里导入包只是为了确保它们的 init 函数被调用
    _"daemon/ logger/ awslogs"
    _"daemon/ logger/fluentd"
    _"daemon/ logger/ gcplogs"
    _"daemon/logger/ gelf"
    _"daemon/ logger/journald"
    _"daemon/logger/jsonfilelog"
    _" daemon/ logger/logentries"
    _"daemon/ logger/splunk"
    _"daemon/logger/syslog"
)
```

这个例子中导入了众多 logger 模块，这些模块内部的函数并不会被当前文件调用，只有在导入 daemon 模块的文件（import"daemon"）时才会执行这些包的 init()函数用于初始化，init()函数会为 daemon 包注册这些导入的日志引擎。由于没有用到这些包提供的功能，所以，可以把这些包的别名都写为空白标识符。

# 11.6　sync 包与锁

Go 语言的 sync 包中提供了互斥锁（Mutex）和读写锁（RWMutex），用于处理并发过程中可能出现两个或多个协程（或线程）同时读或写同一个变量的情况。

锁是 sync 包中的核心，它主要有两个方法，分别是加锁（Lock）和解锁（Unlock）。

在并发的情况下，多个线程或协程同时修改一个变量，使用锁能保证在某一时间内，只有一个协程或线程修改这一变量。

不使用锁时，在并发的情况下可能无法得到想要的结果，例如：

```
package main
import (
    "fmt"
    "time"
)
func main() {
    var a = 0
    for i := 0; i < 1000; i++ {
        go func(idx int) {
            a += 1
            fmt.Println(a)
        }(i)
    }
    time.Sleep(time.Second)
}
```

从理论上来说，上面的程序会将 a 的值依次递增输出，然而实际结果却是下面这样：

```
537
995
996
997
538
999
1000
```

由运行结果可以看出 a 的值并不是按顺序递增输出的，这是为什么呢？

协程的执行顺序大致如下：

（1）从寄存器读取 a 的值。

（2）然后做加法运算。

（3）最后写到寄存器。

按照上面的顺序，假如有一个协程取得 a 的值为 3，然后执行加法运算，此时又有一个协程对 a 进行取值，得到的值同样是 3，最终两个协程的返回结果是相同的。

锁的概念就是，当一个协程正在处理 a 时将 a 锁定，其他协程需要等待该协程处理完成并将 a 解锁后才能再进行操作，也就是说同时处理 a 的协程只能有一个，从而避免上面示例中的情况出现。

## 11.6.1　互斥锁

上面的示例中出现的问题怎么解决呢？加一个互斥锁就可以了。什么是互斥锁呢？互斥锁中有两个方法可以调用，如下：

```
func (m *Mutex) Lock()
func (m *Mutex) Unlock()
```

将上面的代码略作修改，如下：

```go
package main
import (
    "fmt"
    "sync"
    "time"
)
func main() {
    var a = 0
    var lock sync.Mutex
    for i := 0; i < 1000; i++ {
        go func(idx int) {
            lock.Lock()
            defer lock.Unlock()
            a += 1
            fmt.Printf("goroutine %d, a=%d\n", idx, a)
        }(i)
    }
    //等待 1s 结束主程序
    //确保所有协程执行完
    time.Sleep(time.Second)
}
```

运行结果如下：

```
goroutine 995, a=996
goroutine 996, a=997
goroutine 997, a=998
goroutine 998, a=999
goroutine 999, a=1000
```

需要注意的是，一个互斥锁只能同时被一个 goroutine 锁定，其他 goroutine 将阻塞，直到互斥锁被解锁（重新争抢对互斥锁的锁定），例如：

```go
package main
import (
    "fmt"
    "sync"
    "time"
)
func main() {
    ch := make(chan struct{}, 2)
    var l sync.Mutex
    go func() {
        l.Lock()
        defer l.Unlock()
        fmt.Println("goroutine1: 我会锁定大概 2s")
        time.Sleep(time.Second * 2)
        fmt.Println("goroutine1: 我解锁了")
        ch <- struct{}{}
    }()
    go func() {
        fmt.Println("goroutine2: 等待解锁")
        l.Lock()
        defer l.Unlock()
        fmt.Println("goroutine2:我也解锁了")
        ch <- struct{}{}
    }()
    //等待 goroutine 执行结束
    for i := 0; i < 2; i++ {
        <-ch
```

```
    }
}
```

运行结果如下:

```
goroutine1: 我会锁定大概 2s
goroutine2: 等待解锁
goroutine1: 我解锁了
goroutine2: 我也解锁了
```

## 11.6.2 读写锁

读写锁有如下 4 个方法。

写操作的锁定和解锁分别如下:

```
func (*RWMutex) Lock
func (*RWMutex) Unlock
```

读操作的锁定和解锁分别如下:

```
func (*RWMutex) Rlock
func (*RWMutex) RUnlock
```

读写锁的区别在于:

(1)当有一个 goroutine 获得写锁定时,其他无论是读锁定还是写锁定,都将阻塞直到写解锁。

(2)当有一个 goroutine 获得读锁定时,其他读锁定仍然可以继续。

(3)当有一个或任意多个读锁定时,写锁定将等待所有读锁定解锁之后才能进行写锁定。

所以,这里的读锁定的目的其实是告诉写锁定有很多协程或者进程正在读取数据,写操作需要等它们读(读解锁)完才能进行写(写锁定)。

可以将其总结为如下 3 条:

(1)同时只能有一个 goroutine 能够获得写锁定。

(2)同时可以有任意多个 gorouinte 获得读锁定。

(3)同时只能存在写锁定或读锁定(读和写互斥)。

例如,当多个读操作同时读取一个变量时,虽然加了锁,但是读操作是不受影响的(读和写是互斥的,读和读不互斥)。

```
package main
import (
    "sync"
    "time"
)
var m *sync.RWMutex
func main() {
    m = new(sync.RWMutex)
    //多个同时读
    go read(1)
    go read(2)
    time.Sleep(2*time.Second)
}
func read(i int) {
    println(i,"read start")
    m.RLock()
    println(i,"reading")
    time.Sleep(1*time.Second)
    m.RUnlock()
    println(i,"read over")
```

```
}
```

运行结果如下：

```
1 read start
1 reading
2 read start
2 reading
1 read over
2 read over
```

例如，由于读写互斥，所以写操作开始的时候，读操作必须等写操作进行完才能继续，否则读操作只能继续等待。

```
package main
import (
    "sync"
    "time"
)
var m *sync.RWMutex
func main() {
    m = new(sync.RWMutex)
    //写的时候啥也不能干
    go write(1)
    go read(2)
    go write(3)
    time.Sleep(2*time.Second)
}
func read(i int) {
    println(i,"read start")
    m.RLock()
    println(i,"reading")
    time.Sleep(1*time.Second)
    m.RUnlock()
    println(i,"read over")
}
func write(i int) {
    println(i,"write start")
    m.Lock()
    println(i,"writing")
    time.Sleep(1*time.Second)
    m.Unlock()
    println(i,"write over")
}
```

运行结果如下：

```
1 write start
3 write start
1 writing
2 read start
1 write over
2 reading
```

## 11.7  就业面试技巧与解析

本章主要介绍了 Go 语言的包，包括包的结构、常用内置包、包的导入和使用等基础知识，另外，还着重介绍了包的工作目录、如何创建包、自定义包及 sync 包与锁的关系等重点内容。学习完本章内容，我们知道了包是 Go 语言中组织代码的基本单位。环境变量 GOPATH 决定了 Go 语言代码在磁盘上被保存、编译和安装的位置，可以为每个工程设置不同的 GOPATH，以保持源代码和依赖的隔离。

## 11.7.1　面试技巧与解析（一）

**面试官**：简单说一下 Go 语言中的包如何使用。

**应聘者**：

Go 语言中的包（package）与 Java 中的包（package）非常类似，都是组织代码的方式，而且都和磁盘上的目录结构存在对应关系。

Go 语言中，包名一般为 Go 代码所在的目录名，但是与 Java 不同的是，Go 语言中包名只有一级，而在 Java 中包名是以点分割的多级目录组合的。

Go 语言中，引用包时需要以 GOPATH/src 目录为相对根目录，依次输入下面的各级目录名。

如环境变量 GOPATH = ~/go

包 hello 下有 hello.go，包所在的磁盘路径如下：

```
~/go/src/golang_everyday/hello
```

也就是说，hello.go 的路径如下：

```
~/go/src/golang_everyday/hello/hello.go
```

则在其他文件中引用该 Go 文件时，代码如下：

```
import "golang_everyday/hello"
```

如果存在多个 GOPATH，编译时，Go 会挨着去每个 GOPATH 的 src 下找，直到找到为止。

main 是一个特殊的 package 名字，类似于 Java 中的 main 函数，Go 语言的可执行程序必须在 main package 下，main 包所在的文件夹一般都不叫 main。

在同一个 package 中，多个文件被 Go 编译器看作一个文件一样，因此，多个文件中不能出现相同的全局变量和函数，一个例外是 init 函数；同一个 package 的不同文件可以直接引用相互之间的数据。

## 11.7.2　面试技巧与解析（二）

**面试官**：如何使用互斥锁和条件变量实现读写锁？

**应聘者**：

读写锁包括读取锁和写入锁，多个读线程可以同时访问共享数据；写线程必须等待所有读线程都释放锁以后，才能取得锁；同样，读线程必须等待写线程释放锁后，才能取得锁；也就是说，读写锁要确保的是如下互斥关系：可以同时读，但是读-写，写-写都是互斥的。

读写锁的分配规则如下：

（1）只要没有线程持有某个给定的读写锁用于写，那么任意数目的线程可以持有该读写锁用于读。

（2）仅当没有线程持有某个给定的读写锁用于读或者用于写时，才能分配该读写锁用于写。

通俗点说就是当没有写锁时，就可以加读锁且任意线程可以同时加，而写锁只能有一个，且必须在没有读锁时才能加上，一般来说，写锁优先。

读写锁的数据类型为 pthread_rwlock_t，可以用 PTHREAD_RWLOCK_INITIALIZER 来初始化。

```
int pthread_rwlock_rdlock(pthread_rwlock_t *rwptr);
int pthread_rwlock_wrlock(pthread_rwlock_t *rwptr);
int pthread_rwlock_unlock(pthread_rwlock_t *rwptr);
```

以上 3 个基本函数返回值如下：如果成功，则返回 0；如果出错，则返回错误值。

```
int pthread_rwlock_tryrdlock(pthread_rwlock_t *rwptr);
int pthread_rwlock_trywrlock(pthread_rwlock_t *rwptr);
```

返回值同上。

要注意的是，上面两个函数尝试获取一个读出锁或者写入锁，但是如果该锁不能马上获得，则返回一个 EBUSY 错误，而不是把调用线程投入睡眠。

# 第 4 篇

# 项目实践

本篇是本书的最后一篇，也是项目实践篇。在本篇中，主要教会读者如何使用 Go 语言的命令进行编译运行、测试、性能分析、文件的打开与关闭及对文件的处理等操作。同时本篇也融会贯通前面所学的基础知识、核心技术及高级应用，使读者能够在 Go 语言中对网络编程、数据库进行实战操作，以提高自己的动手能力。通过本篇的学习，读者将会把书本知识运用到实际操作中，对 Go 语言在实际项目运用中有深切的体会，为日后的项目开发工作积累经验。

- 第 12 章　网络编程
- 第 13 章　Go 语言的文件处理
- 第 14 章　编译与工具

# 第12章

## 网络编程

Go 语言追求的是性能、简单，本章将介绍如何使用 Socket 编程，很多游戏服务都是采用 Socket 来编写服务器端的，因为 HTTP 协议相对而言比较耗费性能，本章将学习如何使用 Go 语言进行 Socket 编程。另外，作为最常见的 Web 服务，怎么能少得了学习 HTTP 编程呢？数据库和 Cookie 操作也是网络编程中要学习的重点。

 **知识导读**

本章要点（已掌握的在方框中打钩）：
- [ ] Socket 编程。
- [ ] HTTP 编程。
- [ ] 数据库。
- [ ] Cookie。

## 12.1　Socket 编程

对于底层网络应用开发者而言，几乎所有网络编程都是 Socket，因为大部分底层网络的编程都离不开 Socket 编程。HTTP 编程、Web 开发、IM 通信、视频流传输的底层都是 Socket 编程。

日常生活中打开浏览器浏览网页、使用 QQ 聊天、邮件收发、直播等，客户端和服务器端的通信在底层看来都是依靠 Socket 通信的，可见 Socket 编程在现代编程中占据了非常重要的地位，本节将介绍在 Go 语言中如何进行 Socket 编程。

### 12.1.1　什么是 Socket

Socket 起源于 UNIX，因此 Socket 也可以像 UNIX 那样使用"打开（open）→读写（write/read）→关闭（close）"的模式来操作，Socket 就是该模式的一个实现，网络的 Socket 数据传输是一种特殊的 I/O 操作，Socket 也是一种文件描述符。Socket 也具有一个类似于打开文件的函数调用，即 Socket()，该函数返回一个整型的 Socket 描述符，随后的建立连接、数据传输等操作都是通过 Socket 实现的。

本节介绍的 Socket 编程主要是面向 OSI 模型的第三层和第四层协议，再具体点就是主要针对 IP 协议、TC 协议和 UDP 协议。HTTP 这种基于 TCP 的七层协议将在下一节介绍。

本节要介绍的 Socket 类型有两种：流式 Socket（SOCK_STREAM）和数据报式 Socket（SOCK_DGRAM）。流式 Socket 是一种面向连接的 Socket，针对面向连接的 TCP 服务应用；数据报式 Socket 是一种无连接的 Socket，对应无连接的 UDP 服务应用。

### 1. Socket 如何通信

网络中的进程之间如何通过 Socket 通信呢？首先要解决的问题是如何唯一标识一个进程，在本地可以通过进程 PID 来唯一标识一个进程，但是在网络中这是行不通的。其实 TCP/IP 协议已经帮我们解决了这个问题，网络层的"IP 地址"可以唯一标识网络中的主机，而传输层的"协议+端口"可以唯一标识主机中的应用程序（进程）。这样利用三大要素（IP 地址、协议、端口）就可以标识网络的进程了，网络中需要互相通信的进程，就可以利用这个标志在它们之间进行交互。

### 2. Go 语言支持的 IP 类型

在 Go 语言的 net 包中定义了很多类型、函数和方法用于网络编程，其中 IP 的定义如下：

```
type IP []byte
```

在 net 包中有很多函数用于操作 IP，但是其中比较常用的不多，其中 ParseIP(s string)IP 函数会把一个 IPv4 或者 IPv6 的地址转化成 IP 类型，例如：

```
package main
import (
    "net"
    "os"
    "fmt"
)
func main() {
    if len(os .Args) !=2 {
        fmt.Fprintf(os.Stderr, "用法: %s IP 地址\n", os.Args[0])
        os.Exit(1)
    }
    name := os.Args[1]
    addr := net.ParseIP(name )
    if addr == nil {
        fmt.Println("无效的 IP 地址")
    } else {
        fmt . Println("IP 地址是", addr.String( ))
    }
        os.Exit(0)
}
```

执行之后就会发现只要输入一个 IP 地址就会给出相应的 IP 格式。

## 12.1.2　Dial()函数

在 Go 语言中编写网络程序时，将看不到传统的编码形式。Go 语言中 Socket 编程的 API 都在 net 包中。Go 语言提供了 Dial 函数来连接服务器，使用 Listen 监听，Accept 接收连接，所以，Go 语言的网络编程和其他同类语言（C 语言）一样有着相似的 API。

Go 语言标准库对传统的 Socket 编程过程进行了抽象和封装。无论期望使用什么协议建立什么形式的连接，都只需要调用 net.Dial()函数即可。

Dial()函数的原型如下：

```
func Dial(net, addr string) (Conn, error)
```

其中，net 参数是网络协议的名字，addr 参数是 IP 地址或域名，端口号以 ":" 的形式跟随在地址或域名的后面，端口号可选。如果连接成功，返回连接对象，否则返回 error。

常见协议的调用方式如下：

TCP 链接：

```
conn, err := net.Dial("tcp", "192.168.0.10:2100" )
```

UDP 链接：

```
conn, err := net.Dial("udp", "192.168.0.12:975")
```

ICMP 链接（使用协议名称）：

```
conn, err := net. Dial("ip4:icmp","WWW. baidu. com")
```

ICMP 链接（使用协议编号）：

```
conn, err := net.Dial("ip4:1", "10.0.0.3")
```

目前，Dial()函数支持的网络协议包括 TCP、TCP4（仅限 IPv4）、TCP6（仅限 IPv6）、UDP、UDP4（仅限 IPv4）、UDP6（仅限 IPv6）、IP、IP4（仅限 IPv4）和 IP6（仅限 IPv6）。

在成功建立连接后，就可以进行数据的发送和接收了。在发送数据时，使用 conn 的 Write()方法，在接收数据时使用 Read()方法。

## 12.1.3　TCP Socket

### 1. TCP 客户端

Go 语言通过 net 包中的 DialTCP 函数来建立一个 TCP 连接，并返回一个 TCPConn 类型的对象，当连接建立时服务器端也创建一个同类型的对象，此时客户端和服务器端通过各自拥有的 TCPConn 对象进行数据交换。一般而言，客户端通过 TCPConn 对象将请求信息发送到服务器端，读取服务器端响应的信息。服务器端读取并解析来自客户端的请求，并返回应答信息，这个连接只有当任意一端关闭连接之后才失效，否则该连接可以一直使用。

建立连接的函数定义如下：

```
func DialTCP(net string, laddr, raddr *TCPAddr) (C *TCPConn, err os.Error)
```

（1）net 参数是 TCP4、TCP6、TCP 中的任意一个，分别表示 TCP（IPv4-only）、TCP（IPv6-only）或者 TCP（IPv4、IPv6 的任意一个）。

（2）laddr 表示本机地址，一般设置为 nil。

（3）raddr 表示远程服务地址。

例如，模拟一个基于 HTTP 协议的客户端请求去连接一个 Web 服务器端。写一个简单的 http 请求头，格式类似如下：

```
"HEAD / HTTP/1. 0\r\n\r\n"
```

从服务器端接收到的响应信息格式可能如下：

```
HTTP/1.0 200 OK
ETag: "-9985996"
Last-Modified: Thu, 25 Mar 2017 17:51:10 GMT
Content-Length: 18074
Connection: close
Date: Sat, 28 Aug 2017 00:43:48 GMT
Server: lighttpd/1.4.23
```

客户端代码如下：

```go
package main
import (
    "fmt"
    "io/ioutil"
    "net"
    "os"
)
func main() {
    if len(os.Args) !=2{
        fmt.Fprintf(os.Stderr, "用法: %s host:port ", os.Args[8])
        os.Exit(1)
    }
    service := os .Args[1]
    tcpAddr, err := net. ResolveTCPAddr("tcp4", service)
    checkError(err)
    conn, err := net. DialTCP("tcp", nil, tcpAddr)
    checkError(err)
    _, err = conn.Write([]byte("HEAD / HTTP/1.0\r\n\r\n"))
    checkError(err)
    result, err := ioutil.ReadAll(conn)
    checkError(err)
    fmt.Println(string(result))
    os. Exit(0)
}
func checkError(err error) {
    if err !=nil{
        fmt .Fprintf(os .Stderr,"错误: %s", err. Error())
        os . Exit(1)
    }
}
```

通过上面的代码可以看出：首先程序将用户的输入作为参数 service 传入 ne.ResolveTCPAddr 获取一个 tcpAddr，然后把 tcpAddr 传入 DiarCP 后创建一个 TCP 连接 conn，通过 conn 来发送请求信息，最后通过 iouil.ReadAll 从 conn 中读取全部文本，也就是服务器端响应反馈的信息。

**2. TCP 服务器端**

上面编写了一个 TCP 的客户端程序，也可以通过 net 包来创建一个服务器端程序，在服务器端需要绑定服务到指定的非激活端口，并监听此端口，当有客户端请求到达的时候可以接收到来自客户端连接的请求。net 包中有相应功能的函数，函数定义如下：

```go
func ListenTCP(net string, laddr *TCPAddr) (l *TCPListener, err os. Error)
func (l *TCPListener) Accept() (c Conn, err os.Error)
```

参数说明同 DialTCP 的参数一样。下面实现一个简单的时间同步服务，监听 8000 端口：

```go
package main
import (
    "fmt"
    "net"
    "os"
    "time"
)
func echo(conn *net.TCPConn) {
    tick := time.Tick(5 * time.Second) //5s 请求一次
    for now := range tick {
        n, err:= conn.Write([]byte(now.string()))
        if err !=nil{
            log. Println(err)
```

```
            conn. Close()
            return
        }
        fmt .Printf("send %d bytes to %s\n", n, conn.RemoteAddr())
    }
}
func main() {
    address := net.TCPAddr{
    IP: net.ParseIP("127.0.0.1"),
    Port: 8000,
    listener, err := net.ListenTCP("tcp4", &address) //创建 TCP4 服务器端监听器
    if err != nil{
        log.Fatal(err)        //Println+ os.Exit(1)
    }
    for {
        conn, err := listener AcceptTCP()
        if err != nil{
            logFatal(err)       //出现错误,直接退出
        }
        fmt.Println("远程地址: ", con.RemoteAddr())
        go echo(conn)
    }
}
```

上面的服务"跑"起来之后，将会一直在那里等待，直到有新的客户端请求到达。当有新的客户端请求到达并同意接受该请求的时候，它会反馈当前的时间信息。值得注意的是，在 for 循环中，当有错误发生时，直接 continue 而不是退出，这是因为在服务器端"跑"代码的时候，如果有错误发生，最好是由服务器端记录错误，然后当前连接的客户端直接报错而退出，从而不会影响当前服务器端运行的整个服务。

以上代码还通过把业务处理分离到 echo 函数中，实现多并发执行连接。

在上面这个例子中所建立的连接是一个长连接，在客户端可以持续对服务器端发送数据并记录到服务器端的输出中，保持长连接的关键是 conn.Read()，它会不断读取客户端发来的请求，但这不足以保持连接稳定。由于需要保持与客户端的长连接，所以，不能在读取完一次请求后就关闭连接。由于 conn.SetReadDeadline()设置了超时，当一定时间内客户端无请求发送时，conn 便会自动关闭，下面的 for 循环会因为连接已关闭而跳出。需要注意的是，request 在创建时需要指定一个最大长度以防止洪水攻击（flood attack），由于 conn.Read()会将新读取到的内容连接到原内容之后，所以，如果清除之前的信息需要在每次请求读取之后清理 request。

### 3. 控制 TCP 连接

TCP 有很多连接控制函数，用得比较多的有如下几个函数：

```
func DialTimeout(net,addr string, timeout time .Duration) (Conn, error)
```

设置建立连接的超时时间，客户端和服务器端都适用，当超过设置时间后，连接自动关闭：

```
func (c *TCPConn) SetReadDeadline(t time. Time) error
func (c *TCPConn) SetWriteDeadline(t time. Time) error
```

用来设置写入/读取一个连接的超时时间。当超过设置时间时，连接自动关闭：

```
func (c *TCPConn)SetKeepAlive(keepalive bool) os.Error
```

设置 keepAlive 属性，当操作系统层在 TCP 上没有数据和 ACK 时，会间隔性地发送 keepalive 包，操作系统可以通过该包来判断一个 TCP 连接是否已经断开，在 Windows 上默认两小时没有收到数据和 keepAlive 包的时候人为断开 TCP 连接。这个功能和通常在应用层加上心跳包的功能类似。

## 12.1.4　UDP Socket

Go 语言包中处理 UDP Socket 和 TCP Socket 不同的地方就是在服务器端处理多个客户端请求数据包的方式不同，UDP 缺少了对客户端连接请求的 Accept 函数。其他几乎一模一样，只是 TCP 换成了 UDP 而已。UDP 的几个主要函数如下：

```
func ResolveUDPAddr(net, addr string) (*UDPAddr, os .Error)
func DialUDP(net string, laddr, raddr *UDPAddr) (c *UDPConn, err os.Error)
func ListenUDP(net string, laddr *UDPAddr) (c *UDPConn, err os.Error)
func (C *UDPConn) ReadFromUDP (b []byte) (n int, addr *UDPAddr, err os.Error)
func (c *UDPConn) WriteToUDP(b [ ]byte, addr *UDPAddr) (n int, err os.Error)
```

一个 UDP 的客户端代码如下：

```
package main
import (
    "fmt"
    "net"
    "os"
)
func main() {
    if len(os.Args) != 2 {
        fmt.Fprintf(os .Stderr, "用法: %s host:port", os.Args[0])
        os. Exit(1)
    }
    service := os.Args[1]
    udpAddr, err := net. ResolveUDPAddr( "udp4", service)
    checkError(err)
    conn, err := net.DialUDP("udp", nil, udpAddr)
    checkError(err)
    _, err= conn.Write([]byte("anything"))
    checkError(err)
    var buf [512]byte
    n, err := conn.Read(buf[0:])
    checkError(err)
    fmt.Println(string(buf[0:n]))
    os.Exit(0)
}
func checkError(err error) {
    if err !=nil{
        fmt.Fprintf (os.Stderr, "错误: ", err.Error())
        os .Exit(1)
    }
}
```

可以看到不同的是 TCP 换成了 UDP 而已。

下面来看看 UDP 服务器端如何处理。

```
package main
import (
    "fmt"
    "net"
    "os"
    "time"
)
func main() {
```

```
    service := ":1200"
    udpAddr, err := net.ResloleUDPAddr("udp4", service)
    checkError(err)
    conn, err := net.ListenUDP("udp", udpAddr)
    checkError(err)
    for {
        handleClient(conn)
    }
}
func handleClient(conn *net .UDPConn) {
    var buf [512]byte
    _, addr, err := conn. ReadFromUDP (buf[0:])
    if err != nil {
        return
    }
    daytime := time .Now().String()
    conn.WriteToUDP([]byte(daytime), addr)
}
func checkError(err error) {
    if err !=nil{
        fmt.Fprintf(os .Stderr, "错误: ", err.Error())
        os. Exit(1)
    }
}
```

通过对 TCP 和 UDP Socket 编程的描述和实现，可见 Go 语言已经完备地支持了 Socket 编程，而且使用起来相当方便，Go 语言提供了很多函数，通过这些函数可以很容易编写出高性能的 Socket 应用。

# 12.2　HTTP 编程

HTTP（HyperText Transfer Protocol，超文本传输协议）是互联网上应用最为广泛的一种网络协议，其定义了客户端和服务器端之间请求与响应的传输标准。

Go 语言标准库内提供了 net/http 包，涵盖了 HTTP 客户端和服务器端的具体实现。使用 net/http 包，可以很方便地编写 HTTP 客户端或服务器端的程序。

## 12.2.1　HTTP 客户端

Go 语言内置的 net/http 包提供了最简洁的 HTTP 客户端实现，无须借助第三方网络通信库就可以直接使用 HTTP 中用得最多的 GET 和 POST 方式请求数据。

### 1. 基本用法

net/http 包的 Client 类型提供了如下几个方法，利用最简洁的方式实现 HTTP 请求：

```
func (c *Client) Get(url string) (r *Response, err error)
func (c *Client) Post(url string, bodyType string, body io.Reader) (r *Response.err error)
func (c *Client) PostForm(url string, data url.Values) (r *Response, err error)
func (c *Client) Head(url string) (r *Response, err error)
func (c *Client) Do( req *Request) (resp *Response, err error)
```

下面简要介绍一下这几个方法。

（1）http.Get()。要请求一个资源，只需调用 http.Get()方法即可，例如：

```
resp, err := http.Get("http://example . com/")
    if err != nil {
        //处理错误……
        return
    }
defer resp.Body.close()
io.Copy(os.Stdout, resp.Body)
```

上面这段代码请求一个网站首页，并将其网页内容打印到标准输出流中。

（2）http.Post()。要以 POST 方式发送数据，也很简单，只需调用 http.Post()方法并依次传递如下 3 个参数即可：请求的目标 URL、将要 POST 数据的资源类型（MIMEType）和数据的比特流（[]byte 形式）。

下面演示如何上传一张图片。

```
resp, err := http. Post("http://example. com/upload", " image/jpeg", &imageDataBuf)
if err != nil {
    //处理错误
    return
}
if resp.StatusCode != http.StatusOK {
    //处理错误
    return
}
```

（3）http.PostForm()。http.PostForm()方法实现了标准编码格式为 application/x-www-form-urlencoded 的表单提交。例如，模拟 HTML 表单提交一篇新文章。

```
resp, err := http.PostForm("http://example .com/posts", {"article title"},"content": {"article
body"}})
    if err !=nil {
        //处理错误
        return
    }
//……
```

（4）http.Head()。HTTP 中的 Head 请求方式表明只请求目标 URL 的头部信息，即 HTTP Header，而不返回 HTTP Body。Go 语言内置的 net/http 包同样也提供了 http.Head()方法，该方法与 http.Get()方法一样，只需传入目标 URL 一个参数即可。

例如，请求一个网站首页的 HTTP Header 信息，代码如下：

```
resp, err := http.Head("http://example .com/ ")
```

### 2. 封装

除了之前介绍的基本 HTTP 操作，Go 语言标准库也暴露了比较低层的 HTTP 相关库，让开发者可以基于这些库灵活定制 HTTP 服务和使用 HTTP 服务。

（1）自定义 http.Client。前面使用的 http.Get()、http.Post()、http.PostForm()和 http.Head()方法其实都是在 http.DefultClient 的基础上进行调用的，如 http.Get()等价于 http.Defult-Client.Get()，以此类推。

http.DefaultClient 在字面上就传达了一个信息，既然存在默认的 Client，那么 HTTP Client 大概是可以自定义的。实际上确实如此，在 net/http 包中，的确提供了 Client 类型。首先来看一下 http.Client 类型的结构：

```
type Client struct {
    //Transport 用于确定 HTTP 请求的创建机制
    //如果为空,将会使用 DefaultTransport
    Transport RoundTripper
    //checkRedirect 定义重定向策略
    //如果 CheckRedirect 不为空,客户端将在跟踪 HTTP 重定向前调用该函数
    //两个参数 req 和 via 分别为即将发起的请求和已经发起的所有请求,最早的已发起请求在最前面
```

```
    //如果 CheckRedirect 返回错误,客户端将直接返回错误,不会再发起该请求
    //如果 CheckRedirect 为空,Client 将采用一种确认策略,将在 10 个连续请求后终止
    CheckRedirect func(req *Request, via []*Request) error
    //如果 Jar 为空,Cookie 将不会在请求中发送,并会在响应中被忽略
    Jar CookieJar
}
```

在 Go 语言标准库中，http.Client 类型包含 3 个公开数据成员：Transport RoundTripper、CheckRediret func(reg *Request, via []*Request) error 和 Jar CookieJar。

其中，Transport 类型必须实现 http.RoundTripper 接口。Transport 指定了执行一个 HTTP 请求的运行机制，倘若不指定具体的 Transport，默认会使用 http.DefaultTransport，这意味着 http.Transport 也是可以自定义的。net/http 包中的 http.Transport 类型实现了 http.RoundTripper 接口。

CheckRedirect 函数指定处理重定向的策略。当使用 HTTP Client 的 Get()或者 Head()方法发送 HTTP 请求时，若响应返回的状态码为 30x（如 301/302/303/307），HTTP Client 会在遵循跳转规则之前先调用这个 CheckRedirect 函数。

Jar 可用于在 HTTP Client 中设定 Cookie，Jar 的类型必须实现了 http.CookieJar 接口，该接口预定义了 SetCookies()和 Cookies()两个方法。如果 HTTP Client 中没有设定 Jar，Cookie 将被忽略而不会发送到客户端。实际上一般都用 http .SetCookie()方法来设定 Cookie。

使用自定义的 http.Client 及其 Do()方法，可以非常灵活地控制 HTTP 请求，如发送自定义 HTTPHeader 或改写重定向策略等。创建自定义的 HTTP Client 非常简单，具体代码如下：

```
client := &http.Client {
    CheckRedirect : redirectPolicyFunc,
}
resp, err:= client. Get("http:                 //example. com")
//…
req, err := http. NewRequest("GET", "http:  //example.com", nil )
//…
req. Header .Add( "User-Agent", "Our Custom User- Agent" )
req. Header . Add( "If -None-Match", `W/ "TheFileEtag"`)
resp, err := client.Do(req)
//…
```

（2）自定义 http.Transport。在 http.Client 类型的结构定义中，看到的第一个数据成员就是一个 http. Transport 对象，该对象指定执行一个 HTTP 请求时的运行规则。http.Transport 类型的具体结构如下：

```
type Transport struct {
    //Proxy 指定用于针对特定请求返回代理的函教
    //如果该函数返回一个非空的错误,请求将终止并返回该错误
    //如果 Proxy 为空或者返回一个空的 URL 指针,将不使用代理
    Proxy func(*Request) (*url.URL, error)
    //Dial 指定用于创建 TCP 连接的 dail()函数
    //如果 Dial 为空,将默认使用 net.Dial()函数
    Dial func(net, addr string) (c net .Conn, err error)
    //TLSClientConfig 指定用于 tls.Client 的 TLS 配置
    //如果为空则使用默认配置
    TLSClientConfig *tls. Config
    DisableKeepAlives bool
    DisableCompression bool
    //如果 MaxIdleConnsPerHost 为非零值,它用于控制每个 host 所需要保持的最大空闲连接数
    //如果该值为空,则使用 DefaultMaxIdleConnsPerHost
    MaxIdleConnsPerHost int
    //…
}
```

在上面的代码中定义了 http.Transport 类型中的公开数据成员：

```
Proxy funC(*Request) (*urI.URL, eror)
```

Proxy 指定了一个代理方法，该方法接收一个 *Request 类型的请求实例作为参数并返回一个最终的 HTTP 代理。如果 Proxy 未指定或者返回的 URL 为零值，将不会有代理被启用：

```
Dial func(net, addr string) (c net. Conn, err error)
```

Dial 指定具体的 dial()方法来创建 TCP 连接。如果不指定，默认将使用 net.Dial()方法：

```
TLSClientConfig *tls. Config
```

SSL 连接专用，TLSClientConfig 指定 tls.Client 所用的 TLS 配置信息，如果不指定，也会使用默认的配置：

```
DisableKeepAlives bool
```

是否取消长连接，默认值为 false，即启用长连接：

```
DisableCompression bool
```

是否取消压缩（GZip），默认值为 false，即启用压缩：

```
MaxIdleConnsPerHost int
```

指定与每个请求的目标主机之间的最大非活跃连接（keep-alive）数量。如果不指定，默认使用 DefaultMaxIdleConnsPerHost 的常量值。

除了 http.Transport 类型中定义的公开数据成员外，它同时还提供了几个公开的成员方法：

```
//该方法用于关闭所有非活跃的连接
func(t *Transport) CloseIdleConnections()
//该方法可用于注册并启用一个新的传输协议
//比如 WebSocket 的传输协议标准（ws）或者 FTP、File 协议等
func(t *Transport) RegisterProtocol(scheme string, rt RoundTripper)
//用于实现 http.RoundTripper 接口
func(t *Transport) RoundTrip(req *Request) (resp *Response, err error)
```

自定义 http.Transport 也很简单，例如：

```
tr := &http. Transport{
    TLSClientConfig: &tls.Config{RootCAs: pool},
    DisableCompression: true,
}
client := &http.Client{Transport: tr}
resp, err := client.Get("https://example. com")
```

Client 和 Transport 在执行多个 goroutine 的并发过程中都是安全的，但出于性能考虑，应当创建一次后反复使用。

## 12.2.2　HTTP 服务器端

### 1. 处理 HTTP 请求

使用 net/http 包提供的 http.ListenAndServe()方法，可以在指定的地址进行监听，开启一个 HTTP，在服务器端该方法的原型如下：

```
func ListenAndServe( addr. string, handler Handler) error
```

该方法用于在指定的 TCP 网络地址 addr 进行监听，然后调用服务器端处理程序来处理传入的连接请求。该方法有两个参数：第一个参数 addr 即监听地址；第二个参数表示服务器端处理程序，通常为空，这意味着服务器端调用 http.DefaultServeMux 进行处理，而服务器端编写的业务逻辑处理程序 http.Handle()或 http.HandleFunc()默认注入 http.DefaultServeMux 中，具体代码如下：

```
http.Handle("/foo", fooHandler)
http.HandleFunc("/bar", func(w http.ResponseWriter, r *http.Request) {
    fmt.Fprintf(w, "Hello, %q", html.EscapeString(r.URL.Path))
})
log.Fatal(http.ListenAndServe(" :808", nil))
```

如果想更多地控制服务器端的行为，可以自定义 http.Server，代码如下：

```
s := &http. Server{
    Addr: "8080",
    Handler: myHandler,
    ReadTimeout:10 * time.Second,
    WriteTimeout:10 * time.Second,
    MaxHeaderBytes: 1<<20,
}
log.Fatal(s.ListenAndServe())
```

### 2. 处理 HTTPS 请求

net/http 包还提供了 http.ListenAndServeTLS()方法，用于处理 HTTPS 连接请求：

```
func http.ListenAndServeTLS(add sring, certFile string, keyFile string, handler Handler) error
```

ListenAndServeTLS()和 ListenAndServe()的行为一致，区别在于只处理 HTTPS 请求。此外，服务器上必须存在包含证书和与之匹配的私钥的相关文件，例如，certFile 对应 SSL 证书文件存放路径，keyFile 对应证书私钥文件路径。如果证书是由证书颁发机构签署的，certFile 参数指定的路径必须是存放在服务器上的经由 CA 认证过的 SSL 证书。

开启 SSL 监听服务也很简单，例如：

```
http.Handle(" /foo",fooHandler)
http. HandleFunc(" /bar",func(w http . ResponseWriter, r *http.Request) {
    fmt. Fprintf(w, "Hello, %q", html.EscapeString(r.URL.Path))
})
log. Fatal(http.ListenAndServeTLs(" 10443", "cert.pem", "key.pem",nil))
```

或

```
ss := &http.Server{
    Addr: ":10443",
    Handler: myHandler,
    ReadTimeout: 10 * time.Second,
    WriteTimeout: * time . Second,
    MaxHeaderBytes: 1<< 20,
}
log.Fatal(ss.ListenAndServeTLS("cert.pem", "key.pem"))
```

# 12.3　数据库

对于许多 Web 应用程序而言，数据库都是其核心所在。数据库几乎可以用来存储想查询和修改的任何信息，如用户信息、产品目录或者新闻列表等。

Go 语言没有内置的驱动支持任何数据库，但是 Go 语言定义了 database/sql 接口，用户可以基于驱动接口开发相应数据库的驱动。

## 12.3.1　database/sql 接口

Go 语言与 PHP 不同的地方是，Go 语言官方没有提供数据库驱动，而是为开发数据库驱动定义了一些标准接口，开发者可以根据定义的接口来开发相应的数据库驱动，这样做的好处如下：只要是按照标准接口开发的代码，以后需要迁移数据库时，不需要做任何修改。

### 1. sql.Register

sql.Register 是存在于 databae/sql 中的函数，其是用来注册数据库驱动的，当第三方开发者开发数据库驱动时，都会实现 init 函数，在 init 中会调用 Register（name string, diver driver.Driver）完成本驱动的注册。

下面来看看 mymysql、sqlite3 的驱动都是怎样调用的。

```
//https ://github. com/mattn/go-sqlite3
func init() {
    sql.Register("sqlite3", &SQLiteDriver{})
}
//https://github. com/ mikespook/ mymysql
//Driver automatically registered in database/sql
var d = Driver{proto: "tcp", raddr: "127.0.0.1:3306"}
func init() {
    Register("SET NAMES utf8")
    sql.Register(" mymysql", &d)
}
```

可以看到第三方数据库驱动都是通过调用这个函数来注册自己的数据库驱动名称及相应的 driver 实现的。在 database/sql 内部通过一个 map 来存储用户定义的相应驱动。

```
var drivers = make(map[string]driver . Driver)
drivers [name] = driver
```

因此，通过 database/sql 的注册函数可以同时注册多个数据库驱动，只要不重复。

在使用 database/sql 接口和第三方库时经常看到如下代码：

```
import (
    "database/sql"
    _"github.com/mattn/go-sqlite3"
)
```

新手都会被 "_" 这个所迷惑，其实这就是 Go 语言设计的巧妙之处。在变量赋值的时候经常看到这个符号，它是用来忽略变量赋值的占位符的，那么包引入用到这个符号也是相似的作用，这里使用_的意思是引入后面的包名而不直接使用这个包中定义的函数、变量等资源。

前面介绍过 init 函数的初始化过程，包在引入的时候会自动调用包的 init 函数以完成对包的初始化。因此，引入上面的数据库驱动包之后会自动去调用 init 函数，然后在 init 函数中注册这个数据库驱动，这样就可以在接下来的代码中直接使用这个数据库驱动了。

### 2. driver.Driver

Driver 是一个数据库驱动的接口，它定义了一个方法 Open(name string)，这个方法返回一个数据库的 Conn 接口：

```
type Driver interface {
    Open(name string) (Conn, error)
}
```

返回的 Conn 只能用来进行一次 goroutine 的操作，也就是说不能把这个 Conn 应用于 Go 语言的多个 goroutine 中。否则会出现错误，例如：

```
...
go goroutineA (Conn)        //执行查询操作
go goroutineB (Conn)        //执行插入操作
...
```

上面的代码可能会使 Go 语言不知道某个操作究竟是由哪个 goroutine 发起的，从而导致数据混乱，例如，可能会把 goroutineA 中执行的查询操作的结果返回给 goroutineB，从而使 goroutineB 错误地把此结果当成自己执行的插入数据。

第三方驱动者会定义这个函数，它会解析 name 参数来获取相关数据库的连接信息，解析完成后，它将使用此信息来初始化一个 Conn 并返回它。

### 3. driver.Conn

Conn 是一个数据库连接的接口定义，它定义了一系列方法，这个 Conn 只能应用在一个 goroutine 中，不能使用在多个 goroutine 中。

```
type Conn interface {
    Prepare(query string) (Stmt, error)
    Close() error
    Begin() (Tx, error)
}
```

Prepare 函数返回与当前连接相关的执行 SQL 语句的准备状态，可以进行查询、删除等操作。

Close 函数关闭当前的连接，执行释放连接拥有的资源等清理工作。因为驱动实现了 database/sql 中建议的 conn pool，所以，不用再去实现缓存 conn 之类的，这样容易引起问题。

Begin 函数返回一个代表事务处理的 Tx，通过它可以进行查询、更新等操作，或者对事务进行回滚、递交。

### 4. driver Stmt

Stmt 是一种准备好的状态，与 Conn 相关联，而且只能应用于一个 goroutine 中，不能应用于多个 goroutine 中。

```
type Stmt interface {
    Close() error
    NumInput() int
    Exec(args []Value) (Result, error)
    Query(args []Value) (Rows, error)
}
```

Close 函数关闭当前的连接状态，但是如果当前正在执行 query，query 还是有效返回 rows 数据。

NumInput 函数返回当前预留参数的个数，当返回 ≥0 时，数据库驱动就会智能检查调用者的参数。当数据库驱动包不知道预留参数的时候，返回-1。

Exec 函数执行 Prepare 准备好的 SQL，传入参数执行 Update/Insert 等操作，返回 Result 数据；Query 函数执行 Prepare 准备好的 SQL，传入需要的参数，执行 Select 操作，返回 Rows 结果集。

### 5. driver.Tx

事务处理一般包括两个过程——递交或者回滚，数据库驱动中也只需要实现如下这两个函数：

```
type Tx interface {
    Commit() error
    Rollback() error
}
```

这两个函数一个用来递交事务，另一个用来回滚事务。

### 6. driver.Execer

driver.Execer 是一个 Conn 可选择实现的接口：

```
type Execer interface {
    Exec(query string, args []Value) (Result, error)
}
```

如果这个接口没有定义，那么调用 DB.Exec 就会首先调用 Prepare 返 Stmt，然后执行 Stmt 的 Exec，最后关闭 Stmt。

### 7. driver.Result

driver.Result 是执行 Update/Insert 等操作返回的结果接口定义：

```
type Result interface {
    LastInsertId() (int64, error)
    RowsAffected() (int64, error)
}
```

LastInsertId 函数返回由数据库执行插入操作得到的自增 ID 号。RowsAffected 函数返回 query 操作影响的数据条目数。

### 8. driver.Rows

Rows 是执行查询返回的结果集接口定义：

```
type Rows interface {
    Columns() []string
    Close() error
    Next(dest []value) error
}
```

Columns 函数返回查询数据库表的字段信息，这个返回的 slice 和 SQL 查询的字段一一对应，而不是返回整个表的所有字段。Close 函数用来关闭 Rows 迭代器。

Next 函数用来返回下一条数据，把数据赋值给 dest。dest 中的元素必须是 driver.Value 的值（除了 string），返回的数据中所有的 string 都必须转换成[]byte。如果最后没数据了，Next 函数返回 io.EOF。

### 9. driver.RowsAffected

RowsAffected 其实就是一个 int64 的别名，但是它实现了 Result 接口，用来底层实现 Result 的表示方式：

```
type RowsAffected int64
func (RowsAffected) LastInsertId() (int64, error)
func (v RowsAffected) RowsAffected() ( int64, error)
```

### 10. driver.Value

Value 其实就是一个空接口，它可以容纳任何数据：

```
type Value interface{}
```

drive 的 Value 是驱动必须能够操作的 Value，Value 要么是 nil，要么是下面的任意一种：

```
int64
float64
bool
[]byte
string [*]     //除了 Rows.Next,返回的不能是 string
time. Time
```

### 11. driver.ValueConverter

ValueConverter 接口定义了如何把一个普通的值转化成 driver.Value 的接口：

```
type ValueConverter interface {
    ConvertValue(v interface{}) (Value, error)
}
```

在开发的数据库驱动包中实现这个接口的函数在很多地方会使用到，这个 ValueConverter 有很多好处：

（1）转化 driver.value 到数据库表相应的字段，例如，int64 的数据如何转化成数据库表 uint16 字段。

（2）把数据库查询结果转化成 driver.Value 值。

（3）在 scan 函数中如何把 driver.Value 值转化成用户定义的值。

**12. driver.Valuer**

Valuer 接口定义了返回一个 driver.Value 的方式：

```
type Valuer interface {
    Value() (Value, error)
}
```

很多类型都实现了这个 Value 方法，用于自身与 driver.Value 的转化。

通过上面的讲解，读者应该对于驱动的开发有了基本的了解，一个驱动只要实现了这些接口，就能完成增删查改等基本操作，剩下的就是与相应的数据库进行数据交互等细节的问题。

## 12.3.2　使用 MySQL 数据库

目前，Internet 上流行的网站构架方式是 LAMP/LNMP，其中的 M 即 MySQL，作为数据库，MySQL 以免费、开源、使用方便为优势成为很多 Web 开发的后端数据库存储引擎。

Go 语言中支持 MySQL 的驱动比较多，有些是支持 database/sql 标准，有些是采用了自己的实现接口，常用的有如下几种：

（1）https://github.com/go-sql-driver/mysqI 支持 database/sql，全部采用 Go 语言编写。

（2）https://github.com/ziutek/mymysql 支持 database/sql，也支持自定义的接口，全部采用 Go 语言编写。

（3）https://github.com/Philio/GoMySQL 不支持 database/sql，自定义接口，全部采用 Go 语言编写。

接下来的例子主要以第一个驱动为例，主要理由如下：

（1）这个驱动比较新，维护得比较好。

（2）完全支持 database/sql 接口。

（3）支持 keepalive 保持长连接。

接下来的内容采用同一个数据库表结构：数据库 test，用户表 userinfo，关联用户信息表 userdetail。

```
CREATE TABLE `userinfo` (
    `uid` INT(10) NOT NULL AUTO_INCREMENT,
    `username` VARCHAR(64) NULL DEFAULT NULL,
    `departname` VARCHAR(64) NULL DEFAULT NULL,
    `created` DATE NULL DEFAULT NULL,
    PRIMARY KEY (`uid`)
);
CREATE TABLE `userdetail` (
    `uid` INT(10) NOT NULL DEFAULT '0',
    `intro` TEXT NULL,
    `profile` TEXT NULL,
    PRIMARY KEY (`uid`)
)
```

如下示例将示范如何使用 database/sql 接口对数据库表进行增删改查操作。

```
package main
import (
    "database/sql"
    "fmt"
    //"time"
    _"github. com/ go-sql-driver/mysql"
)
func main() {
```

```
        db, err := sql.Open( "mysql", "zuolan:zuolan@/test?charset=utf8")
        checkErr(err)
        //插入数据
        stmt, err := db. Prepare("INSERT userinfo SET username=?, departname=? ,creaed=?")
        checkErr(err)
        res, err := stmt.Exec("张三", "研发部门" , "2017-09-09")
        checkErr(err)
        id, err := res.LastInsertId()
        checkErr(err)
        fmt.Println(id)
        //更新数据
        stmt, err = db.Prepare("update userinfo set username=? where uid=?")
        checkErr(err)
        res, err = stmt.Exec(" zuolanupdate", id)
        checkErr(err)
        affect, err := res .RowsAffected()
        checkErr(err)
        fmt.Println(affect)
        //查询数据
        rows, err := db. Query("SELECT * FROM userinfo")
        checkErr(err)
        for rows.Next() {
            var uid int
            var username string
            var department string
            var created string
            err = rows .Scan(&uid, &username, &department, &created)
            checkErr(err)
            fmt.Println(uid)
            fmt.Println(username)
            fmt .Println(department)
            fmt.Println(created)
        }
        //删除数据
        stmt, err= db.Prepare("delete from userinfo where uid=?")
        checkErr(err)
        res, err= stmt. Exec(id)
        checkErr(err)
        affect, err= res.RowsAffected()
        checkErr(err)
        fmt.Println(affect)
        db. Close()
}
func checkErr(err error) {
    if err != nil {
        panic(err)
    }
}
```

通过以上代码可以看出，Go 语言操作 MySQL 数据库是很方便的。

sql.Open()函数用来打开一个注册过的数据库驱动，go-sql-driver 中注册了 MySQL 数据库驱动，第二个参数是 DSN（Data Source Name），它是 go-sql-driver 定义的一些数据库连接和配置信息。DSN 支持如下格式：

```
user@unix(/ path/to/socket)/dbname ?charset=utf8
user:password@tcp( localhost: 5555)/ dbname ?charset=utf8
user :password@/ dbname
user:pas sword@tcp( [de :ad:be:ef: :ca:fe]:80)/ dbname
```

（1）db.Prepare()函数用来返回准备要执行的 SQL 操作，然后返回准备完毕的执行状态。

（2）db.Query()函数用来直接执行 SQL，返回 Rows 结果。

（3）stmt.Exec()函数用来执行 Stmt 准备好的 SQL 语句。

可以看到，传入的参数都是=? 对应的数据，这样可以在一定程度上防止 SOL 注入。

### 12.3.3　使用 SQLite 数据库

SQLite 是一个开源的嵌入式关系型数据库，实现自包容、零配置、支持事务的 SQL 数据库引擎。其特点是高度便携、使用方便、结构紧凑、高效、可靠。与其他数据库管理系统不同，SQLite 的安装和运行非常简单，在大多数情况下，只要确保 SQLite 的二进制文件存在即可开始创建、连接和使用数据库。

如果正在寻找一个嵌入式数据库项目或解决方案，SQLite 绝对值得考虑。SQLite 可以说是开源的 Access。

Go 语言支持 SQLite 的驱动也比较多，但是很多都不支持 database/sql 接口：

（1）https: //github.com/mattn/go-sqlite3 支持 database/sql 接口，基于 cgo。

（2）https://github.com/feyeleanor/gosqlite3 不支持 database/sql 接口，基于 cgo。

（3）https://github.com/phf/go-sqlite3 不支持 database/sql 接口，基于 cgo。

目前支持 database/sql 的 SQLite 数据库驱动比较少，采用标准接口有利于以后出现更好的驱动时做迁移，因此本小节后面都采用第一个驱动。

数据库表结构相应的建表 SQL 如下：

```
CREATE TABLE `userinfo` (
    `uid` INTEGER PRIMARY KEY AUTOINCREMENT,
    `username` VARCHAR(64) NULL,
    `departname` VARCHAR(64) NUL,
    `created` DATE NULL
);
CREATE TABLE `userdeatail`(
    `uid` INT(10) NULL,
    `intro` TEXT NULL,
    `profile` TEXT NULL,
    PRIMARY KEY(`uid`)
);
```

看下面的 Go 语言程序是如何操作数据库表进行数据增删改查的。

```
package main
import (
    "database/sql"
    "fmt"
    "time"
    _ "github.com/mattn/go-sqlite3"
)
func main() {
    db, err := sql.Open("sqlite3", "./demo. db" )
    checkErr(err)
    //插入数据
    stmt, err := db.Prepare("INSERT INTO userinfo(username, departname, Created) values(?,?,?)")
    checkErr(err)
    res, err := stmt.Exec("张三", "研发部门", "2017-09-09")
    checkErr(err)
    id, err := res. LastInsertId()
    checkErr(err)
    fmt.Println(id)
    //更新数据
    stmt, err = db. Prepare("update userinfo set username=? where uid=?")
```

```
        checkErr(err)
        res, err = stmt.Exec("zuolanupdate", id)
        checkErr(err)
        affect, err := res.RowsAffected()
        checkErr(err)
        fmt.Println(affect)
        //查询数据
        rows, err := db.Query("SELECT * FROM userinfo")
        checkErr(err)
        for rows.Next() {
            var uid int
            var username string
            var department string
            var created time.Time
            err = rows.Scan(&uid, &username, &department, &created)
            checkErr(err)
            fmt.Println(uid)
            fmt.Println(username)
            fmt.Println(department )
            fmt.Println(created)
        }
        //删除数据
        stmt, err= db.Prepare("delete from userinfo where uid=?")
        checkErr(err)
        res, err = stmt.Exec(id)
        checkErr(err)
        affect, err= res.RowsAffected()
        checkErr(err)
        fmt.Println(affect)
        db.Close()
    }
    func checkErr(err error) {
        if err != nil {
            panic(err)
        }
    }
```

以上代码和 MySQL 例子中的代码几乎一模一样，唯一改变的就是导入的驱动，然后调用 sql.Open()时采用了 SQLite 的方式打开。

## 12.3.4  使用 PostgreSQL 数据库

PostgreSQL 是一个自由的对象——关系型数据库服务器（数据库管理系统），它在灵活的 BSD 风格许可证下发行。它提供了相对其他开源数据库系统（如 MySQL、Firebird），以及对专有系统（如 Oracle、Sybase、IBM 的 DB2 和 Microsoft SQL Server）的一种选择。

与 MySQL 相比，PostgreSQL 更加庞大一点，因为它是用来替代 Oracle 而设计的，所以，在企业应用中采用 PostgreSQL 是一个明智的选择。

MySQL 被 Oracle 收购之后正在逐步封闭（自 MySQL 5.5.31 以后的所有版本将不再遵循 GPL 协议），鉴于此，将来也许会选择 PostgreSQL 而不是 MySQL 作为项目的后端数据库。

Go 语言实现的支持 PostgreSQL 的驱动也很多，因为国外很多人在开发中使用了这个数据库。

（1）https://github.com/lib/pq 支持 database/sql 驱动，是由纯 Go 语言编写的。

（2）https://github.com/jbarham/gopgsqldriver 支持 database/sql 驱动，是由纯 Go 语言编写的。

（3）https://github.com/lxn/go-pgsql 支持 database/sql 驱动，是由纯 Go 语言编写的。

在下面的示例中采用第一个驱动，因为目前使用它的人最多，在 GitHub 上也比较活跃。

数据库建表语句如下：

```
CREATE TABLE userinfo
(
    uid serial NOT NULL,
    username character varying(100) NOT NULL,
    departname character varying(500) NOT NULL,
    Created date,
    CONSTRAINT userinfo_ pkey PRIMARY KEY (uid)
)
WITH (OIDS=FALSE);
CREATE TABLE userdeatail
(
    uid integer,
    intro character varying(100),
    profile character varying(100)
)
WITH(OIDS=FALSE);
```

看下面这个 Go 语言程序是如何操作数据库表进行数据的增删改查的。

```
package main
import (
    "database/sql"
    "fmt"
    _"github. com/1ib/pq"
)
func main() {
    db, err := sql.Open("postgres" , "user=zuolan password=zuolan dbname=test sslmode=disable")
    checkErr(err)
    //插入数据
    stmt, err := db.Prepare("INSERT INTO userinfo(username,departname,created) VALUES($1,$2,$3) RETURNING uid")
    checkErr(err)
    res, err := stmt.Exec("张三", "研发部门", "2017-09-09")
    checkErr(err)
    //pg 不支持这个函数，因为它没有类似 MySQL 的自增 ID
    //id, err := res . LastInsertId()
    //checkErr(err)
    //fmt.Println(id)
    var lastInsertId int
    err = db.QueryRow("INSERT INTO userinfo(username, departname, created) VALUES($1,$2, $3) returning uid;", "zuolan", "研发部门", "2017-09-09") .Scan(&lastInsertId)
    checkErr(err)
    fmt.Println("最后插入 id =", lastInsertId)
    //更新数据
    stmt, err = db.Prepare(" update userinfo set username=$1 where uid=$2")
    checkErr(err)
    res, err = stmt . Exec("zuolanupdate", 1)
    checkErr(err)
    affect, err := res.RowsAffected()
    checkErr(err)
    fmt.Println(affect)
    rows, err :=db.Query("SELECT * FROM userinfo")
    checkErr(err)
    for rows.Next() {
        var uid int
        var username string
        var department string
        var created string
        err = rows .Scan(&uid, &username, &department, &created)
```

```
        checkErr(err)
        fmt.Println(uid)
        fmt.Println(username)
        fmt.Println(department)
        fmt.Println(created)
    }
    //删除数据
    stmt, err = db. Prepare("delete from userinfo where uid=$1" )
    checkErr(err)
    res, err = stmt.Exec(1)
    checkErr(err)
    affect, err = res.RowsAffected()
    checkErr(err)
    fmt.Println(affect)
    db.Close()
}
func checkErr(err error){
    if err != nil{
        panic(err)
    }
}
```

从上面的代码可以看到，PostgreSQL 是通过$1、$2 这种方式来指定要传递的参数的，而不是 MySQL 中的 "？"。另外，在 sql.Open 中的 dsn 信息的格式也与 MySQL 的驱动中的 dsn 格式不一样，所以，在使用时需要注意它们的差异。

另外，PostgreSQL 不支持 LastInserId 函数，因为 PostgreSQL 内部没有实现类似 MySQL 的自增 ID 返回，其他的代码几乎是一模一样的。

## 12.3.5　NoSQL 数据库操作

NoSQL（Not Only SQL），指的是非关系型的数据库。随着 Web 2.0 的兴起，传统的关系型数据库在应付 Web 2.0 网站，特别是超大规模和高并发的 SNS 类型的 Web 2.0 纯动态网站时已经显得力不从心，暴露了很多难以克服的问题，而非关系型的数据库则由于其本身的特点得到了非常迅速的发展。

Go 语言作为 21 世纪的 C 语言，对 NoSQL 的支持也是很好，目前流行的 NoSQL 主要有 Redis、MongoDB、Cassandra 和 Membase 等。这些数据库都有高性能、高并发读写等特点，目前已经广泛应用于各种应用中。

### 1. Redis

Redis 是一个键值对存储系统，与 Memcached 类似，它支持存储的 value 类型相对更多，包括 string（字符串）、list（链表）、set（集合）和 zset（有序集合）。

目前应用 Redis 最广泛的应该是新浪微博平台，其次还有 Facebook 收购的图片社交网站 Instagram。

Go 语言目前支持 Redis 的驱动如下：

（1）https://github.com/garyburd/redigo。

（2）https://github.com/go-redis/redis。

（3）https://github.com/hoisie/redis。

（4）https://github.com/alphazero/Go-Redies。

（5）https://github.com/simonz05/godis。

### 2. MongoDB

MongoDB 是一个高性能、开源、无模式的文档型数据库，是一个介于关系型数据库和非关系型数据库之间的产品，是非关系型数据库当中功能最丰富、最像关系型数据库的。它支持的数据结构非常松散，采用的是类似 JSON 的 bjson 格式来存储数据的，因此，可以存储比较复杂的数据类型。MongoDB 最大的特点是支持的查询语言非常强大，其语法类似于面向对象的查询语言，几乎可以实现类似关系型数据库单表查询的绝大部分功能，而且支持对数据建立索引。

目前 Go 语言支持 MongoDB 最好的驱动就是 mgo（http://labix.org/mgo），这个驱动目前最有可能成为官方的 pkg。

安装 mgo 的命令如下：

```
go get gopkg. in/mgo.v2
```

# 12.4　Cookie

Web 开发中一个很重要的议题就是如何做好用户整个浏览过程的控制，因为 HTTP 协议是无状态的，所以，用户的每一次请求都是无状态的，不知道在整个 Web 操作过程中哪些连接与该用户有关。应该如何来解决这个问题呢？经典的解决方案是 Cookie 和 Session。

Cookie 机制是一种客户端机制，把用户数据保存在客户端，而 Session 机制是一种服务器端的机制，服务器使用一种类似于散列表的结构来保存信息，每个网站访客都会被分配给一个唯一的标识符，即 sessionID，它的存放形式无非两种：要么经过 URL 传递，要么保存在客户端的 Cookie 中。当然，也可以将 Session 保存到数据库中，这样会更安全，但效率会有所下降。

本节主要介绍 Go 语言使用 Cookie 的方法。

## 12.4.1　设置 Cookie

Go 语言中通过 net/http 包中的 SetCookie 来设置 Cookie：

```
http.SetCookie (w ResponseWriter, cookie *Cookie)
```

w 表示需要写入的 response，cookie 是一个 struct，让我们来看看对象是怎样的：

```
type Cookie struct {
    Name string
    Value string
    Path string
    Domain string
    Expires time.Time
    RawExpires string
    //MaxAge=0 意味着没有指定 Max-Age 的值
    //MaxAge<0 意味着现在就删除 Cookie,等价于 Max-Age=0
    //MaxAge>0 意味着 Max-Age 属性存在并以秒为单位存在
    MaxAge int
    Secure bool
    HttpOnly bool
    Raw string
    Unparsed []string    //未解析的 attribute-value 属性值对
}
```

下面来看一个设置 Cookie 的例子。

```
expiration := time.Now( )
expiration = expiration. AddDate(1, 0, 0)
cookie := http.Cookie{Name: "username", Value: " zuolan", Expires: expiration)
http.SetCookie(w, &Cookie)
```

## 12.4.2　读取 Cookie

上面的例子演示了如何设置 Cookie 数据，这里演示如何读取 Cookie，代码如下：

```
cookie, _ := r.Cookie("username")
fmt.Fprint(w, cookie)
```

还有另一种读取方式，代码如下：

```
for _, cookie := range r.Cookies() {
    fmt.Fprint(w, cookie.Name)
}
```

可以看到通过 request 获取 Cookie 非常方便。

# 12.5　就业面试技巧与解析

本章主要介绍了常见的网络编程，包括 Socket 编程、HTTP 编程等，另外，还对 Go 语言的数据库、客户端—服务器端的传送机制等重点内容进行了详细讲解。学习完本章内容，我们知道了 Go 语言不仅可以应用在服务器端的开发上，而且在网络编程方面还有独特的优势。学好本章内容，将会对之后的开发工作有很大的帮助。

## 12.5.1　面试技巧与解析（一）

**面试官**：在 Go 语言中，TCP 如何建立连接？

**应聘者**：

TCP Socket 连接的建立需要经历客户端和服务端的三次握手过程。连接建立过程中，服务端是一个标准的 Listen+Accept 的结构，而在客户端，Go 语言使用 net.Dial() 或 net.DialTimeout() 进行建立连接。

阻塞 Dial：

```
conn, err := net.Dial("tcp", "www.baidu.com:80")
if err != nil {
    //handle error
}
//read or write on conn
```

超时机制的 Dial：

```
conn, err := net.DialTimeout("tcp", "www.baidu.com:80", 2*time.Second)
if err != nil {
    //handle error
}
//read or write on conn
```

## 12.5.2　面试技巧与解析（二）

**面试官**：Go 语言中的 Session 是如何实现的？

**应聘者**：

Session 是服务器端使用的一种记录客户端状态的机制，使用上比 Cookie 简单一些，相应也增加了服务器的存储压力。

Session 是另一种记录客户状态的机制，不同的是 Cookie 保存在客户端浏览器中，而 Session 保存在服务器上。客户端浏览器访问服务器的时候，服务器把客户端信息以某种形式记录在服务器上，这就是 Session。客户端浏览器再次访问时只需要从该 Session 中查找该客户的状态就可以了。

（1）Session 保存在服务器端。为了获得更高的存取速度，服务器一般把 Session 放在内存中。每个用户都会有一个独立的 Session。如果 Session 内容过于复杂，当大量客户访问服务器时可能会导致内存溢出。因此，Session 中的信息应该尽量精简。

（2）Session 在用户第一次访问服务器时自动创建。

（3）为防止内存溢出，服务器会把长时间内没有活跃的 Session 从内存删除。这个时间就是 Session 的超时时间。

Session 的实现过程如下：

（1）Cookie 服务端通过设置 Set-cookie 头就可以将 Session 的标识符传送到客户端，而客户端此后的每一次请求都会带上这个标识符，另外，一般包含 Session 信息的 Cookie 会将失效时间设置为 0（会话 Cookie），即浏览器进程有效时间。

（2）URL 重写。所谓 URL 重写，就是在返回给用户的页面中，所有的 URL 后面全部追加 Session 标识符，这样用户在收到响应之后，无论点击响应页面中的哪个链接或提交表单，都会自动带上 Session 标识符，从而实现了会话的保持。

# 第 13 章
## Go 语言的文件处理

 **本章概述**

在 Go 语言中，文件处理也属于标准库重要的部分之一。与文件处理相关的标准库主要包括文件操作与数据处理。

Web 开发中对于文本处理是非常重要的，往往需要对输入或输出的内容进行处理，这里的文本包括字符串、数字、JSON、XML 等。Go 语言作为一门高性能的编程语言，对这些文本的处理都有官方的标准库来支持。

 **知识导读**

本章要点（已掌握的在方框中打钩）：
- [ ] 文件操作。
- [ ] XML 文件处理。
- [ ] JSON 文件处理。
- [ ] 日志记录。
- [ ] 压缩与解压。

## 13.1 文件操作

XML 是目前很多标准接口的交互语言，很多时候和 Java 编写的一些 Web Sever 进行交互都是基于 XML 标准进行的，本章后面将介绍如何处理 XML 文本。

XML 有时还是显得有些复杂，现在很多互联网企业对外的 API 是采用 JSON 格式的，这种格式虽然描述简单，但是能很好地表达意思，13.3 节将讲述如何处理 JSON 格式的数据。

Web 开发中一个很重要的部分就是 MVC 分离，在 Go 语言的 Web 开发中有一个专门的包——template 来支持。

在任何计算机设备中，文件都是必需的对象，而在编程中，文件的操作一直是程序员经常遇到的问题，如生成文件目录、文件编辑等操作，本节把 Go 语言中的这些操作进行详细总结并介绍如何使用。

大多数文件操作的函数都是在 os 包中的，下面列举几个目录操作：

（1）func Mkdir(name string, perm FileMode) error 创建名称为 name 的目录，权限设置是 perm，如 0555。

（2）func MkdirAll(path string, perm FileMode) error 根据 path 创建多级子目录，如 zuolan/test1/test2。

（3）func Remove(name string) error 删除名称为 name 的目录，当目录下有文件或者其他目录时会出错。

（4）func RemoveAll(path string) error 根据 path 删除多级子目录，如果 path 是单个名称，那么该目录下的子目录全部删除。

```
package main
import (
    "fmt"
    "os"
)
func main() {
    os. Mkdir("goDir", 0777)
    os. MkdirAll("goDir/test1/test2", 0777)
    err := os.Remove(" goDir")
    if err !=nil{
        fmt . Println(err)
    }
    os . RemoveAll(" goDir")
}
```

## 13.1.1　创建文件与查看状态

### 1. 新建文件

新建文件可以通过如下两个方法来实现：

1）func Create(name string) (file *File, err Erroe)

根据提供的文件名称创建新的文件，返回一个文件对象，默认权限是 **0666** 的文件，返回的文件对象是可读写的。

2）func NewFile(fd uintptr, name string) *File

根据文件描述符创建相应的文件，返回一个文件对象。

### 2. 新建文件夹

新建文件夹的方法如下：

func MkdirAll(path sring, perm FileMode) eror

path 表示目录名及子目录。perm 表示目录权限。error 的值为 nil 表示创建成功无异常。如果目录已经存在，则不会执行操作。

### 3. 文件/文件夹状态

查看文件/文件夹状态的方法如下：

func Stat(name string) (FileInfo, error)

如果没有错误，将返回描述命名文件的 FileInfo。

例如，创建一个文件夹 test，在 test 中新建一个文件夹 test2，然后在 test2 中新建一个空白文件 demo，创建之后使用 Stat 函数获取相应文件或者文件夹的信息。

```
package main
import (
    "fmt"
    "log"
    "os"
)
var (
```

```go
    newFile *os.File
    fileInfo os.FileInof
    err error
    path = "test/test2/"
    fileName = "demo"
    filePath = path + filename
)
func main() {
    //创建文件夹
    err = os.MkdirAll(path, 0777)
    if err != nil {
        fmt.Printf("%s",err)
    } else {
        fmt.Println("成功创建目录.")
    }
    //创建空白文件
    newFile, err = os.Create(filePath)
    if err !=nil {
        log. Fatal(err)
    }
    fmt. Println(newFile)
    newFile.Close( )
    //查看文件的信息,如果文件不存在,则返回错误
    fileInfo, err = os.Stat(filePath)
    if err != nil && os. IsNotExist(err) {
        log.Fatal("文件不存在.")
    } else{
        log. Fatal(err)
    }
    fmt.Println("文件名称: ", fileInfo.Name())
    fmt.Println("文件大小: ", fileInfo.Size())
    fmt.Println("文件权限:", fileInfo.Mode())
    fmt .Println("最后修改时间: ", fileInfo.ModTime())
    fmt.Println("是否是文件夹: ", fileInfo.IsDir())
    fmt.Printf("系统接口类型: %T\n", fileInfo.Sys())
    fmt .Printf("系统信息: %+v\n\n", fileInfo.Sys())
}
```

运行结果如下:

```
成功创建目录.
&{0xc42007a140}
文件名称: demo
文件大小:0
文件权限: -rw-rw-r--
最后修改时间: 2021-11-05 15:32:48 .035285203 +0800 HKT
是否是文件夹: false
系统接口类型: *syscall.Stat_t
系统信息: &{Dev:44 Ino:4924395 Nlink:1 Mode:33204 Uid:1000 Gid:1000 X_pad0:0 Rdev:0
Size:0 Blksize:4096 Blocks:0 Atim:{Sec:1507706813 Nsec :923156583} Mtim:{Sec:1507
707168 Nsec:35285203} Ctim: {Sec :1507707168 Nsec:35285203} X_unused:[00 0]}
```

在创建文件夹或者文件时，权限是一次性指定的，后续若要修改文件权限，需要使用其他函数。

判断文件是否存在，可以使用函数 os.IsNotExit(err)，这个函数可以通过传入的 ert 参数判断文件是否存在并返回一个布尔值。

## 13.1.2　重命名与移动

在 Go 语言中，重命名和移动文件/文件夹都是相同的原理，使用如下函数：

```go
func Rename(oldpath, newpath string) error
```

例如：

```
package main
import
    "log"
    "os"
)
func main() {
    originalPath := "test. txt"
    newPath := "test2. txt"
    err := os.Rename(originalPath, newPath)
    if err !=nil{
        log.Fatal(err)
    }
}
```

## 13.1.3 打开与关闭

例如：

```
package main
import (
    "log"
    "os"
)
var (
    file     *os.File
    fileInfo os.FileInfo
    err      error
    dirPath  = "test/test2/"
    fileName = "demo"
    filePath = dirPath + fileName
)
func main() {
    //简单地以只读的方式打开
    file, err := os.Open(dirPath)
    if err != nil {
        log.Fatal(err)
    }
    //打印文件内容
    buf := make([]byte, 1024)
    for {
        n, _ := file.Read(buf)
        if 0 == n {
            break
        }
        os.Stdout.Write(buf[:n])
    }
    file.Close()
    /*OpenFile 提供更多的选项，第一个参数是文件路径，第二个参数是打开时的属性，第三个参数是打开时的文件权限模式*/
    file, err = os.OpenFile(dirPath, os.O_APPEND, 0666)
    if err != nil {
        log.Fatal(err)
    }
    file.Close()
}
```

通过如下两个方法可以打开文件：

（1）func Open(name string) (file *File, err Error)

该方法打开一个名称为 name 的文件，但用的是只读方式，内部实现其实是调用了 OpenFile()函数。

（2）func OpenFile(name string, flag int, perm uint32) (file *File, err Error)

打开名称为 name 的文件，flag 是打开的方式，包括只读、读写等，perm 是权限。

OpenFile()函数的第二个参数的属性可以单独使用，也可以组合使用。组合使用时可以使用 OR 操作符，例如：

```
os.O_CREATE | os. O_APPEND
os.O_CREATE | os. O_TRUNC | os. O_WRONLY
//os. O_ RDONLY     //只读
//os. O_WRONLY      //只写
//os. O_RDWR        //读写
//os. O_APPEND      //往文件中添加（Append）
//os. O_CREATE      //如果文件不存在则先创建
//os. O_TRUNC       //文件打开时裁剪文件
//os. O_EXCL        //和 O_CREATE 一起使用,文件不能存在
//os. O_SYNC        //以同步 I/O 的方式打开
```

## 13.1.4　删除与截断

删除文件的用法如下：

```
package main
import (
    "log"
    "os"
)
func main() {
    err := os. Remove("test.txt")
    if err !=nil{
        log. Fatal(err)
    }
}
```

删除文件的函数非常简单，处理删除函数，Go 语言还提供了一个截断函数用于处理文件大小：

```
package
main
import (
    "log"
    "os"
)
func main() {
    err := os.Truncate("test.txt", 100)
    if err !=nil{
        log. Fatal(err)
    }
}
```

上面例子中裁剪一个文件到 100B，如果文件本来就少于 100B，则文件中原始内容得以保留，剩余的字节以 null 字节填充。

如果文件本来超过 100B，则超过的字节会被抛弃，这样我们总是得到精确的 100B 的文件。而如果传入 0，则会清空文件。

## 13.1.5　读写文件

读写文件中最常见的操作有复制文件、编辑、跳转、替换等，本节将介绍这些基础的读写操作，它们

可以互相配合完成复杂的文件操作。

### 1. 复制文件

例如：

```go
package main
import (
    "io"
    " log"
    "os"
)
var (
    newFile *os.File
    fileInfo os.FileInfo
    err error
    path = "test/test2/"
    fileName = " demo"
    filePath= path + fileName
)
func main() {
    //打开原始文件
    originalFile, err := os .Open(filePath)
    if err != nil {
        log.Fatal(err)
    }
    defer originalFile .Close()
    //创建新的文件作为目标文件
    newFile, err := os.Create(filePath +"_copy")
    if err != nil{
        log. Fatal(err)
    }
    defer newFile. Close()
    //从源文件中复制字节到目标文件
    bytesWritten, err := io.Copy(newFile, originalFile)
    if err != nil{
        log. Fatal(err)
    }
    log.Printf("文件已复制,大小%d bytes.", bytesWritten)
    //将文件内容 flush 到硬盘中
    err = newFile.Sync()
    if err != nil{
        log.Fatal(err)
    }
}
```

运行结果如下：

文件已复制,大小 13bytes

复制操作有两点需要注意：

（1）Create 函数执行之后需要 Close()函数关闭回收资源。

（2）调用 io 包中的复制函数之后文件内容并没有真正保存在文件中，而是使用 Sync()函数同步之后才真正保存到硬盘中。

### 2. 跳转函数

跳转到文件指定位置是复杂的文件操作基础，在 Go 语言中，跳转函数为 Seek()，例如：

```go
package main
import (
    "fmt "
```

```
        "log"
        "os"
)
var (
        file *os.File
        err error
        dirPath = "test/test2/"
        fileName = "demo"
        filePath = dirPath+ fileName
)
func main() {
        file,_:= os.Open(filePath)
        defer file .Close()
        //偏离位置,可以是正数也可以是负数
        var offset int64 = 5
        //用来计算 offset 的初始位置
        //0=文件开始位置
        //1=当前位置
        //2=文件结尾处
        whence := 0
        newPosition, err := file.Seek(offset, whence)
        if err !=nil{
            log. Fatal(err)
        }
        fmt.Println("移动到位置5: ", newPosition)
        //从当前位置回退两字节
        newPosition, err = file.Seek(-2, 1)
        if err !=nil{
            log. Fatal(err)
        }
        fmt.Println("从当前位置退回两字节: ", newPosition)
        //使用下面的方式得到当前的位置
        currentPosition, err := file.Seek(0, 1)
        fmt.Println("当前位置: ", currentPosition )
        //转到文件开始处
        newPosition, err = file.Seek(0, 0)
        if err != nil {
            log. Fatal(err)
        }
        fmt. Println("转到文件开始位置(0,0) :", newPosition)
}
```

运行结果如图 13-1 所示。

```
移动到位置5: 5
从当前位置退回两字节: 3
当前位置: 3
转到文件开始位置(0,0) : 0
成功: 进程退出代码 0.
```

图 13-1　跳转函数的使用

Seek()函数的特点类似于鼠标光标的定位,指定位置之后可以执行复制、剪切、粘贴等操作。接下来介绍如何在文件指定位置写入内容。

### 3. 写入函数

写入函数有以下几种方式:

```
func (file *File) Write(b []byte) (n int, err Error)                 //写入 byte 类型的信息到文件
func (file *File) WriteAt(b []byte, off int64) (n int, err Error)//在指定位置开始写入 byte 类型的信息
func (file *File) WriteString(s string) (ret int, err Error)        //写入 string 信息到文件
```

例如：

```
package main
import (
    "log"
    "os"
)
var (
    file *os.File
    err error
    dirPath = "test/test2/"
    fileName = "demo"
    filePath= dirPath + fileName
)
func main() {
    //可写方式打开文件
    file, err := os.OpenFile(filePath, os.O_WRONLY | os.O_TRUNC | os.O_CREATE, 0666)
    if err !=nil {
        log.Fatal(err)
    }
    defer file.Close()
    //将字节写入文件中
    file.Write([]byte("写入字节.\r\n"))
    //将字符串写入文件中
    file.WriteString("写入字符串.\r\n")
    //打印文件内容
    file, err = os .Open(filePath)
    if err !=nil{
        log. Fatal(err)
    }
    buf := make([]byte, 1024)
    for {
        n,_ := file.Read(buf)
        if 0 == n{
            break
        }
        os.Stdout.Write(buf[:n])
    }
    file.Close()
}
```

运行结果如图 13-2 所示。

```
写入字节。
写入字符串。
成功：进程退出代码 0.
```

图 13-2　写入函数的使用

## 13.1.6　权限控制

查看文件（文件夹）的权限，例如：

```
package main
import (
    "log"
    "os"
)
var (
    file *os.File
    err error
    dirPath = "test/test2/"
```

```
        fileName = "demo"
        filePath= dirPath + fileName
)
func main() {
    //测试写权限
    file, err := os.OpenFile(filePath, os.O_WRONLY, 0666)
    if err != nil && os.IsPermission(err) {
        log.Fatal("错误: 没有写入权限.")
    } else if os.IsNotExist(err) {
        log.Fatal("错误: 文件不存在.")
    } else {
        log.Fatal(err)
    }
    file.Close()
    //测试读权限
    file, err= os.OpenFile(filePath, os.O_RDONLY, 0666)
    if err != nil && os.IsPermission(err) {
        log.Fatal("错误: 没有读取权限.")
    } else if os.IsNotExist(err) {
        log.Fatal("错误: 文件不存在.")
    } else {
        log.Fatal(err)
    }
    file. Close()
}
```

在以上代码中，如果没有写权限，则返回 error，注意文件不存在也会返回 error，所以，需要检查 error 的信息来确定到底是哪个错误导致的。

Go 语言自然也可以改变文件的权限，除此之外还可以改变文件的拥有者及时间戳（最后修改时间）。修改文件权限和所有者类似于 Linux 下的 chmod 和 chown 命令，直接调用相应的函数即可，例如：

```
package main
import (
    "fmt"
    "log"
    "os"
    "time"
)
var (
    file *os.File
    fileInfo os.FileInfo
    err error
    dirPath = "test/test2/"
    fileName = "demo"
    filePath= dirPath + fileName
)
func main() {
    //使用 Linux 风格改变文件权限
    err := os.Chmod(filePath, 0777)
    if err != nil {
        log.Println(err)
    }
    //改变文件所有者
    err = os .Chown(filePath, os.Getuid(), os .Getgid())
    if err != nil {
        log.Println(err)
    }
    //查看文件信息
    fileInfo, err = os .Stat(filePath)
    if err != nil {
```

```
            if os.IsNotExist(err) {
                log.Fatal("文件不存在.")
            }
            log.Fatal(err)
        }
        fmt.Println("最后修改时间: ", fileInfo.ModTime())
        //改变时间戳
        twoDaysFromNow := time .Now().Add(48 * time .Hour)
        lastAccessTime := twoDaysFromNow
        lastModifyTime := twoDaysFromNow
        err = os.Chtimes(filePath, lastAccessTime, lastModifyTime)
        if err !=nil{
            log.Println(err)
        }
    }
```

运行结果如下：

```
最后修改时间:  2021-11-05 15:07:33.1308004 +0800 CST
```

执行上面的程序两次之后，可以看到文件时间戳前后的变化。

## 13.1.7  文件链接

在 Linux 系统中肯定会经常遇到硬链接或者软链接之类的文件，对于一个普通文件，它实际上指向了硬盘的一个索引地址。硬链接会创建一个新的指针并且指向同一个地方，硬链接会保持与原文件双向同步，其中一个文件改动，另一个文件也会改动，但只有所有的链接被删除后文件才会被删除（即移动和重命名都不会影响硬链接）。硬链接只在相同的文件系统中才能工作。

软链接和硬链接不一样，它不直接指向硬盘中相同的地方，而是通过名字引用其他文件，它们可以指向不同的文件系统中的不同文件。Windows 操作系统不支持软链接。例如：

```go
package main
import (
    "fmt"
    "log"
    "os"
)
var (
    newFile *os.File
    fileInfo os.FileInfo
    err error
    path = "test/test2/"
    fileName =" demo"
    filePath = path + fileName
)
func main() {
    //创建一个硬链接
    //创建后同一个文件内容会有两个文件名,改变一个文件的内容会影响另一个
    //删除和重命名不会影响另一个
    hardLink := filePath + "hl"
    err := os.Link(filePath, hardLink)
    if err !=nil {
        log.Fatal(err)
    }
    fmt .Println("创建硬链接")
    //创建一个软链接
    softlink := filePath + "sl"
    err = os.Symlink(fileName, softLink)
```

```
    if err !=nil {
        log.Fatal(err)
    }
    fmt.Println("创建软链接")
    /*Lstat 返回一个文件的信息,但是当文件是一个软链接时,它返回软链接的信息,而不是
    引用的文件的信息*/
    //Symlink 在 Windows 中不工作
    fileInfo, err := os.Lstat(softLink)
    if err != nil {
        log. Fatal(err)
    }
    fmt .Printf("链接信息: %+v", fileInfo)
    //改变软链接的拥有者不会影响原始文件
    err = os.Lchown(softLink, os.Getuid(), os.Getgid())
    if err !=nil{
        log.Fatal(err)
    }
}
```

从 os.Lstat() 的函数名中可以看出这是一个针对软链接的函数,用于查看软链接自己的属性,使用 os.Stat() 函数会获取软链接指向的原文件信息。

此外,需要注意软链接和硬链接实现的异同,从上面这两个函数的第一个参数来看,虽然都是 oldname,但实际例子中传递给函数的并不是同一个函数,硬链接是 filePath,而软链接是 fileName,因为硬链接是从项目根目录开始创建硬链接的,而软链接是根据目标文件的相对位置创建软链接的。

## 13.2　XML 文件处理

XML 作为一种数据交换和信息传递的格式已经十分普及,随着 Web 服务日益广泛应用,现在 XML 在日常的开发工作中也扮演了愈发重要的角色。本节将介绍 Go 语言标准包中的 XML 相关处理的包。

本节不会涉及 XML 规范相关的内容,而是介绍如何用 Go 语言来解码 XML 文件相关的知识。

假如你是一名运维人员,为所管理的所有服务器生成了如下内容的 XML 的配置文件:

```
<?xml version="1. 0" encoding="utf-8"?>
<servers version="1">
    <server>
        < serverName>Local_Web</ serverName>
        <serverIP>172.0.0.1</serverIP>
    </server>
    <server>
        < serverName> Local_DB</serverName>
        <serverIP>172.0.0.2</serverIP>
    </server>
</servers>
```

这个 XML 文档描述了两个服务器的信息,包含服务器名和服务器的 IP 信息,接下来的 Go 语言例子以此 XML 描述的信息进行操作。

### 13.2.1　解析 XML

现在可以通过 xml 包的 Unmarshal 函数来解析 XML 文件:

```
func Unmarshal(data []byte, v interface{}) error
```

data 接收的是 XML 数据流,v 是需要输出的结构,定义为 interface,也就是可以把 XML 转换为任意

格式。这里主要介绍 struct 的转换，因为 struct 和 XML 都有类似树结构的特征，例如：

```go
package main
import (
    "encoding/xml"
    "fmt"
    "io/ioutil"
    "os"
)
type Recurlyservers struct {
    XMLName xml.Name `xml:"servers"`
    Version string `xml :"version, attr"`
    Svs []server `xml:" server"`
    Description string `xml: ", innerxml"`
}
type server struct {
    XMLName xml.Name `xml:"server"`
    ServerName string `xml: "serverName "`
    ServerIP string `xml:"serverIP"`
}
func main() {
    file, err := os .Open("servers .xml") //用于读取访问
    if err != nil {
        fmt .Printf("error: %v", err)
        return
    }
    defer file .Close()
    data, err := ioutil.ReadAll(file)
    if err != nil {
        fmt .Printf(" error: %v", err)
        return
    }
    v := Recurlyservers{}
    err = xml.Unmarshal(data, &v)
    if err != nil{
        fmt .Printf("error: %v", err)
        return
    }
    fmt.Println(v)
}
```

XML 本质上是一种树形的数据格式，可以定义与之匹配的 Go 语言的 struct 类型，然后通过 xml.Unmarshal 来将 XML 中的数据解析成对应的 struct 对象。以上代码输出以下数据：

```
{{ servers} 1 [{{ server} Local_Web 172.0.0.1} {{ server} Local_DB 172.0.0.2}]}
< server>
    < serverName>Local_Web</ serverName>
    < serverIP>172.0.0.1</ serverIP>
</server>
< server>
    < serverName> Local_DB</ serverName>
    <serverIP>172.0.0.2</serverIP>
</server>
}
```

上面的例子中，将 XML 文件解析成对应的 struct 对象是通过 xml.Unmarshal 来完成的，这个过程是如何实现的呢？可以看到 struct 定义后面多了一些类似于 xml:"serverName"这样的内容，这是 struct 的一个特性，被称为 struct tag，是用来辅助反射的。我们来看一下 Unmarshal 的定义：

```go
func Unmarshal(data []byte, v interface{}) error
```

可以看到函数定义了两个参数，第一个是 XML 数据流，第二个是存储的对应类型，目前支持 struct、slice 和 string，xml 包内部采用了反射进行数据的映射，所以 v 中的字段必须是导出的。Unmarshal 解析时 XML 元素和字段是怎样对应起来的呢？这是有一个优先级读取流程的，首先会读取 struct tag，如果没有，那么就会读取对应字段名。必须注意的一点是，解析的时候，tag、字段名、XML 元素都是大小写敏感的，所以，字段必须一一对应。

Go 语言的反射机制，可以利用这些 tag 信息将来自 XML 文件中的数据反射成对应的 struct 对象。

解析 XML 到 struct 时需要遵循以下规则：

（1）如果 struct 的一个字段是 string 或者[]byte 类型，且它的 tag 含有",innerxml"，Unmarshal 会将此字段所对应的元素内所有内嵌的原始 XML 累加到此字段上，如上面例子中的 Description 定义，最后的输出如下：

```
<server>
    <serverName> Local_Web</ serverName>
    <serverIP>172.0.0.1</serverIP>
</server>
<server>
    <serverName>Local_DB</ serverName>
    <serverIP>172.0.0.2</serverIP>
</server>
```

（2）如果 struct 中有一个名为 XMLName，且类型为 xml.Name 的字段，那么在解析时就会保存这个 element 的名字到该字段，如上面例子中的 servers。

（3）如果某个 struct 字段的 tag 定义中含有 XML 结构中 element 的名称，那么解析时就会把相应的 element 值赋给该字段，如上面例子中的 servername 和 serverip 定义。

（4）如果某个 struct 字段的 tag 定义了含有",attr"，那么解析时就会将该结构所对应的 element 的与字段同名的属性的值赋给该字段，如上 version 定义。

（5）如果某个 struct 字段的 tag 定义形如"a>b>c"，则解析时，会将 XML 结构 a 下面的 b 下面的 c 元素的值赋给该字段。

（6）如果某个 struct 字段的 tag 定义了"-"，那么不会为该字段解析匹配任何 XML 数据。

（7）如果 struct 字段后面的 tag 定义了",any"，当它的子元素在不满足其他规则时就会匹配到这个字段。

（8）如果某个 XML 元素包含一条或者多条注释，那么这些注释将被累加到第一个 tag 含有",comments"的字段上，这个字段的类型可能是[]byte 或 string，如果没有这样的字段存在，那么注释将会被抛弃。

上面详细讲述了如何定义 struct 的 tag。只要设置对了 tag，那么 XML 解析就如上面的示例般简单，tag 和 XML 的 element 是一一对应的关系，还可以通过 sice 来表示多个同级元素。

为了正确解析，Go 语言的 xml 包要求 smnet 定义中的所有字段必须是可寻出的（即首字母大写）。

## 13.2.2　生成 XML

xml 包中提供了 Marshal 和 MarsalIndent 两个函数用于输出 XML，这两个函数的主要区别是第二个函数会增加前缀和缩进，函数的定义如下：

```
func Marshal(v interface{}) ([]byte, error)
func MarshalIndent(v interface{}, prefix, indent string) ([]byte, error)
```

两个函数的第一个参数用来生成 XML 的结构定义类型数据，都是返回生成的 XML 数据流。下面来看看如何输出如上 XML：

```
package main
import (
    "encoding/ xml"
    "fmt"
    "os"
)
type Servers struct {
    XMLName xml. Name `xml :"servers"`
    Version string `xml: "version, attr"`
    Svs []server `xml:"server"`
}
type server struct {
    ServerName string `xml: "serverName"`
    ServerIP string `xml: "serverIP"`
}
func main() {
    v := &Servers{Version:"1"}
    v.Svs = append(v.Svs, server{"Local_Web", "172.0.0.1"})
    v.Svs = append(v.Svs, server{"Local_DB","172.0.0.2"})
    output, err := xml.MarshalIndent(v, " ", " ")
    if err !=nil{
        fmt .Printf("error: %v\n", err)
    }
    os .Stdout .Write( []byte(xml.Header))
    os. Stdout .Write(output)
}
```

运行结果如下：

```
<?xml version="1.0" encoding= "UTF-8"?>
<servers version="1">
<server>
    <serverName> Local_Web< /serverName>
    <serverIP>172.0.0.1</serverIP>
</ server>
<server>
    <serverName> Local_DB</ serverName>
    <serverIP>172.0.0.2</serverIP>
</server>
</servers>
```

与之前定义的文件的格式一模一样，之所以会有 os.Stdout.Write([]byte(xml.Header))这句代码的出现，是因为 xml.MarshalIndent 或者 xml.Marshal 输出的信息都是不带 XML 头的，为了生成正确的 XML 文件，使用了 xml 包预定义的 Header 变量。

我们看到 Marshal 函数接收的参数 v 是 interface{}类型，即它可以接收任意类型的参数，xml 包会根据下面的规则来生成相应的 XML 文件：

（1）如果 v 是 array 或者 slice，那么便输出每一个元素，类似于 value。

（2）如果 v 是指针，那么会输出 Marshal 指针指向的内容，如果指针为空，什么都不输出。

（3）如果 v 是 interface，那么就处理 interface 所包含的数据。

（4）如果 v 是其他数据类型，就会输出这个数据类型所拥有的字段信息。

生成的 XML 文件中的 element 的名字根据如下优先级从 struct 中获取：

（1）如果 v 是 struct，XMLName 的 tag 中定义的名称。

（2）类型为 xml.Name 的名叫 XMLName 的字段的值。

（3）通过 struct 中字段的 tag 来获取。

（4）通过 struct 的字段名来获取。

（5）marshall 的类型名称。

设置 struct 中字段的 tag 信息以控制最终 XML 文件的生成：

（1）XMLName 不会被输出。

（2）tag 中含有"-"的字段不会输出。

（3）tag 中含有"name,ttr"，会以 name 作为属性名，字段值作为值输出为这个 XML 元素的属性，如上 version 字段所描述。

（4）tag 中含有",attr"，会以这个 struct 的字段名作为属性名输出为 XML 元素的属性，类似于上一条，只是这个 name 默认是字段名。

（5）tag 中含有",chardata"，输出为 XML 的 character data 而非 element。

（6）tag 中含有",innerxml"，将会被原样输出，而不会进行常规的编码过程。

（7）tag 中含有",comment"，将被当作 XML 注释来输出，而不会进行常规的编码过程，字段值中不能含有"--"字符串。

（8）tag 中含有"omitempty"，如果该字段的值为空值，那么该字段就不会被输出到 XML，空值包括 false、0、nil 指针或 nil 接口，以及任何长度为 0 的 array、slice、map 或者 string。

（9）tag 中含有"a>b>c"，那么就会循环输出 3 个元素，a 包含 b，b 包含 c，例如：

```
FirstName string `xml: "name>first"`
LastName string `xml :"name>last"`
<name>
    <first>Asta</first>
    <last>Xie</last>
< /name>
```

除了 XML 文件，JSON 也是非常流行的格式。

## 13.2.3　XML 文件的读写操作

### 1. 写 XML 文件

使用 encoidng/xml 包可以很方便地将 XML 数据存储到文件中，例如：

```
package main
import (
    "encoding/xml"
    "fmt"
    "os"
)
type Website struct {
    Name    string `xml:"name,attr"`
    Url     string
    Course  []string
}
func main() {
    //实例化对象
    info := Website{"Go 语言", "http://Go.biancheng.net/golang/", []string{"Go 语言入门教程", "Go 语言项目实践"}}
    f, err := os.Create("./info.xml")
    if err != nil {
        fmt.Println("文件创建失败", err.Error())
        return
    }
    defer f.Close()
    //序列化到文件中
    encoder := xml.NewEncoder(f)
```

```
    err = encoder.Encode(info)
    if err != nil {
        fmt.Println("编码错误: ", err.Error())
        return
    } else {
        fmt.Println("编码成功")
    }
}
```

运行上面的代码会在当前目录生成一个 info.xml 文件，文件的内容如下：

```
<Website name="Go 语言">
    <Url>http://Go.biancheng.net/golang/</Url>
    <Course>Go 语言入门教程</Course>
    <Course>Go 语言项目实践</Course>
</Website>
```

### 2. 读 XML 文件

读 XML 文件比写 XML 文件稍微复杂，特别是在必须处理一些自定义字段时（如日期）。但是，如果使用合理的打上 XML 标签的结构体，就不复杂，例如：

```
package main
import (
    "encoding/xml"
    "fmt"
    "os"
)
type Website struct {
    Name    string `xml:"name,attr"`
    Url     string
    Course []string
}
func main() {
    //打开 XML 文件
    file, err := os.Open("./info.xml")
    if err != nil {
        fmt.Printf("文件打开失败: %v", err)
        return
    }
    defer file.Close()
    info := Website{}
    //创建 XML 解码器
    decoder := xml.NewDecoder(file)
    err = decoder.Decode(&info)
    if err != nil {
        fmt.Printf("解码失败: %v", err)
        return
    } else {
        fmt.Println("解码成功")
        fmt.Println(info)
    }
}
```

运行结果如下：

```
go run main.go
解码成功
{Go 语言 http://Go.biancheng.net/golang/ [Go 语言入门教程 Go 语言项目实践]}
```

正如写 XML 时一样，无须关心对所读取的 XML 数据进行转义，xml.NewDecoder.Decode()函数会自动处理这些。

# 13.3　JSON 文件处理

JSON（JavaScript Object Notation）是一种轻量级的数据交换语言，以文字为基础，具有自我描述性且易于阅读。尽管 JSON 是 JavaScript 的一个子集，但 JSON 是独立于语言的文本格式，并且采用了类似于 C 语言家族的一些习惯。JSON 与 XML 最大的不同在于 XML 是一个完整的标记语言，而 JSON 不是。JSON 由于比 XML 更小、更快、更易解析，以及浏览器的内建快速解析支持，使得其更适用于网络数据传输领域。目前，很多开放平台基本上都是采用 JSON 作为数据交互的接口。既然 JSON 在 Web 开发中如此重要，那么 Go 语言对 JSON 支持得怎样呢？Go 语言的标准库已经很好地支持了 JSON，可以很容易地对 JSON 数据进行编解码的工作。

## 13.3.1　解析 JSON

解析 JSON 有两种方法，一种是解析到结构体，另一种是解析到接口，前者是在知晓被解析的 JSON 数据结构的前提下采取的方案，如果不知道被解析的数据的格式，则应该采用解析到接口的方案。

先看第一种，假如有了 JSON 串，那么如何来解析这个 JSON 串呢？

Go 语言的 json 包中有如下函数：

```
func Unmarshal(data []byte, v interface{}) error
```

通过这个函数就可以实现解析的目的，详细的解析例子请看如下代码：

```go
package main
import (
    "encoding/json"
    "fmt"
)
type Server struct {
    ServerName string
    ServerIP string
}
type Serverslice struct {
    Servers []Server
}
func main() {
    var s Serverslice
    str := `{"servers":[{"serverName" :"Local_Web", "serverIP":"172.0.0.1"},{"serverName":"Local
_DB","serverIP":"172.0.0.2"}]}`
    json.Unmarshal([]byte(str), &s)
    fmt.Println(s)
}
```

在上面的示例代码中，首先定义了与 JSON 数据对应的结构体，数组对应 slice，字段名对应 JSON 中的 key。在解析时，如何将 JSON 数据与 struct 字段相匹配呢？例如，JSON 的 key 是 Foo，那么怎样找对应的字段呢？

（1）查找 tag 中含有 Foo 的可导出的 struct 字段（首字母大写）。

（2）查找字段名是 Foo 的导出字段。

（3）查找类似于 FOO 或者 FoO 这样的，除了首字母之外其他大小写不敏感的导出字段。

注意，能够被赋值的字段必须是可导出字段（即首字母大写）。同时 JSON 解析时只会解析能找得到的字段，找不到的字段会被忽略，这样的好处如下：当接收到一个很大的 JSON 数据结构而我们只想获取其中的部分数据时，只需将想要的数据对应的字段名大写，即可轻松解决这个问题。如果遇到未知的 JSON 格式，则应该采用下面的方案：

interface{}可以用来存储任意数据类型的对象，这种数据结构正好用于存储解析的未知结构的 JSON 数据的结果。json 包中采用 map[string interface{}和[]interface{}结构来存储任意的 JSON 对象和数组。Go 语言类型和 JSON 类型的对应关系如下：bool 代表 JSONbooleans，float64 代表 JSON numbers，string 代表 JSON strings，nil 代表 JSON null。

现在假设有某 JSON 数据，在不知道它的结构的情况下，把它解析到 interface{}中，这里使用了 Bitly 公司开源的 simplejson 包，在处理未知结构体的 JSON 时比官方包更加方便，例如：

```
js, err := NewJson([]byte(`{
    "test": {
        "array": [1, "2", 3],
        "int": 10,
        "float": 5.150,
        "bignum": 9223372036854775807 ,
        "string": "simplejson",
        "bool": true
    }
}`))
arr, _ := js.Get("test"). Get("array"). Array()
i, _ := js .Get("test") .Get("int").Int()
ms := js. Get("test"). Get("string") .MustString()
```

## 13.3.2　生成 JSON

很多应用最后都是要输出 JSON 数据串的，那么如何来处理呢？JSON 包中通过 Marshal 函数来处理，函数定义如下：

```
func Marshal(v interface{}) ([]byte, error)
```

假设还是需要生成前面的服务器列表信息，那么如何来处理呢？请看下面的例子：

```
package main
import (
    "encoding/json"
    "fmt"
)
type Server struct {
    ServerName string
    ServerIP string
}
type Serverslice struct {
    Servers []Server
}
func main() {
    var s Serverslice
    s.Servers = append(s.Servers, Server{ServerName: "Local_Web", ServerIP: "172.0.0.1"})
    s. Servers = append(s.Servers, Server{ServerName: "Local_DB",ServerIP: "172.0.0.2"})
    b, err := json.Marrshal(s)
    if err !=nil{
        fmt.Println("json err: ", err)
    }
    fmt.Println(string(b))
}
```

输出如下内容：

```
{"servers":[{"serverName" :"Local_Web", "serverIP":"172.0.0.1"},{"serverName":"Local _DB","
serverIP":"172.0.0.2"}]}
```

可以看到输出字段名的首字母都是大写的，如果想用小写的首字母，那么直接把结构体的字段名改成首字母小写是不行的。JSON 输出时必须注意，只有导出的字段才会被输出，如果修改字段名，那么就会发现什么都不会输出，所以，必须通过 struct tag 定义来实现，代码如下：

```
type Server struct {
    ServerName string `json:"serverName"`
    ServerIP string `json:"serverIP"`
}
type Serverslice struct {
    Servers []Server `json:"servers"`
}
```

通过修改结构体定义，输出的 JSON 串就和最开始定义的 ISON 串保持一致了。

针对 JSON 的输出，在定义 struct tag 时需要注意如下几点：

（1）字段的 tag 是"-"，那么这个字段不会输出到 JSON。

（2）tag 中带有自定义名称，那么这个自定义名称会出现在 JSON 的字段名中，如上面例子中的 serverName。

（3）如果 tag 中带有"omitempty"选项，当该字段值为空时，就不会输出到 JSON 串中。

（4）如果字段类型是 bool、string、int、int64 等，而 tag 中带有",string"选项，那么这个字段在输出到 JSON 时会把该字段对应的值转换成 JSON 字符串。

例如：

```
type Server struct {
    //ID 不会导出到 JSON 中
    ID int `json: " -"`
    //ServerName2 的值会进行二次 JSON 编码
    ServerName string `json:"serverName"`
    Serverame2 string `json: "serverName2,string"`
    //如果 ServerIP 为空,则不输出到 JSON 串中
    ServerIP string `json : "serverIP, omitempty"`
}
s := Server {
    ID: 3,
    ServerName: `Go "1.0"`,
    ServerName2: `Go "1.0"`,
    ServerIP: ``,
}
b,_ := json.Marshal(s)
os.Stdout.Write(b)
```

运行结果如下：

```
{"serverName":"Go \"1.0\" ", "serverName2":"\"Go \\\"1.0\\\" \""}
```

Marshal 函数只有在转换成功的时候才会返回数据，在转换的过程中需要注意几点：

（1）JSON 对象只支持 string 作为 key，所以，要编码一个 map，必须是 maptstring]T 这种类型（T 是 Go 语言中任意的类型）。

（2）channel、complex 和 function 是不能被编码成 JSON 的。

（3）嵌套的数据是不能编码的，不然会让 JSON 编码进入死循环。

（4）指针在编码的时候会输出指针指向的内容，而空指针会输出 null。

## 13.3.3　JSON 文件的读写操作

### 1. 写 JSON 文件

使用 Go 语言创建一个 JSON 文件非常方便，例如：

```go
package main
import (
    "encoding/json"
    "fmt"
    "os"
)
type Website struct {
    Name   string `xml:"name,attr"`
    Url    string
    Course []string
}
func main() {
    info := []Website{{"Go", "http://Go.biancheng.net/golang/", []string{"http://Go.biancheng.
net/cplus/", "http://Go.biancheng.net/linux_tutorial/"}}, {"Java", "http://Go.biancheng.net/java/",
[]string{"http://Go.biancheng.net/socket/", "http://Go.biancheng.net/python/"}}}
    //创建文件
    filePtr, err := os.Create("info.json")
    if err != nil {
        fmt.Println("文件创建失败", err.Error())
        return
    }
    defer filePtr.Close()
    //创建 JSON 编码器
    encoder := json.NewEncoder(filePtr)
    err = encoder.Encode(info)
    if err != nil {
        fmt.Println("编码错误", err.Error())
    } else {
        fmt.Println("编码成功")
    }
}
```

运行上面的代码会在当前目录下生成一个 info.json 文件，文件内容如下：

```
[
    {
        "Name":"Go",
        "Url":"http:    //Go.biancheng.net/golang/",
        "Course":[
            "http:          //Go.biancheng.net/golang/102/",
            "http:          //Go.biancheng.net/golang/concurrent/"
        ]
    },
    {
        "Name":"Java",
        "Url":"http:    //Go.biancheng.net/java/",
        "Course":[
            "http:          //Go.biancheng.net/java/10/",
            "http:          //Go.biancheng.net/python/"
        ]
    }
]
```

## 2. 读 JSON 文件

读 JSON 数据与写 JSON 数据一样简单，例如：

```go
package main
import (
    "encoding/json"
    "fmt"
    "os"
```

```
)
type Website struct {
    Name    string `xml:"name,attr"`
    Url     string
    Course []string
}
func main() {
    filePtr, err := os.Open("./info.json")
    if err != nil {
        fmt.Println("文件打开失败 [Err:%s]", err.Error())
        return
    }
    defer filePtr.Close()
    var info []Website
    //创建 JSON 解码器
    decoder := json.NewDecoder(filePtr)
    err = decoder.Decode(&info)
    if err != nil {
        fmt.Println("解码失败", err.Error())
    } else {
        fmt.Println("解码成功")
        fmt.Println(info)
    }
}
```

运行结果如下：

```
go run main.go
解码成功
[{Go http://Go.biancheng.net/golang/ [http://Go.biancheng.net/golang/102/ http://Go.biancheng.
net/golang/concurrent/]} {Java  http://Go.biancheng.net/java/  [http://Go.biancheng.net/java/10/
http://Go.biancheng.net/python/]}]
```

# 13.4　日志记录

Go 语言中提供了一个简易的 log 包，使用该包可以方便地实现日志记录的功能，这些日志都是基于 fmt 包的打印，再结合 panic 之类的函数来进行一般的打印、抛出错误处理的。

目前 Go 语言标准包只包含了简单的功能，如果想把应用日志保存到文件，然后又能够结合日志实现很多复杂的功能，可以使用第三方开发的日志系统 Logrus，它们实现了强大的日志功能。

## 13.4.1　Logrus

Logrus 是用 Go 语言实现的一个日志系统，与标准库 log 完全兼备并且核心 API 很稳定，是 Go 语言目前最活跃的日志库。首先安装 Logrus：

```
go get -u github.com/sirupsen/logrus
```

例如：

```
package main
import (
    log "github. com/Sirupsen/logrus"
)
func main() {
    log.WithFields(log.Fields{
        "tool": "pen",
    }).Info("This is pen.")
}
```

下面使用 Logrus 自定义日志处理：

```
package main
import (
    "os "
    log "github.com/Sirupsen/logrus"
)
func init() {
    //日志格式化为 JSON 而不是默认的 ASCII
    log.SetFormatter(&log.JSONFormatter{})
    //输出 stdout 而不是默认的 stderr,也可以是一个文件
    log .SetOutput( OS .Stdout)
    //只记录严重或以上警告
    log.SetLevel(log.WarnLevel)
}
func main() {
    log.WithFields(log.Fields{
        "tool" : "pen",
        "price": "10",
}). Info("The pen price is 10 dollars. ")
//}) .warn("The pen price is 10 dollars.")
//}).Fatal("The pen price is 10 dollars." )
//通过日志语句重用字段
//logrus.Entry 返回自 WithFields()
contextLogger := log .WithFields (log. Fields{
    "common": "这是一个字段",
    "other": " 其他你想记录的东西",
    })
    contextLogger .Info("此处会记录 common 和 other 字段.")
}
```

## 13.4.2　Seelog

Seelog 是用 Go 语言实现的一个日志系统，它提供了一些简单的函数来实现复杂的日志分配、过滤和格式化。它拥有 XML 的动态配置，可以不用重新编译程序而动态加载配置信息；支持热更新，能够动态改变配置而不需要重启应用。此外，还支持多输出流，能够同时把日志输出到多种流中，如文件流、网络流等；支持不同的日志输出，包括命令行输出、文件输出、缓存输出等，支持 log rotate 和 SMTP 邮件提醒。

接下来介绍如何在项目中使用它，首先安装 Seelog，代码如下：

```
go get -u github. com/ cihub/seelog
```

例如：

```
package main
import log "github. com/ cihub/seelog"
func main() {
    defer log.Flush()
    log. Info("你好,Seelog.")
}
```

编译后运行，如果出现了"你好，Seelog。"，说明 Seelog 日志系统已经成功安装并且可以正常运行了。使用 Seelog 自定义日志处理可以查看官方文档。

# 13.5　压缩

Go 语言和其他编程语言一样，可以对文件进行压缩与解压操作。

## 13.5.1  打包与压缩

打包文件可以调用 archive 包，例如：

```
package main
import (
    "archive/zip"
    "log"
    "os"
)
func main() {
    //创建一个打包文件
    outFile, err := os.Create("test.zip")
    if err != nil {
        log.Fatal(err)
    }
    defer outFile.Close()
    //使用 zip 包的创建函数 zipWriter 写入文件
    zipWriter := zip.NewWriter(outFile)
    //往打包文件中写文件
    /*这里使用硬编码的内容,可以遍历一个文件夹,把文件夹下的文件以及它们的内容写入这个打包文件中*/
    var filesToArchive = []struct {
        Name, Body string
    }{
        {"test. txt", "String contents of file"},
        {"test2. txt", "\x61\x62\x63\n"},
    }
    //下面将要打包的内容写入打包文件中,依次写入
    for_, file := range filesToArchive {
    fileWriter, err := zipWriter.Create (file.Name)
    if err !=nil{
        log.Fatal(err)
    }
    _, err = fileWriter.Write([]byte(file. Body))
    if err != nil {
    log.Fatal(err)
    }
}
    //清理
    err = zipWriter.Close()
    if err !=nil{
        log. Fatal(err)
    }
}
```

解包同样使用 archive 包中的函数：

```
package main
import (
    "archive/zip"
    "log"
    "io"
    "os"
    "path/filepath"
)
func main() {
    zipReader, err := zip. OpenReader("test. zip")
    if err!= nil {
        log. Fatal(err)
    }
    defer zipReader. Close()
```

```
    //遍历打包文件中的每一文件/文件夹
    for _file := range zipReader .Reader.File {
    //打包文件中的文件就像普通的一个文件对象一样
    zippedFile, err := file. Open()
    if err !=nil{
        log. Fatal(err)
    }
    defer zippedFile .Close()
    //指定提取的文件名
    //可以指定全路径名或者一个前缀,这样可以把它们放在不同的文件夹中
    //这个例子使用打包文件中相同的文件名
    targetDir :="./"
    extractedFilePath := filepath.Join(
        targetDir,
        file .Name,
    )
    //提取项目或者创建文件夹
    if file.FileInfo().IsDir() {
        //创建文件夹并设置同样的权限
        log.PrintIn("正在创建目录: ", extractedFilePath)
        os .MkdirAll (extractedFilePath, file.Mode())
    } else {
        //提取正常的文件
        log.Println("正在提取文件: ",file .Name)
        outputFile, err := os .OpenFile(
            extractedFilePath,
            os.O_WRONLY|os.O_CREATE|oS .O_TRUNC,
            file .Mode(),
        )
        if err !=nil{
            log.Fatal(err)
        }
        defer outputFile.Close()
        //通过 io.Copy 简洁地复制文件内容
        _, err = io.Copy(outputFile, zippedFile)
        if err !=nil{
            log. Fatal(err)
        }
    }
    }
}
```

## 13.5.2  压缩与解压

压缩文件使用的是 compress 包中的函数，例如：

```
package main
import (
    "os"
    "compress/gzip"
    "log"
)
func main() {
    outputFile, err := os .Create("test.txt.gz")
    if err != nil {
        log.Fatal(err)
    }
    gzipWriter := gzip.NewWriter(outputFile)
    defer gzipWriter.Close()
    //当写入 gizp writer 数据时,它会依次压缩数据并写入底层的文件中
```

```
        //不必关心它是如何压缩的,像普通的 writer 一样操作即可
        _, err = gzipWriter .Write([]byte( "Gophers rule!\n"))
        if err != nil {
            log .Fatal(err)
        }
        log. Println("已经压缩数据并写入文件.")
    }
```

解压文件:

```
package main
import (
    "compress/gzip"
    "log"
    "io"
    "os"
)
func main() {
    //打开一个 gzip 文件
    /*文件是一个 reader,但是可以使用各种数据源,比如 Web 服务器返回的 gzipped 内容,它的内容不是一个文件,而是一
个内存流*/
    gzipFile, err := os .Open("test . txt.gz")
    if err !=nil{
        log. Fatal(err)
    }
    gzipReader, err := gzip. NewReader(gzipFile)
    if err !=nil{
        log. Fatal(err)
    }
    defer gzipReader . Close()
    //解压缩到一个 writer,它是一个 file writer
    outfileWriter, err := os.Create("unzipped . txt")
    if err !=nil{
        log. Fatal(err)
    }
    defer outfileWriter . Close( )
     //复制内容
    _, err= io.Copy(outfileWriter, gzipReader)
    if err != nil {
      log. Fatal(err)
    }
}
```

# 13.6　就业面试技巧与解析

本章主要介绍了 Go 语言的文件处理操作,包括文件的创建、打开和关闭操作等基础知识,另外,还着重介绍了 Go 语言对 XML、JSON 文件的处理、日志记录及压缩与解压操作等重点内容。学完本章内容,读者要学会灵活运用。

## 13.6.1　面试技巧与解析(一)

**面试官:**简单谈一下 Go 语言文件操作的几种方式。

**应聘者:**

第一种方式:使用 io.WriteString 写入文件。

```
if checkFileIsExist(filename) { //如果文件存在
```

```
    f, err1 = os.OpenFile(filename, os.O_APPEND, 0666)        //打开文件
    fmt.Println("文件存在")
} else {
    f, err1 = os.Create(filename)                             //创建文件
    fmt.Println("文件不存在")
}
check(err1)
n, err1 := io.WriteString(f, wireteString)                    //写入文件(字符串)
check(err1)
fmt.Printf("写入 %d 个字节 n", n)
```

第二种方式：使用 ioutil.WriteFile 写入文件。

```
var d1 = []byte(wireteString)
    err2 := ioutil.WriteFile("./output2.txt", d1, 0666)       //写入文件(字节数组)
    check(err2)
```

第三种方式：使用 File(Write,WriteString)写入文件。

```
f, err3 := os.Create("./output3.txt")                         //创建文件
    check(err3)
    defer f.Close()
    n2, err3 := f.Write(d1)                                    //写入文件(字节数组)
    check(err3)
    fmt.Printf("写入 %d 个字节 n", n2)
    n3, err3 := f.WriteString("writesn")                       //写入文件(字节数组)
    fmt.Printf("写入 %d 个字节 n", n3)
    f.Sync()
```

第四种方式：使用 bufio.NewWriter 写入文件。

```
  w := bufio.NewWriter(f)                                     //创建新的 Writer 对象
    n4, err3 := w.WriteString("bufferedn")
    fmt.Printf("写入 %d 个字节 n", n4)
    w.Flush()
    f.Close()
```

## 13.6.2　面试技巧与解析（二）

**面试官**：init()函数是什么时候执行的？

**应聘者**：

init()函数是 Go 程序初始化的一部分。Go 程序初始化先于 main 函数，由 runtime 初始化每个导入的包，初始化顺序不是按照从上到下的导入顺序，而是按照解析的依赖关系，没有依赖的包最先初始化。

每个包首先初始化包作用域的常量和变量（常量优先于变量），然后执行包的 init()函数。同一个包，甚至是同一个源文件可以有多个 init()函数。init()函数没有入参和返回值，不能被其他函数调用，同一个包内多个 init()函数的执行顺序不做保证。

# 第 14 章

## 编译与工具

 **本章概述**

　　Go 语言的工具链非常丰富，包括获取源码、编译、文档、测试、性能分析，以及源码格式化、源码提示、重构工具等。

　　在 Go 语言中可以使用测试框架编写单元测试，使用统一的命令行即可测试及输出测试报告的工作。基准测试提供可自定义的计时器和一套基准测试算法，能方便快速地分析一段代码可能存在的 CPU 耗用和内存分配问题。性能分析工具可以将程序的 CPU 耗用、内存分配等问题以图形化方式展现出来。

 **知识导读**

本章要点（已掌握的在方框中打钩）：
- [ ] 编译。
- [ ] 编译并安装。
- [ ] 测试和性能分析。

## 14.1　编译

　　Go 语言的编译速度非常快。Go 1.9 版本后默认利用 Go 语言的并发特性进行函数粒度的并发编译。

　　Go 语言的程序编写基本以源码方式，无论是自己的代码还是第三方代码，并且以 GOPATH 作为工作目录和一套完整的工程目录规则。因此，Go 语言中日常编译时无须像 C++一样配置各种包含路径、链接库地址等。

　　Go 语言中使用 go build 命令编译代码。go build 有很多种编译方法，如无参数编译、文件列表编译、指定包编译等，使用这些方法都可以输出可执行文件。

### 14.1.1　go build 无参数编译

　　main.go 代码如下：

```
package main
import (
    "fmt"
```

```
)
func main() {
    //同包的函数
    pkgFunc()
    fmt.Println("hello world")
}
```

lib.go 代码如下：

```
package main
import "fmt"
func pkgFunc() {
    fmt.Println("call pkgFunc")
}
```

如果源码中没有依赖 GOPATH 的包引用，那么这些源码可以使用无参数 go build，格式如下：

```
go build
```

在 main.go 和 lib.go 代码的目录下（.src/gobuild）使用 go build 进行编译，代码如下：

```
cd src/gobuild/
go build
ls
gobuild  lib.go  main.go
./gobuild
call pkgFunc
hello world
```

在以上代码中：

第 1 行，转到本例源码目录下。

第 2 行，go build 在编译开始时会搜索当前目录的 go 源码。这个例子中，go build 会找到 lib.go 和 main.go 两个文件。编译这两个文件后，生成当前目录名的可执行文件并放置于当前目录下，这里的可执行文件是 gobuild。

第 3 行和第 4 行，列出当前目录的文件，编译成功，输出 gobuild 可执行文件。

第 5 行，运行当前目录的可执行文件 gobuild。

第 6 行和第 7 行，执行 gobuild 后的输出内容。

## 14.1.2　go build+文件列表

编译同目录的多个源码文件时，可以在 go build 的后面提供多个文件名，go build 会编译这些源码，输出可执行文件，"go build+文件列表"的格式如下：

```
go build file1.go file2.go…
```

在代码所在目录（./src/gobuild）中使用 go build，在 go build 后添加要编译的源码文件名，代码如下：

```
go build main.go lib.go
ls
lib.go  main  main.go
./main
call pkgFunc
hello world
go build lib.go main.go
ls
lib  lib.go  main  main.go
```

在以上代码中：

第 1 行，在 go build 后添加文件列表，选中需要编译的 Go 源码。

第 2 行和第 3 行，列出完成编译后的当前目录的文件，这次的可执行文件名变成了 main。

第 4～6 行，执行 main 文件，得到期望输出。

第 7 行，尝试调整文件列表的顺序，将 lib.go 放在列表的首位。

第 8 行和第 9 行，编译结果中出现了 lib 可执行文件。

**注意**：使用"go build+文件列表"方式编译时，可执行文件默认选择文件列表中第一个源码文件作为可执行文件名输出。

如果需要指定输出可执行文件名，可以使用-o 参数，例如：

```
go build -o myexec main.go lib.go
ls
lib.go  main.go  myexec
./myexec
call pkgFunc
hello world
```

在以上代码中，在 go build 和文件列表之间插入了-o myexec 参数，表示指定输出文件名为 myexec。

使用"go build+文件列表"编译方式编译时，文件列表中的每个文件必须是同一个包的 Go 源码。也就是说，不能像 C++一样将所有工程的 Go 源码使用文件列表方式进行编译。编译复杂工程时需要用"指定包编译"的方式。

"go build+文件列表"方式更适合使用 Go 语言编写的只有少量文件的工具。

## 14.1.3　go build+包

"go build+包"在设置 GOPATH 后，可以直接根据包名进行编译，即便包内文件被增加或删除也不影响编译指令。

### 1. 代码位置及源码

main.go 代码如下：

```
package main
import (
    "chapter11/goinstall/mypkg"
    "fmt"
)
func main() {
    mypkg.CustomPkgFunc()
    fmt.Println("hello world")
}
```

mypkg.go 代码如下：

```
package mypkg
import "fmt"
func CustomPkgFunc() {
    fmt.Println("call CustomPkgFunc")
}
```

### 2. 按包编译命令

执行以下命令将按包方式编译 goinstall 代码：

```
export GOPATH=/home/davy/golangbook/code
go build -o main chapter11/goinstall
./goinstall
call CustomPkgFunc
hello world
```

在以上代码中：

第 1 行，设置环境变量 GOPATH，这里的路径是笔者的目录，可以根据实际目录来设置 GOPATH。

第 2 行，-o 执行指定输出文件为 main，后面接要编译的包名。包名是相对于 GOPATH 下的 src 目录开始的。

第 3～5 行，编译成功，执行 main 后获得期望的输出。

**注意**：在本例中，需要将 GOPATH 更换为自己的目录。GOPATH 下的目录结构，源码必须放在 GOPATH 下的 src 目录下。所有目录中不要包含中文。

### 14.1.4　go build 编译时的附加参数

go build 还有一些附加参数，可以显示更多的编译信息和更多的操作，如表 14-1 所示。

表 14-1　go build 编译时的附加参数

| 附 加 参 数 | 含　义 |
| --- | --- |
| -v | 编译时显示包名 |
| -p n | 开启并发编译，默认情况下该值为 CPU 逻辑核数 |
| -a | 强制重新构建 |
| -n | 打印编译时会用到的所有命令，但不真正执行 |
| -x | 打印编译时会用到的所有命令 |
| -race | 开启竞态检测 |

## 14.2　编译后运行

Python 或者 Lua 语言可以在不输出二进制的情况下，将代码使用虚拟机直接执行。Go 语言虽然不使用虚拟机，但可使用 go run 指令达到同样的效果。

go run 命令会编译源码，并且直接执行源码的 main() 函数，不会在当前目录留下可执行文件。

例如，准备一个 main.go 的文件来观察 go run 的运行结果。

```
package main
import (
    "fmt"
    "os"
)
func main() {
    fmt.Println("args:", os.Args)
}
```

以上代码的功能是将输入的参数打印出来。使用 go run 命令运行这个源码文件，命令如下：

```
go run main.go --filename xxx.go
args: [/tmp/go-build006874658/command-line-arguments/_obj/exe/main--filename xxx.go]
```

go run 不会在运行目录下生成任何文件，可执行文件被放在临时文件中被执行，工作目录被设置为当前目录。在 go run 的后部可以添加参数，这部分参数会作为代码可以接受的命令行输入提供给程序。

go run 不能使用"go run+包"的方式进行编译，如需快速编译运行包，需要使用如下步骤来代替：

（1）使用 go build 生成可执行文件。

（2）运行可执行文件。

# 14.3　编译并安装

go install 命令的功能和 go build 命令类似，附加参数绝大多数都可以与 go build 通用。go install 只是将编译的中间文件放在 GOPATH 的 pkg 目录下，以及固定地将编译结果放在 GOPATH 的 bin 目录下。

这个命令在内部实际上分成了两步操作：第一步是生成结果文件（可执行文件或者.a 包），第二步把编译好的结果移到$GOPATH/pkg 或者$GOPATH/bin。

使用 go install 来执行代码，例如：

```
export GOPATH=/home/davy/golangbook/code
go install goinstall
```

go install 的编译过程有如下规律：

（1）go install 是建立在 GOPATH 上的，无法在独立的目录中使用 go install。

（2）GOPATH 下的 bin 目录放置的是使用 go install 生成的可执行文件，可执行文件的名称来自编译时的包名。

（3）go install 输出目录始终为 GOPATH 下的 bin 目录，无法使用-o 附加参数进行自定义。

（4）GOPATH 下的 pkg 目录放置的是编译期间的中间文件。

# 14.4　清除编译文件

Go 语言中 go clean 命令可以移除当前源码包和关联源码包中编译生成的文件，这些文件包括以下几种：

（1）执行 go build 命令时在当前目录下生成的与包名或者 Go 源码文件同名的可执行文件。在 Windows 下，则是与包名或者 Go 源码文件同名且带有 ".exe" 扩展名的文件。

（2）执行 go test 命令并加入-c 标记时，在当前目录下生成的以包名加 ".test" 扩展名为名的文件。在 Windows 下，则是以包名加 ".test.exe" 扩展名的文件。

（3）执行 go install 命令，安装当前代码包时产生的结果文件。如果当前代码包中只包含库源码文件，则结果文件指的就是在工作区 pkg 目录下相应的归档文件。如果当前代码包中只包含一个命令源码文件，则结果文件指的就是在工作区 bin 目录下的可执行文件。

（4）在编译 Go 或 C 源码文件时遗留在相应目录中的文件或目录，包括 "_obj" 和 "_test" 目录，名称为 "_testmain.go" "test.out" "build.out" 或 "a.out" 的文件，名称以 ".5" ".6" ".8" ".a" ".o" 或 ".so" 为扩展名的文件。这些目录和文件是在执行 go build 命令时生成在临时目录中的。

go clean 命令就像 Java 中的 maven clean 命令一样，会清除掉编译过程中产生的一些文件。在 Java 中通常是.class 文件，而在 Go 语言中通常是上面所列举的那些文件。

```
go clean -i -n
```

go clean 命令还可以指定一些参数。对应的参数的含义如下：

（1）-i 清除关联的安装的包和可运行文件，也就是通过 go install 安装的文件。

（2）-n 把需要执行的清除命令打印出来，但是不执行，这样就可以很容易知道底层是如何运行的。

（3）-r 循环清除在 import 中引入的包。

（4）-x 打印出来执行的详细命令，其实就是-n 打印的执行版本。

（5）-cache 删除所有 go build 命令的缓存。

（6）-testcache 删除当前包所有的测试结果。

在实际开发中，go clean 命令使用得可能不是很多，一般都是利用 go clean 命令清除编译文件，然后将源码递交到 GitHub 上，方便对源码的管理。

# 14.5　格式化代码文件

对于一门编程语言来说，代码格式化是最容易引起争议的一个问题，不同的开发者可能会有不同的编码风格和习惯。如果所有开发者都能使用同一种格式来编写代码，那么开发者就可以将主要精力放在语言要解决的问题上，从而节省开发时间。

Go 语言的开发团队制定了统一的官方代码风格，并且推出了 gofmt 工具（gofmt 或 go fmt）来帮助开发者格式化代码到统一的风格。

gofmt 是一个 cli 程序，会优先读取标准输入，如果传入了文件路径，会格式化这个文件，如果传入一个目录，会格式化目录中所有的.go 文件，如果不传参数，会格式化当前目录下的所有.go 文件。

gofmt 默认不对代码进行简化，使用-s 参数可以开启简化代码功能，具体来说会进行如下转换：

（1）去除数组、切片、Map 初始化时不必要的类型声明。

如下形式的切片表达式：

```
[]T{T{}, T{}}
```

简化后的代码如下：

```
[]T{{}, {}}
```

（2）数组切片操作时不必要的索引指定。

如下形式的切片表达式：

```
s[a:len(s)]
```

简化后的代码如下：

```
s[a:]
```

（3）去除循环时非必要的变量赋值。

如下形式的循环：

```
for x, _ = range v {…}
```

简化后的代码如下：

```
for x = range v {…}
```

如下形式的循环：

```
for _ = range v {…}
```

简化后的代码如下：

```
for range v {…}
```

gofmt 命令参数及含义如表 14-2 所示。

表 14-2　gofmt 命令参数及含义

| 参　　数 | 含　　义 |
|---|---|
| -l | 仅把那些不符合格式化规范的、需要被命令程序改写的源码文件的绝对路径打印到标准输出。而不是把改写后的全部内容都打印到标准输出 |
| -w | 把改写后的内容直接写入到文件中，而不是作为结果打印到标准输出 |
| -r | 添加形如 "a[b:len(a)] -> a[b:]" 的重写规则。如果我们需要自定义某些额外的格式化规则，就需要用到它 |
| -s | 简化文件中的代码 |
| -d | 只把改写前后内容的对比信息作为结果打印到标准输出，而不是把改写后的全部内容都打印到标准输出 |
| -e | 命令程序将使用 diff 命令对内容进行比对。在 Windows 操作系统下可能没有 diff 命令，需要另行安装 |
| -comments | 是否保留源码文件中的注释。在默认情况下，此标记会被隐式使用，并且值为 true |
| -tabwidth | 此标记用于设置代码中缩进所使用的空格数量，默认值为 8。要使此标记生效，需要使用 "-tabs" 标记并把值设置为 false |
| -tabs | 是否使用 tab（'\t'）来代替空格表示缩进。在默认情况下，此标记会被隐式使用，并且值为 true |
| -cpuprofile | 是否开启 CPU 使用情况记录，并将记录内容保存在此标记值所指的文件中 |

可以看到 gofmt 命令还支持自定义的重写规则，使用-r 参数，按照 pattern -> replacement 的格式传入规则。

例如，有如下内容的 Golang 程序，存储在 main.go 文件中：

```
package main
import "fmt"
func main() {
    a := 1
    b := 2
    c := a + b
    fmt.Println(c)
}
```

用以下规则来格式化上面的代码：

```
gofmt -w -r "a + b -> b + a" main.go
```

格式化的结果如下：

```
package main
import "fmt"
func main() {
    a := 1
    b := 2
    c := b + a
    fmt.Println(c)
}
```

**注意**：gofmt 使用 tab 来表示缩进，并且对行宽度无限制，如果手动对代码进行了换行，gofmt 不会强制把代码格式化回一行。

gofmt 是一个独立的 cli 程序，而 Go 语言中还有一个 go fmt 命令，go fmt 命令是 gofmt 的简单封装。

```
go help fmt
usage: go fmt [-n] [-x] [packages]
Fmt runs the command 'gofmt -l -w' on the packages named
by the import paths. It prints the names of the files that are modified.
For more about gofmt, see 'go doc cmd/gofmt'.
```

```
For more about specifying packages, see 'go help packages'.
The -n flag prints commands that would be executed.
The -x flag prints commands as they are executed.
To run gofmt with specific options, run gofmt itself.
See also: go fix, go vet.
```

go fmt 命令本身只有两个可选参数-n 和-x。

（1）-n 仅打印出内部要执行的 go fmt 命令。

（2）-x 命令既打印出 go fmt 命令又执行它，如果需要更细化的配置，需要直接执行 gofmt 命令。

go fmt 在调用 gofmt 时添加了-l -w 参数，相当于执行了 gofmt -l -w。

# 14.6　一键获取代码、编译并安装

go get 命令可以借助代码管理工具通过远程拉取或更新代码包及其依赖包，并自动完成编译和安装。整个过程就像安装一个 App 一样简单。

这个命令可以动态获取远程代码包，目前支持的有 BitBucket、GitHub、Google Code 和 Launchpad。在使用 go get 命令前，需要安装与远程包匹配的代码管理工具，如 Git、SVN、HG 等，参数中需要提供一个包名。

这个命令在内部实际上分成了两步操作：第一步是下载源码包，第二步是执行 go install。下载源码包的 go 工具会自动根据不同的域名调用不同的源码工具，对应关系如下：

```
BitBucket (Mercurial Git)
GitHub (Git)
Google Code Project Hosting (Git, Mercurial, Subversion)
Launchpad (Bazaar)
```

所以，为了 go get 命令能正常工作，必须确保安装了合适的源码管理工具，并同时把这些命令加入 PATH 中。go get 支持自定义域名的功能：

（1）-d 只下载不安装。

（2）-f 只有在包含了-u 参数时才有效，不让-u 去验证 import 中的每一个都已经获取了，这对于本地 fork 的包特别有用。

（3）-fix 在获取源码之后先运行 fix，然后去做其他的事情。

（4）-t 同时也下载需要为运行测试所需要的包。

（5）-u 强制使用网络去更新包和它的依赖包。

（6）-v 显示执行的命令。

## 14.6.1　远程包的路径格式

Go 语言的代码被托管于 Github.com 网站，该网站是基于 Git 代码管理工具的，很多有名的项目都在该网站托管代码。其他类似的托管网站还有 code.google.com、bitbucket.org 等。

这些网站的项目包路径都有一个共同的标准，如图 14-1 所示。

图 14-1　远程包路径格式

图 14-1 中的远程包路径是 Go 语言的源码，这个路径共由如下 3 个部分组成：

（1）网站域名：表示代码托管的网站，类似于电子邮件@后面的服务器地址。

（2）作者或机构：表明这个项目的归属，一般为网站的用户名，如果需要找到这个作者下的所有项目，可以直接在网站上通过搜索"域名/作者"进行查看。这部分类似于电子邮件@前面的部分。

（3）项目名：每个网站下的作者或机构可能会同时拥有很多项目，图 14-1 中标示的部分表示项目名称。

## 14.6.2  go get+远程包

默认情况下，go get 可以直接使用。例如，想获取 go 的源码并编译，使用下面的命令行即可：

```
go get github.com/davyxu/cellnet
```

获取前，请确保 GOPATH 已经设置。Go 1.8 版本之后，GOPATH 默认在用户目录的 go 文件夹下。

cellnet 只是一个网络库，并没有可执行文件，因此，在 go get 操作成功后 GOPATH 下的 bin 目录下不会有任何编译好的二进制文件。

需要测试获取并编译二进制的，可以尝试下面的这个命令：

```
go get github.com/davyxu/tabtoy
```

当获取完成后，就会自动在 GOPATH 的 bin 目录下生成编译好的二进制文件。

## 14.6.3  go get 使用时的附加参数

使用 go get 时可以配合附加参数显示更多的信息及实现特殊的下载和安装操作，如表 14-3 所示。

表 14-3  go get 使用时的附加参数

| 附 加 参 数 | 含　　义 |
| --- | --- |
| -v | 显示操作流程的日志及信息，方便检查错误 |
| -u | 下载丢失的包，但不会更新已经存在的包 |
| -d | 只下载，不安装 |
| -insecure | 允许使用不安全的 HTTP 方式进行下载操作 |

# 14.7  编译前自动化生成代码

go generate 命令是在 Go 语言 1.4 版本中新添加的一个命令，当运行该命令时，它将扫描与当前包相关的源代码文件，找出所有包含//go:generate 的特殊注释，提取并执行该特殊注释后面的命令。

使用 go generate 命令时有以下几点需要注意：

（1）该特殊注释必须在.go 源码文件中。

（2）每个源码文件可以包含多个 generate 特殊注释。

（3）运行 go generate 命令时，才会执行特殊注释后面的命令。

（4）当 go generate 命令执行出错时，将终止程序的运行。

（5）特殊注释必须以//go:generate 开头，双斜线后面没有空格。

在以下情况，通常会使用 go generate 命令：

（1）yacc：从.y 文件生成.go 文件。

（2）protobufs：从 protocol buffer 定义文件（.proto）生成.pb.go 文件。

（3）Unicode：从 UnicodeData.txt 生成 Unicode 表。

（4）HTML：将 HTML 文件嵌入到 go 源码。

（5）bindata：将形如 JPEG 这样的文件转成 go 代码中的字节数组。

go generate 命令格式如下：

```
go generate [-run regexp] [-n] [-v] [-x] [command] [build flags] [file.go… | packages]
```

参数说明如下：

（1）-run：正则表达式匹配命令行，仅执行匹配的命令。

（2）-v：输出被处理的包名和源文件名。

（3）-n：显示不执行命令。

（4）-x：显示并执行命令。

（5）command：可以是在环境变量 PATH 中的任何命令。

执行 go generate 命令时，也可以使用一些环境变量，例如：

（1）$GOARCH：体系架构（arm、amd64 等）。

（2）$GOOS：当前的 OS 环境（Linux、Windows 等）。

（3）$GOFILE：当前处理中的文件名。

（4）$GOLINE：当前命令在文件中的行号。

（5）$GOPACKAGE：当前处理文件的包名。

例如，有一个 main.go 文件。

```
package main
import "fmt"
//go:generate go run main.go
//go:generate go version
func main() {
    fmt.Println("http://c.biancheng.net/golang/")
}
```

执行 go generate -x 命令，输出结果如下：

```
go generate -x
go run main.go
http://c.biancheng.net/golang/
go version
go version go1.14.6 windows/amd64
```

通过运行结果可以看出//go:generate 之后的命令成功运行了，命令中使用的-x 参数是为了将执行的具体命令同时打印出来。

下面通过 stringer 工具来演示一下 go generate 命令的使用。

stringer 并不是 Go 语言自带的工具，需要手动安装。可以通过下面的命令来安装 stringer 工具：

```
go get golang.org/x/tools/cmd/stringer
```

条件不允许的话，也可以通过 GitHub 上的镜像来安装，安装方法如下：

```
git clone https://github.com/golang/tools/ $GOPATH/src/golang.org/x/tools
go install golang.org/x/tools/cmd/stringer
```

安装好的 stringer 工具位于 GOPATH/bin 目录下，想要正常使用它，需要先将 GOPATH/bin 目录添加到系统的环境变量 PATH 中。

例如，使用 stringer 工具实现 String()方法。

首先，在项目目录下新建一个 painkiller 文件夹，并在该文件夹中创建 painkiller.go 文件，文件内容如下：

```
//go:generate stringer -type=Pill
package painkiller
type Pill int
const (
    Placebo Pill = iota
    Aspirin
    Ibuprofen
    Paracetamol
    Acetaminophen = Paracetamol
)
```

然后，在 **painkiller.go** 文件所在的目录下运行 **go generate** 命令。

执行成功后没有任何提示信息，但会在当前目录下生成一个 **pill_string.go** 文件，文件中实现了我们需要的 **String()**方法，文件内容如下：

```
//Code generated by "stringer -type=Pill"; DO NOT EDIT.
package painkiller
import "strconv"
func _() {
    //An "invalid array index" compiler error signifies that the constant values have changed.
    //Re-run the stringer command to generate them again.
    var x [1]struct{}
    _ = x[Placebo-0]
    _ = x[Aspirin-1]
    _ = x[Ibuprofen-2]
    _ = x[Paracetamol-3]
}
const _Pill_name = "PlaceboAspirinIbuprofenParacetamol"
var _Pill_index = [···]uint8{0, 7, 14, 23, 34}
func (i Pill) String() string {
    if i < 0 || i >= Pill(len(_Pill_index)-1) {
        return "Pill(" + strconv.FormatInt(int64(i), 10) + ")"
    }
    return _Pill_name[_Pill_index[i]:_Pill_index[i+1]]
}
```

# 14.8　测试

Go 语言拥有一套单元测试和性能测试系统，仅需要添加很少的代码就可以快速测试一段需求代码。
go test 命令会自动读取源码目录下面名为 *_test.go 的文件，生成并运行测试用的可执行文件。
性能测试系统可以给出代码的性能数据，帮助测试者分析性能问题。

## 14.8.1　单元测试

单元测试，是指对软件中的最小可测试单元进行检查和验证。对于单元测试中单元的含义，一般要根据实际情况去判定其具体含义，如 C 语言中单元是指一个函数，Java 中单元是指一个类，图形化的软件中可以指一个窗口或一个菜单等。总的来说，单元就是人为规定的最小的被测功能模块。

单元测试是在软件开发过程中要进行的最低级别的测试活动，软件的独立单元将在与程序的其他部分相隔离的情况下进行测试。

要开始一个单元测试，需要准备一个 go 源码文件，在命名文件时文件必须以_test 结尾。默认情况下，

go test 命令不需要任何参数，它会自动把源码包下面所有 test 文件测试完毕，当然也可以带上参数。

下面介绍几个常用的参数：

（1）-bench regexp 执行相应的 benchmarks，如-bench=.。

（2）-cover 开启测试覆盖率。

（3）-run regexp 只运行 regexp 匹配的函数，如-run=Array 就执行以 Array 开头的函数。

（4）-v 显示测试的详细命令。

单元测试源码文件可以由多个测试用例组成，每个测试用例函数需要以 Test 为前缀，例如：

```
func TestXXX( t *testing.T )
```

（1）测试用例文件不会参与正常的源码编译，不会被包含到可执行文件中。

（2）测试用例文件使用 go test 指令来执行，没有也不需要 main()作为函数入口。所有在以_test 结尾的源码内以 Test 开头的函数会自动被执行。

（3）测试用例可以不传入*testing.T 参数。

例如，helloworld 的测试代码（具体位置是./src/chapter14/gotest/helloworld_test.go）如下：

```
package code11_3
import "testing"
func TestHelloWorld(t *testing.T) {
    t.Log("hello world")
}
```

在以上代码中：

第 3 行，单元测试文件(*_test.go)中的测试入口必须以 Test 开始，参数为*testing.T 的函数。一个单元测试文件可以有多个测试入口。

第 4 行，使用 testing 包的 T 结构提供的 Log()方法打印字符串。

### 1. 单元测试命令行

单元测试使用 go test 命令启动，例如：

```
go test helloworld_test.go
ok          command-line-arguments        0.003s
go test -v helloworld_test.go
=== RUN   TestHelloWorld
--- PASS: TestHelloWorld (0.00s)
        helloworld_test.go:8: hello world
PASS
ok          command-line-arguments        0.004s
```

在以上代码中：

第 1 行，在 go test 后跟 helloworld_test.go 文件，表示测试这个文件中的所有测试用例。

第 2 行，显示测试结果，ok 表示测试通过，command-line-arguments 是测试用例需要用到的一个包名，0.003s 表示测试花费的时间。

第 3 行，显示在附加参数中添加了-v，可以让测试时显示详细的流程。

第 4 行，表示开始运行名为 TestHelloWorld 的测试用例。

第 5 行，表示已经运行完 TestHelloWorld 的测试用例，PASS 表示测试成功。

第 6 行，打印字符串 hello world。

### 2. 运行指定单元测试用例

go test 指定文件时默认执行文件内的所有测试用例。可以使用-run 参数选择需要的测试用例单独执行，参考下面的代码。

一个文件包含多个测试用例（具体位置是./src/chapter14/gotest/select_test.go）：

```
package code11_3
import "testing"
func TestA(t *testing.T) {
    t.Log("A")
}
func TestAK(t *testing.T) {
    t.Log("AK")
}
func TestB(t *testing.T) {
    t.Log("B")
}
func TestC(t *testing.T) {
    t.Log("C")
}
```

这里指定 TestA 进行测试：

```
go test -v -run TestA select_test.go
=== RUN   TestA
--- PASS: TestA (0.00s)
    select_test.go:6: A
=== RUN   TestAK
--- PASS: TestAK (0.00s)
    select_test.go:10: AK
PASS
ok      command-line-arguments      0.003s
```

TestA 和 TestAK 的测试用例都被执行，原因是-run 跟随的测试用例的名称支持正则表达式，使用-run TestA$即可只执行 TestA 测试用例。

### 3. 标记单元测试结果

当需要终止当前测试用例时，可以使用 FailNow，参考下面的代码。

测试结果标记（具体位置是./src/chapter14/gotest/fail_test.go）：

```
func TestFailNow(t *testing.T) {
    t.FailNow()
}
```

还有一种只标记错误不终止测试的方法，代码如下：

```
func TestFail(t *testing.T) {
    fmt.Println("before fail")
    t.Fail()
    fmt.Println("after fail")
}
```

测试结果如下：

```
=== RUN   TestFail
before fail
after fail
--- FAIL: TestFail (0.00s)
FAIL
exit status 1
FAIL      command-line-arguments      0.002s
```

从日志中可以看出，第 5 行调用 Fail()后测试结果标记为失败，但是第 7 行依然被程序执行了。

### 4．单元测试日志

每个测试用例可能并发执行，使用 testing.T 提供的日志输出可以保证日志跟随这个测试上下文一起打印输出。testing.T 提供了几种日志输出方法，如表 14-4 所示。

表 14-4　单元测试框架提供的日志方法

| 方　　法 | 含　　义 |
|---|---|
| Log | 打印日志，同时结束测试 |
| Logf | 格式化打印日志，同时结束测试 |
| Error | 打印错误日志，同时结束测试 |
| Errorf | 格式化打印错误日志，同时结束测试 |
| Fatal | 打印致命日志，同时结束测试 |
| Fatalf | 格式化打印致命日志，同时结束测试 |

开发者可以根据实际需要选择合适的日志。

## 14.8.2　基准测试

基准测试是一种测试代码性能的方法。想要测试解决同一问题的不同方案的性能，以及查看哪种解决方案性能更好时，基准测试很有用。基准测试也可以用来识别某段代码的 CPU 或者内存效率问题，而这段代码的效率可能会严重影响整个应用程序的性能。许多开发人员会用基准测试来测试不同的开发模式，或者用基准测试来辅助配置工作池的数量，以保证能最大化系统的吞吐量。

基准测试可以测试一段程序的运行性能及耗费 CPU 的程度。Go 语言中提供了基准测试框架，使用方法类似于单元测试，使用者无须准备高精度的计时器和各种分析工具，基准测试本身即可以打印出非常标准的测试报告。

### 1．基础测试基本使用

下面通过一个例子来了解基准测试的基本使用方法。

基准测试（具体位置是./src/chapter14/gotest/benchmark_test.go）：

```
package code14_3
import "testing"
func Benchmark_Add(b *testing.B) {
    var n int
    for i := 0; i < b.N; i++ {
        n++
    }
}
```

这段代码使用基准测试框架测试加法性能。第 5 行中的 b.N 由基准测试框架提供。测试代码需要保证函数可重入性及无状态，也就是说，测试代码不使用全局变量等带有记忆性质的数据结构。避免多次运行同一段代码时的环境不一致，不能假设 N 值的范围。

使用如下命令行开启基准测试：

```
go test -v -bench=. benchmark_test.go
goos: linux
goarch: amd64
Benchmark_Add-4          20000000          0.33 ns/op
```

```
PASS
ok          command-line-arguments          0.700s
```

在以上代码中：

第 1 行的-bench=.表示运行 benchmark_test.go 文件中的所有基准测试，与单元测试中的-run 类似。

第 4 行中显示基准测试名称，20000000 表示测试的次数，也就是 testing.B 结构中提供给程序使用的 N。"0.33 ns/op"表示每一个操作耗费多少时间（纳秒）。

**注意**：Windows 下使用 go test 命令行时，-bench=.应写为-bench="."。

### 2. 基准测试原理

基准测试框架对一个测试用例的默认测试时间是 1 秒。开始测试时，当以 Benchmark 开头的基准测试用例函数返回时还不到 1 秒，那么 testing.B 中的 N 值将按 1、2、5、10、20、50…递增，同时以递增后的值重新调用基准测试用例函数。

### 3. 自定义测试时间

通过-benchtime 参数可以自定义测试时间，例如：

```
go test -v -bench=. -benchtime=5s benchmark_test.go
goos: linux
goarch: amd64
Benchmark_Add-4          10000000000                0.33 ns/op
PASS
ok          command-line-arguments          3.380s
```

### 4. 测试内存

基准测试可以对一段代码可能存在的内存分配进行统计，下面是一段使用字符串格式化的函数，内部会进行一些分配操作。

```
func Benchmark_Alloc(b *testing.B) {
    for i := 0; i < b.N; i++ {
        fmt.Sprintf("%d", i)
    }
}
```

在命令行中添加-benchmem 参数以显示内存分配情况，参见下面的指令：

```
go test -v -bench=Alloc -benchmem benchmark_test.go
goos: linux
goarch: amd64
Benchmark_Alloc-4 20000000 109 ns/op 16 B/op 2 allocs/op
PASS
ok          command-line-arguments          2.311s
```

在以上代码中：

第 1 行的代码中-bench 后添加了 Alloc，指定只测试 Benchmark_Alloc()函数。

第 4 行代码的"16 B/op"表示每一次调用需要分配 16B，"2 allocs/op"表示每一次调用有两次分配。开发者根据这些信息可以迅速找到可能的分配点，并进行优化和调整。

### 5. 控制计时器

有些测试需要一定的启动和初始化时间，如果从 Benchmark()函数开始计时会很大程度上影响测试结果的精准性。testing.B 提供了一系列的方法可以方便地控制计时器，从而让计时器只在需要的区间进行测试。通过下面的代码来了解计时器的控制。

基准测试中的计时器控制（具体位置是./src/chapter14/gotest/benchmark_test.go）：

```
func Benchmark_Add_TimerControl(b *testing.B) {
```

```
    //重置计时器
    b.ResetTimer()
    //停止计时器
    b.StopTimer()
    //开始计时器
    b.StartTimer()
    var n int
    for i := 0; i < b.N; i++ {
        n++
    }
}
```

从 Benchmark()函数开始，Timer 就开始计数。StopTimer()函数可以停止这个计数过程，做一些耗时的操作，通过 StartTimer()函数重新开始计时。ResetTimer()函数可以重置计数器的数据。

计数器内部不仅包含耗时数据，还包括内存分配的数据。

# 14.9　性能分析

Go 语言工具链中的 go pprof 可以帮助开发者快速分析及定位各种性能问题，如 CPU 消耗、内存分配及阻塞分析。

性能分析首先需要使用 runtime.pprof 包嵌入到待分析程序的入口和结束处。runtime.pprof 包在运行时对程序进行每秒 100 次的采样，最少采样 1 秒。然后将生成的数据输出，让开发者写入文件或者其他媒介上进行分析。

go pprof 工具链配合 Graphviz 图形化工具可以将 runtime.pprof 包生成的数据转换为 PDF 格式，以图片的方式展示程序的性能分析结果。

## 14.9.1　安装图形化显示分析数据工具

Graphviz 是一套通过文本描述的方法生成图形的工具包。描述文本的语言称为 DOT。

在 www.graphviz.org 网站可以获取最新的 Graphviz 各平台的安装包。

在 CentOS 环境下，可以使用 yum 指令直接安装：

```
$ yum install graphiviz
```

## 14.9.2　安装第三方性能分析来分析代码包

runtime.pprof 提供基础的运行时分析的驱动，但是这套接口使用起来还不是太方便，例如：

（1）输出数据使用 io.Writer 接口，虽然扩展性很强，但是对于实际使用不够方便，不支持写入文件。

（2）默认配置项较为复杂。

很多第三方的包在系统包 runtime.pprof 的技术上进行便利性封装，让整个测试过程更为方便。这里使用 github.com/pkg/profile 包进行例子展示，使用下面的代码安装这个包：

```
$ go get github.com/pkg/profile
```

## 14.9.3　性能分析

下面的代码故意制造了一个性能问题，同时使用 github.com/pkg/profile 包进行性能分析。

基准测试代码如下：

```
package main
import (
    "github.com/pkg/profile"
    "time"
)
func joinSlice() []string {
    var arr []string
    for i := 0; i < 100000; i++ {
    //故意造成多次的切片添加(append)操作，由于每次操作可能会有内存重新分配和移动，性能较低
        arr = append(arr, "arr")
    }
    return arr
}
func main() {
    //开始性能分析，返回一个停止接口
    stopper := profile.Start(profile.CPUProfile, profile.ProfilePath("."))
    //在 main()结束时停止性能分析
    defer stopper.Stop()
    //分析的核心逻辑
    joinSlice()
    //让程序至少运行 1 秒
    time.Sleep(time.Second)
}
```

在以上代码中：

第 3 行，引用 github.com/pkg/profile 第三方包封装。

第 10 行，为了进行性能分析，这里在已知元素大小的情况下，还是使用 append()函数不断添加切片。性能较低，在实际中应该避免，这里为了性能分析，故意这样写。

第 16 行，使用 profile.Start 调用 github.com/pkg/profile 包的开启性能分析接口。这个 Start 函数的参数都是可选项，这里需要指定的分析项目是 profile.CPUProfile，也就是 CPU 耗用。profile.ProfilePath(".")指定输出的分析文件路径，这里指定为当前文件夹。profile.Start()函数会返回一个 Stop 接口，方便在程序结束时结束性能分析。

第 18 行，使用 defer，将性能分析在 main()函数结束时停止。

第 20 行，开始执行分析的核心。

第 22 行，为了保证性能分析数据的合理性，分析的最短时间是 1 秒，使用 time.Sleep()在程序结束前等待 1 秒。如果程序默认可以运行 1 秒以上，这个等待可以去掉。

性能分析需要可执行配合才能生成分析结果，因此使用命令行对程序进行编译，代码如下：

```
go build -o cpu cpu.go
./cpu
go tool pprof --pdf cpu cpu.pprof > cpu.pdf
```

在以上代码中：

第 1 行，将 cpu.go 编译为可执行文件 cpu。

第 2 行，运行可执行文件，在当前目录输出 cpu.pprof 文件。

第 3 行，使用 go tool 工具链输入 cpu.pprof 和 cpu 可执行文件，生成 PDF 格式的输出文件，将输出文件重定向为 cpu.pdf 文件。这个过程中会调用 Graphviz 工具，在 Windows 下需将 Graphviz 的可执行目录添加到环境变量 PATH 中。

最终生成 cpu.pdf 文件，使用 PDF 查看器打开文件，观察后发现图 14-2 所示的某个地方可能存在瓶颈。

图 14-2 中的每一个框为一个函数调用的路径，第 3 个方框中 joinSlice 函数耗费了 50%的 CPU 时间，存在性能瓶颈。重新优化代码，在已知切片元素数量的情况下直接分配内存，代码如下：

```go
func joinSlice() []string {
    const count = 100000
    var arr []string = make([]string, count)
    for i := 0; i < count; i++ {
        arr[i] = "arr"
    }
    return arr
}
```

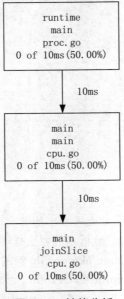

图 14-2　性能分析

在以上代码中：

第 3 行，将切片预分配 count 个数量，避免之前使用 append()函数的多次分配。

第 5 行，预分配后，对每个元素进行直接赋值。

重新运行上面的代码进行性能分析，最终得到的 cpu.pdf 中将不会再有耗时部分。

# 14.10　就业面试技巧与解析

本章主要介绍了 Go 语言经常使用的一些命令，包括编译、编译后运行、编译并安装、清除编译文件、格式化代码文件、一键获取代码编译并安装、测试和性能分析等。学完本章内容，相信读者已经掌握了 Go 语言的常用命令，为之后的 Go 语言开发工作打下基础。

## 14.10.1　面试技巧与解析（一）

**面试官**：简述 Go 语言的垃圾回收（GC）机制的原理。

**应聘者**：

垃圾回收（Garbage Collection，GC）是编程语言中提供的内存管理功能。

在传统的系统级编程语言（主要指 C/C++）中，程序员定义了一个变量，就是在内存中开辟了一段相应的空间来存值。由于内存是有限的，所以，当程序不再需要使用某个变量时，就需要销毁该对象并释放其所占用的内存资源，以重新利用这段空间。在 C/C++中，释放无用变量内存空间的事情需要由程序员自己来处理，就是说当程序员认为变量没用了，就手动释放其占用的内存。但是这样非常烦琐，如果有所遗漏，就可能造成资源浪费甚至内存泄露。当软件系统比较复杂，变量较多时，程序员往往就忘记释放内存或者在不该释放的时候释放内存了。这对于程序开发人员是一个比较头痛的问题。

为了解决这个问题，后来开发出来的几乎所有新语言（Java、Python、PHP）都引入了语言层面的自动内存管理，也就是语言的使用者只需关注内存的申请而不必关心内存的释放，内存释放由虚拟机或运行时来自动进行管理。这种对不再使用的内存资源进行自动回收的功能就称为垃圾回收。

垃圾回收常见的方法如下：

### 1. 引用计数

引用计数通过在对象上增加自己被引用的次数，被其他对象引用时加 1，引用自己的对象被回收时减 1，引用数为 0 的对象即为可以被回收的对象。这种算法在内存比较紧张和实时性比较高的系统中使用得比较广泛。

其优点如下：方式简单，回收速度快。

其缺点如下：

（1）需要额外的空间存放计数。

（2）无法处理循环引用（如 a.b=b;b.a=a 这种情况）。

（3）频繁更新引用计数降低了性能。

### 2. 标记-清除

该方法分为两步，标记从根变量开始，递归地遍历所有被引用的对象，对能够通过应用遍历访问到的对象都进行标记为"被引用"；标记完成后进行清除操作，对没有标记过的内存进行回收（回收同时可能伴有碎片整理操作）。这种方法解决了引用计数的不足，但是也有比较明显的问题：每次启动垃圾回收都会暂停当前所有的正常代码执行，回收使系统响应能力大大降低。

### 3. 复制收集

复制收集的方式只需要对对象进行一次扫描。准备一个"新的空间"，从根开始，对对象进行扫描，如果存在对这个对象的引用，就把它复制到"新的空间"。一次扫描结束之后，所有存在于"新的空间"的对象就是所有的非垃圾对象。

### 4. 三色标记算法

三色标记算法是对标记阶段的改进，原理如下：

（1）起初所有对象都是白色的。

（2）从根出发，扫描所有可达对象，标记为灰色，放入待处理队列。

（3）从队列取出灰色对象，将其引用对象标记为灰色放入队列，自身标记为黑色。

（4）重复步骤（3），直到灰色对象队列为空。此时白色对象即为垃圾，进行回收。

## 14.10.2 面试技巧与解析（二）

**面试官**：Go 语言如何实现 RSA 和 AES 加解密？

**应聘者：**

### 1. AES 加解密

AES 加密又分为 ECB、CBC、CFB、OFB 等。

CBC 加解密如下：

```go
package main
import (
    "bytes"
    "crypto/aes"
    "crypto/cipher"
    "encoding/base64"
    "fmt"
)
func main() {
    orig := "http://Go.biancheng.net/golang/"
    key := "1234567812345678123456789"
    fmt.Println("原文: ", orig)
    encryptCode := AesEncrypt(orig, key)
    fmt.Println("密文: ", encryptCode)
    decryptCode := AesDecrypt(encryptCode, key)
    fmt.Println("解密结果: ", decryptCode)
}
func AesEncrypt(orig string, key string) string {
    //转换成字节数组
    origData := []byte(orig)
    k := []byte(key)
    //分组秘钥
    block, _ := aes.NewCipher(k)
    //获取秘钥块的长度
    blockSize := block.BlockSize()
    //补全码
    origData = PKCS7Padding(origData, blockSize)
    //加密模式
    blockMode := cipher.NewCBCEncrypter(block, k[:blockSize])
    //创建数组
    cryted := make([]byte, len(origData))
    //加密
    blockMode.CryptBlocks(cryted, origData)
    return base64.StdEncoding.EncodeToString(cryted)
}
func AesDecrypt(cryted string, key string) string {
    //转换成字节数组
    crytedByte, _ := base64.StdEncoding.DecodeString(cryted)
    k := []byte(key)
    //分组秘钥
    block, _ := aes.NewCipher(k)
    //获取秘钥块的长度
    blockSize := block.BlockSize()
    //加密模式
    blockMode := cipher.NewCBCDecrypter(block, k[:blockSize])
```

```
    //创建数组
    orig := make([]byte, len(crytedByte))
    //解密
    blockMode.CryptBlocks(orig, crytedByte)
    //去补全码
    orig = PKCS7UnPadding(orig)
    return string(orig)
}
//补码
func PKCS7Padding(ciphertext []byte, blocksize int) []byte {
    padding := blocksize - len(ciphertext)%blocksize
    padtext := bytes.Repeat([]byte{byte(padding)}, padding)
    return append(ciphertext, padtext…)
}
//去码
func PKCS7UnPadding(origData []byte) []byte {
    length := len(origData)
    unpadding := int(origData[length-1])
    return origData[:(length - unpadding)]
}
```

运行结果如下：

```
go run main.go
原文: http://c.biancheng.net/golang/
密文: m6bjY+Z9O8LPwT8nYPZ9/41JG7+k5PXxtENxYwnrii0=
解密结果: http://Go.biancheng.net/golang/
```

### 2. RSA 加解密

AES 一般用于加解密文，而 RSA 算法一般用来加解密密码，例如：

```
package main
import (
    "crypto/rand"
    "crypto/rsa"
    "crypto/x509"
    "encoding/base64"
    "encoding/pem"
    "errors"
    "fmt"
)
//可通过 openssl 产生
//openssl genrsa -out rsa_private_key.pem 1024
var privateKey = []byte(`
-----BEGIN RSA PRIVATE KEY-----
MIICXQIBAAKBgQDfw1/P15GQzGGYvNwVmXIGGxea8Pb2wJcF7ZW7tmFdLSjOItn9
kvUsbQgS5yxx+f2sAv1ocxbPTsFdRc6yUTJdeQolDOkEzNP0B8XKm+Lxy4giwwR5
LJQTANkqe4w/d9u129bRhTu/SUzSUIr65zZ/s6TUGQD6QzKY1Y8xS+FoQQIDAQAB
AoGAbSNg7wHomORm0dWDzvEpwTqjl8nh2tZyksyf1I+PC6BEH8614k04UfPYFUg1
0F2rUaOfr7s6q+BwxaqPtz+NPUotMjeVrEmmYM4rrYkrnd0lRiAxmkQUBlLrCBiF
u+bluDkHXF7+TUfJm4AZAvbtR2wO5DUAOZ244FfJueYyZHECQQD+V5/WrgKkBlYy
XhioQBXff7TLCrmMlUziJcQ295kIn8n1GaKzunJkhreoMbiRe0hpIIgPYb9E57tT
```

```
/mP/MoYtAkEA4Ti6XiOXgxzV5gcB+fhJyb8PJCVkgP2wg0OQp2DKPp+5xsmRuUXv
720oExv92jv6X65x631VGjDmfJNb99wq5QJBAMSHUKrBqqizfMdOjh7z5fLc6wY5
M0a91rqoFAWlLErNrXAGbwIRf3LN5fvA76z6ZelViczY6sKDjOxKFVqL38ECQG0S
pxdOT2M9BM45GJjxyPJ+qBuOTGU391Mq1pRpCKlZe4QtPHioyTGAAMd4Z/FX2MKb
3in48c0UX5t3VjPsmY0CQQCc1jmEoB83JmTHYByvDpc8kzsD8+GmiPVrausrjj4p
y2DQpGmUic2zqCxl6qXMpBGtFEhrUbKhOiVOJbRNGvWW
-----END RSA PRIVATE KEY-----
`)
//openssl
//openssl rsa -in rsa_private_key.pem -pubout -out rsa_public_key.pem
var publicKey = []byte(`
-----BEGIN PUBLIC KEY-----
MIGfMA0GCSqGSIb3DQEBAQUAA4GNADCBiQKBgQDfw1/P15GQzGGYvNwVmXIGGxea
8Pb2wJcF7ZW7tmFdLSjOItn9kvUsbQgS5yxx+f2sAv1ocxbPTsFdRc6yUTJdeQol
DOkEzNP0B8XKm+Lxy4giwwR5LJQTANkqe4w/d9u129bRhTu/SUzSUIr65zZ/s6TU
GQD6QzKY1Y8xS+FoQQIDAQAB
-----END PUBLIC KEY-----
`)
//加密
func RsaEncrypt(origData []byte) ([]byte, error) {
    //解密 pem 格式的公钥
    block, _ := pem.Decode(publicKey)
    if block == nil {
        return nil, errors.New("public key error")
    }
    //解析公钥
    pubInterface, err := x509.ParsePKIXPublicKey(block.Bytes)
    if err != nil {
        return nil, err
    }
    //类型断言
    pub := pubInterface.(*rsa.PublicKey)
    //加密
    return rsa.EncryptPKCS1v15(rand.Reader, pub, origData)
}
//解密
func RsaDecrypt(ciphertext []byte) ([]byte, error) {
    //解密
    block, _ := pem.Decode(privateKey)
    if block == nil {
        return nil, errors.New("private key error!")
    }
    //解析 PKCS1 格式的私钥
    priv, err := x509.ParsePKCS1PrivateKey(block.Bytes)
    if err != nil {
        return nil, err
    }
    //解密
    return rsa.DecryptPKCS1v15(rand.Reader, priv, ciphertext)
}
```

```
func main() {
    data, _ := RsaEncrypt([]byte("http://Go.biancheng.net/golang/"))
    fmt.Println(base64.StdEncoding.EncodeToString(data))
    origData, _ := RsaDecrypt(data)
    fmt.Println(string(origData))
}
```

运行结果如下：

```
go run main.go
z7mjbTqVg09F20pVib8TqGpZ3d/dNkYg4Hksai/elXoOJJJRH0YgRT4fqJTzj2+9DaCH5BXhiFuCgPzEOl2S3oPeTIQj
EFqbYy7yBNScufWaGhh0YigrqUyseQ7JJR+oWTCZPpMNie/xKg9
vhUqJ7yH3d91v+AexHw7HOcLYHYE=
http://Go.biancheng.net/golang/
```